注浆加固防治底板突水机理与应用

许延春　李见波　著

煤炭工业出版社

·北　京·

内 容 提 要

本书对底板注浆加固工作面防治水技术进行了研究，分析了底板注浆加固岩体渗透性“降低—升高”机理、注浆加固工作面底板岩体力学性质“增强—损伤”规律、底板注浆孔套管的加固机理、注浆加固工作面突水原因及特征，以及高水压薄隔水层工作面突水危险性分析和治理对策，并通过相似条件模拟研究和煤矿实例研究，验证了该研究成果的有效性。

本书可供煤矿从事防治水工作的技术人员、科研人员以及相关专业的大学生、研究生、教师阅读，也可供相关专业的研究人员参考。

前　言

华北型石炭二叠系煤田基底普遍赋存有奥陶纪或寒武纪厚层石灰岩，矿井水文地质条件较为复杂，煤炭资源的开采受水害威胁严重，突水事故频繁发生。特别是随着矿井开采深度的不断加大，工作面底板所受承压水的压力也越来越高，突水危险性也越来越大，已经严重制约着煤矿的安全生产。

回采工作面底板含水层注浆加固改造技术（简称“底板注浆加固技术”）是目前防止底板突水的重要举措。根据岩水应力关系学说，煤层底板下伏承压水是底板突水的物质基础，水压、矿压是煤层底板突水的力源，导水裂隙是底板突水的水力通道。底板注浆加固改造的机理主要有3个方面：①注浆充填、阻隔底板直接充水薄层含水层的裂隙、断层和岩溶等导水通道和储水空间，使其变为隔水层或相对隔水层；②通过对裂隙的充填，底板岩体的力学强度明显增强；③底板注浆管密度大、长度大、强度高，对底板有加固作用。因此注浆后的工作面底板岩体与注浆前有显著的差异，对注浆加固增强和采动损伤的机理和影响程度有必要进行探讨和研究，以便指导注浆加固工程，防止工作面突水事故的发生。

本书对注浆加固防治底板突水的机理进行了分析，注重介绍底板注浆加固改造技术的理论和方法的进展，同时通过实例兼顾了煤矿的实用性，为煤矿技术人员、科研人员和高校师生提供了一本理论与实用并存的读物。

书中所述项目在研究过程中得到了焦作煤业集团公司与中国矿业大学（北京）的大力支持；本书在编写过程中得到了贾明魁、袁德铸、刘白宙、魏世义、张长合、冯利民、唐世界、张四辈、陈新明、徐高明、丁鑫品、姚依林、谢小锋、李江华、陈胜然、刘世奇、李昆奇等专家、教授的鼎力相助，在此深表谢意。同时感谢本书引用和转述的科技文献的作者。本书的出版获得国家自然科学基金项目“‘双高’煤层注浆加固工作面底板‘孔隙-裂隙升降型’突水机制研究”（51504095）及中央高校基本科研业务费资助项目（3142015082）的资助。

由于我们水平有限，错误与不当之处，恳请读者批评指正。

许延春　李见波

2017年5月10日

目　　次

1 概 述

1.1 底板注浆加固技术

随着矿井开采深度的不断增大，工作面底板所受承压水的压力也越来越高，而底板隔水层的厚度则基本稳定，因此发生突水事故的危险性也越来越大。当工作面的突水危险性大时，一般可采取两种防治水措施。一种是采用疏水降压的方法，通过疏水降低含水层水压力，实现安全开采。但是当含水层富水性强、补给量大时，会遇到难以疏降水压或者排水量大、费用高、疏降时间长等问题，因此目前很少有矿井采用疏降奥陶系石灰岩含水层（简称“奥灰”）或与奥灰有直接水力联系的中、强含水层。另一种是注浆改造底板含水层和加固隔水层的方法。通过注浆改造含水层从而增加底板隔水层厚度，同时增强底板岩体的强度，减少采动变形和破坏深度，降低矿井突水危险性和突水事故的涌水量。底板注浆加固改造方法具有技术可行、治理效果显著、工程规模灵活等优点，目前已经被大水矿区广泛采用。

该技术是20世纪80年代中后期发展起来的。1984年肥城矿区在多次大流量突水灾害治理的过程中，逐渐研究试验利用注浆技术将煤层下伏薄层灰岩含水层改造为阻隔水层，并且开展底板含水层注浆改造工程试验。其后河北峰峰和河南焦作等矿区引进该技术，2002年以后由于煤炭企业经济形势转好，该技术得到快速的发展和推广应用，经过30余年的发展，无论是注浆堵水先期条件勘查，还是工程工艺、设备配套及材料等都有长足发展。底板注浆加固技术包括：地面垂直打孔、井下顺槽打孔、地面（井下）水平定向长钻孔等工程形式，已经形成了成熟的注浆改造技术，积累了丰富的经验。工作面突水次数和突水强度均大大降低。近年在邢台、峰峰、淮北、焦作等矿区采用地面和井下钻孔水平定向钻进、区域水害的超前探测与注浆治理技术，减少了工作面顺槽注浆对工作面准备的影响，提高了巷道掘进的安全性，也取得了良好的防治效果。

突水理论方面。许延春、李见波针对注浆加固改造工作面突水提出“孔隙-裂隙岩体升降型”结构力学模型，并且通过实测掌握了注浆加固对底板岩体力学强度的“增强”以及开采“损伤”的程度。工作面的突水机理理论主要有：中国矿业大学（北京）武强教授提出的“五图双系数”法和“脆弱性指数法”；煤炭科学研究总院刘天泉院士等的“薄板结构”理论及王作宇研究员等的“零位破坏”和“原位张裂”概念；中国矿业大学钱鸣高院士等的“关键层”（KS）理论；中科院地质所的“强渗透通道”学说；西安煤科院的“岩水应力耦合”学说；山东科技大学李白英教授等提出的“下三带”理论，高延法教授提出了“突水优势面”理论等，部分理论也适用于底板注浆加固工作面。华北科技学院尹尚先教授建立了多个陷落柱突水的理论模型。

物探检测方面。主要是物探加钻探验证的方法。常用的煤矿井下富水区域的物探技术包括直流电法和瞬变电磁法。在工作面注浆加固改造工程实施前、后分别进行探测。注浆工程前利用物探技术对工作面顺槽巷道进行探测，划分底板低阻异常区，确定富水地段。底板注浆加固改造工程后，井下物探可检验注浆改造的效果。当底板岩体视电阻率上升，低阻异常区域明显减小，浅部异常区消失时，表明注浆工程效果好。常用的断层赋存特征的物探技术为高精度三维地震。

底板破坏深度的探测方法。常规底板破坏深度探测方法有：钻孔注水法、电磁波法、钻孔声波法、超声成像法、钻孔应变感应法和震波 CT 技术。对于高突水危险的工作面观测钻孔可能成为导水通道，因此必须采用封孔的观测方法。为此发展了直流电法观测法，工作面底板布置观测钻孔，钻孔中安装专门电极电缆形成电极观测线，采用对称四极电剖面法。观测开采前后底板岩体的视电阻率变化，从而反映岩体裂隙（缝）的产生和发展。采用空间定位方法确定采动影响深度的地质点。

1.2 国内外底板注浆加固技术研究现状

注浆法是将某些能固化的浆液注入岩土地基的裂缝或孔隙中，以改善其物理力学和渗透性质的方法。注浆技术源远流长，至今已有近 200 年的历史，最初起源于一些地下工程的特殊需要。1864 年，水泥注浆法首次在阿里因普瑞贝硬煤矿得到应用，主要解决该矿的井筒施工问题，以后世界其他国家不断使用，比如法国、比利时、英国、南非、美国、德国、日本等。20 世纪 50 年代初，中国开始引进注浆技术，成功用于煤炭生产、水利水电和铁路施工等行业，后来经过逐步开展利用，用注浆法进行矿井水害治理等工作。20 世纪 60 年代开始，注浆技术在煤炭行业得到巨大发展，许多煤炭企业都组建起了专业注浆施工队伍，在注浆工艺、注浆材料、注浆设备、注浆机具、钻探技术、注浆方法等方面得到较快发展。现在被广泛应用到矿山工程中，该技术成功用于治理各种矿井水害或者用于不稳定岩体加固，有效地防止了一些透水灾害或淹井事故，为矿井取得较好的技术经济效果。

宏观上，注浆堵水技术在煤矿防治水领域中的应用包括以下几个方面：①注浆改造薄层灰岩含水层，确保工作面安全；②井筒壁后注浆及巷道淋（涌）水的封堵；③注浆恢复被淹矿井或采区；④注浆帷幕截流；⑤井筒巷道预注浆；⑥防渗墙堵水技术。注浆技术包括注浆设备、注浆工艺和注浆效果检查。

底板注浆加固技术的研究进展包括应用研究、理论研究和注浆材料研究 3 个部分。矿井现场技术人员多以工程应用研究为主，研究思路包括水文地质条件分析、含水层特征分析、钻孔布置（浆液扩散半径、终层位确定、钻孔数确定）和注浆效果检验等几个方面。而理论研究的进展包括浆液扩散理论、注浆钻孔深度设计理论及底板突水机理。注浆材料研究主要包括化学材料和材料配比研究等。

1.2.1 底板注浆加固技术应用现状

于树春在《煤层底板含水层大面积注浆改造技术》一书中，在系统地阐述了含水层大面积注浆改造技术的基本理论知识的基础上，系统、全面地介绍了含水层大面积注浆改造技术，重点介绍了注浆孔的布设及施工工艺、注浆工艺、工程可靠性检查与评价，书中提出了一些新概念、新方法。吴基文等针对淮北矿区山西组煤层开采底板灰岩水害特点，指出了适合矿区底板水害预测预报方法，探讨了疏水降压、局部加固与含水层改造等底板水害防治技术的适用条件与实施效果，提出了工作面底板灰岩水防治的技术路线，即预测、探测、治理和评价。文献［11］认为地质工程的基本理论有 3 个层次，即岩体结构控制，工程地质体控制和工程地质过程改造与控制。所谓岩体是指赋存于一定的地质环境中，被一些不连续结构面的所切割形成一定的岩体结构的地质体。孙广忠教授指出岩体不是简单的连续介质材料，而是在岩体结构控制下具有多种力学性质和力学模型，该理论的提出推动了工程地质的发展。地质体改造技术逐渐成为地质工程的一项重要任务，岩体改造包括岩石改造、岩体结构改造和岩体所处环境改造。在岩体改造方面，注浆技术就是一种重要手段。在我国煤矿防治水中，注浆技术得到了广泛的应用，已经积累了丰富的经验。在山东的肥城矿区、河南的焦作矿区、河北的峰峰矿区、安徽的淮北矿区等地都运用过注浆技术对煤矿进行过防治水，而且取得了较好的效果，有些方面已达到国际先进水平。如于树春、李长青、王心义等人在研究煤层底板含水层改造过程中都使用了注浆技术，并取得了良好的效果。在岩土工程中，对于破碎的岩体，常采用注浆加固技术改善岩体条件提高岩体强度。目前国内外对岩体注浆技术、注浆效果检测等方面的研究已取得不少成果，但破碎岩体注浆加固后的结石体强度估计问题仍然处于起步阶段。目前已有一些学者通过现场和室内试验，对注浆前后岩体的强度开展了很多研究。周维垣等曾在二滩大坝现场取得的不同胶结形式的注浆加固体上进行强度试验，得到不同胶结形式下注浆加固体的破坏形式。利用三维注浆模型试验系统，开展帷幕注浆加固体开挖稳定性试验，研究位移、总压力及孔隙水压力时空演化规律。针对富水破碎地层的水文地质特点和注浆治理时材料性能存在的不足，结合工程实践经验，充分利用冶金废弃物钢渣微粉作为主要原材料研发了一种适用富水破碎岩体注浆治理的新型水泥基复合材料（CGM），显著降低了注浆材料制备成本，提高了注浆工程的经济性。在总结巷道围岩稳定性和注浆加固机理研究成果的基础上，通过对巷道围岩工程地质条件分析，进行深厚破碎岩体巷道围岩地面注浆工程设计，确定注浆范围、注浆钻孔参数、注浆压力、水灰比和注浆结束标准；采用分支钻孔方法节约钻探工程量；通过井下观测、检查孔岩心鉴定分析浆液扩散范围，优化注浆参数；根据注浆后对井下巷道掘进影响的实际效果，提出注浆加固围岩效果不明显的两个原因，即注浆浆液扩散不均匀和破碎的原岩中低强度组分含量高。文献［25］以晋煤集团赵庄煤业为背景，针对破碎及裂隙煤岩体的注浆加固问题，通过试验研究、理论分析、数值模拟和现场工程试验等方法对煤岩体的注浆材料性能、加固效果、注浆参数影响因素、渗透与劈裂注浆共同作用机制等问题进行了研究。

1.2.2 浆液扩散机理

浆液扩散半径是注浆设计中的重要参数，该参数的理论研究对注浆设计有重要的指导作用。但是该方面的理论研究进展缓慢。

早期注浆理论认为浆液的渗流遵守达西定律，即浆液属于线性渗透。1938 年 Maag 提出了浆液在砂土层球形扩散时浆液的简化渗流理论，对注浆压力、浆液黏度、地层渗透性及浆液扩散半径等指标的内在联系进行了阐释。随着注浆施工工艺的发展，又出现了柱形扩散理论、球面非稳定双液渗透理论、宾汉姆流体柱形扩散理论、黏变流体渗透理论等。后来又出现了 Raffle-Greenwood 球形渗透公式、柱状渗透理论、宾汉姆浆体的渗透公式及黏变流体在地层中的渗透公式等理论。这些理论极大地促进了注浆技术的发展。不少学者假定浆液为牛顿型，得到了浆液在裂隙中的渗透规律。刘嘉材推导了浆液沿裂隙面径向流动的扩散方程。Baker 假设注浆孔横穿宽度为 a 的单一光滑裂隙，通过图解法得出了浆液在裂隙中的渗透规律。Louis 得出了牛顿浆液在二维粗糙裂隙中的流动公式。但大多数黏土浆液和一些化学浆液都属于宾汉姆流体。水泥浆的水灰比 W/C 大于 1 时，水泥浆趋于牛顿流体，水灰比 W/C 小于 1 时趋于宾汉姆流体。因此上述方法具有局限性。

浆液在裂隙岩体中渗流不仅取决于浆液和注浆压力，也取决于裂隙的宽度、长度和密度等因素。而岩体中的裂隙是随机分布的，不可能去准确地确定每一条裂隙宽度和长度等。近几年，一些学者采用随机有限元方法来模拟浆液在裂隙岩体中的流动，并获得了成功。该方法能否可靠地指导工程实践，主要取决于对岩体中结构面调查的可靠程度，而结构面几何参数的密度概率模型难以准确确定。

浆液在地层中的运动规律和地下水非常相似，但浆液是黏变流体，浆液在凝胶前会随外力和时间逐渐变大。水泥浆液、化学浆液等注浆浆液流变性常采用牛顿流体、无屈服值的幂律流体和宾汉姆流体 3 类流变模式。杨秀竹等研究了宾汉姆浆液的球形、柱面、柱-半球形渗透注浆机制，而杨志全等考虑浆液黏度时变性探讨了宾汉姆浆液的柱-半球形渗透注浆机制，目前相对成熟的渗透注浆机制研究工作主要是基于球形及柱面基础展开的。

土体注浆加固与防渗施工引起的浆液扩散过程，涉及固体骨架应力应变、浆液的渗流场分布以及浆液浓度垂直于扩散方向的分布梯度等问题。目前已有学者在考虑注浆压力、浆液特性的同时，基于多孔介质流固耦合理论，开展浆液扩散过程中的介质应力应变情况和浆液扩散过程的研究。程鹏达等分析了均质土体点源注浆浆液扩散过程中的应力场和渗流场的耦合作用。S. Y. Ahn 等考虑有效注浆厚度和渗透系数比影响，以及土体与注浆区渗透性差异进行渗流-应力耦合分析，确定隧道注浆设计参数。

1.2.3 煤层底板突水机理——注浆加固理论基础

煤层底板突水机理是注浆工艺设计和实施的主要依据，明确突水的机制是注浆设计的关键。煤层底板突水机理研究是矿井防治煤层底板承压水突水的核心环节。注浆作为矿井防治水中应用成功的技术之一，其设计主要根据突水系数法等底板突水相关理论，研究采动作用下底板突水决定性因素的相关理论较多；同时多采用岩梁或者薄板结构，力学方面多以材料力学和断裂力学理论为主。近年来，对注浆和采动作用条件下底板承压水突水机理的研究成果较少。

1. 煤层底板突水机理国外研究现状

煤炭开采中突水与否，以及突水理论研究程度，取决于煤层赋存地质条件和开采程度。国外对突水机理研究呈现出 3 个特点：第一，对煤矿水害研究的重点放在矿井水对地下水质的污染上，而对煤层底板突水，尤其是奥灰含水层的突水研究相对较少；第二，国外突水机理的研究起步较早，发展早，但是更新慢，特别是近 30 年发展较慢；第三，煤矿突水研究主要集中在受到承压水威胁的一些采煤国家，如匈牙利、前南斯拉夫、西班牙、苏联、意大利和波兰等，我国防治水研究工作初期主要借鉴这些国家的经验。

初期研究主要运用材料力学和断裂力学，主要研究隔水层厚度和底板水头压力两个决定性因素间的关系。在国外的防治水理论发展的不同时间段，都会出现相应的代表人物。匈牙利学者韦格·弗伦斯在 1944 年研究底板突水问题时，认识到煤层底板突水与隔水层厚度和含水层水压都相关，并首次提出了相对隔水层的概念。苏联学者 B. U. 斯列沙辽夫将煤层底板视作两端固定的承受均布载荷作用的梁，基于静力学理论和强度理论推导出底板理论安全水压值的计算公式，开创了用力学方法研究底板突水的先例。

20世纪七八十年代，基于改进的 Hoek - Brown 岩体强度准则，C. F. Santos，Z. T. Bieniawski 等引入临界能量释放点的概念，对煤层底板的承载能力进行了分析，为采动影响下的底板破坏机理的研究提供了一定参考。

M. 鲍莱茨基等认为底板开裂、底鼓、底板断裂和大块底板突起等现象是分属不同的底板变形与破坏概念。N. A. 多尔恰尼诺夫等认为在深部开采高应力作用下，底板岩体出现以裂隙渐进扩展并发生沿裂隙剥离和掉块形式的渐进脆性破坏，从而导致底板导水裂隙与底板高压水含水层沟通，造成矿井底板突水。

因为研究突水机理目的是为了防止突水事故发生，一些研究人员以此为出发点进行一系列相关研究，比如煤层底板注浆加固、绿色开采或保水开采等突水机理与防治方法研究。

2. 煤层底板突水机理国内研究现状

我国的煤层开采强度和水文地质条件的复杂性，促使防治水领域专家学者们花费大力气进行深入研究。特别是近30年发展迅速，煤层底板突水理论研究呈现多元化、百家争鸣的态势。传统的煤层底板突水理论以材料力学和断裂力学为主，随着突水理论的多元化发展，按照水流的作用形式（渗流或者压裂作用），研究重点向渗流、压裂方向发展，偏重流固耦合研究，是理论进步的体现。

结合本研究内容，对与本文关系较为密切的国内突水研究理论进行简要分析。学者们对工作面底板突水的机理进行了大量研究，武强等提出了脆弱性指数法；缪协兴和刘卫群等建立了能够描述采动岩体渗流非线性和随机性特征的渗流理论。荆自刚和李白英提出了最早的“下三带”理论；王作宇和刘鸿泉提出原位张裂与零位破坏理论；黎良杰和钱鸣高等建立了采场底板突水的KS理论；王连国、缪协兴和宋扬经过研究建立了煤层底板突水尖点突变模型。但是对于注浆加固后的工作面底板突水机理的研究相对较少，没有形成相应的理论和力学模型。

刘再斌将煤层底板划分为完整底板、非贯通型底板和贯通型底板，基于岩石工程系统（ORES）方法，构建了煤层底板突水耦合作用网络，推导了考虑有效应力、岩体骨架变形运动的渗流-应力耦合控制方程组，为深化煤层底板突水机理研究提供了途径。

许延春、李见波等以焦作矿区发生突水的底板注浆加固工作面为背景，研究了工作面底板注浆加固体的空间分布特征，分析认为底板突水主要发生在富水区，并受断层带、基本顶来压等多个因素影响。研究了注浆及采动对岩体孔隙-裂隙类型升降变化的影响，注浆加固有效地降低了大水工作面的突水危险。

3. 矿井突水试验研究现状

尹立明针对目前国内外应力-渗流耦合试验存在的缺陷和深部高水压环境，研制了高水压岩石应力-渗流耦合真三轴试验系统。刘爱华、彭述权和李夕兵利用相似物理模型试验系统，对深部采矿时复杂应力、水压力及采动影响等联合作用下岩体的受力、变形和破坏过程，以及水的渗流、突变等宏细观运移规律进行了模拟和测试，进而从理论上分析不同应力场、水压力以及采矿活动本身对采场安全的影响。针对煤层底板突水问题，之前的研究取得了一些结果，并利用所研制的突水地质力学试验平台进行了一系列突水试验。试验过程中发现，对该试验平台加以改装，便可进行注浆加固工作面底板突水试验。

1.2.4 注浆材料

注浆材料，是在地层裂隙和孔隙中起充填和固结作用的主要物质，它是实现堵水或加固作用的关键。注浆材料基本性质包括密度、黏度、稳定性、可注性、初凝时间和终凝时间、抗压强度、结实率、流变性等。

注浆材料可分为有机系和无机系材料。无机系注浆材料包括单液水泥浆、水泥-水玻璃浆、水玻璃类等。有机系注浆材料包括脲醛树脂类、聚氨酯类、丙烯酸盐类等。

注浆材料还可以分为颗粒浆液、化学浆液和精细矿物浆液。注浆材料有粒状浆材和化学浆材，粒状浆材主要是水泥浆，化学浆材包括硅酸盐（水玻璃）和高分子浆材。主要集中在研究新材料方面，自1824年波特兰水泥问世以后，水泥注浆便在工程中作为主要注浆方法。但是，普通水泥由于颗粒较粗，一般只能灌注砂砾石或直径大于0.2~0.3 mm孔隙。因此，提高水泥颗粒细度就成为提高水泥浆可灌性的主要途径。丙凝是一种水溶性高分子化学浆材，其黏度与水接近，被广泛应用于岩石细裂缝、中细砂层的防渗灌浆和动水堵漏。但是，这类浆材有毒性，污染空气和地下水，因此多已停止生产和使用。1980年美国研制出AC400浆材，1982年中国研制出AC-MS浆材，这类浆材的毒性很小（只为丙凝毒性的1%），是一种理想的防渗浆材。日本研制出非碱性硅酸盐浆材，对地下水不产生碱性污染，黏度较低，凝胶强度较高，耐久性较好，不改变地下水的pH值。

目前应用的颗粒性注浆材料主要有单液水泥浆、黏土水泥浆、水泥-水玻璃浆。我国在20世纪90年代黏土水泥浆的成功应用使注浆技术从注浆材料的“水泥时代”进入了“黏土时代”，与单液水泥浆相比，黏土水泥浆具有显著的经济优势：一是浆液的成本低，仅在水泥用量上，就比单液水泥浆节省70%~80%；二是注浆工期缩短40%~60%，并能为冻结-注浆-凿井三同时作业创造条件，大大缩短煤矿井筒的建设周期。近年来随着井筒建设深度的增加，特别是在煤炭供需关系日益紧张的情况下，煤矿井筒建设任务更加艰巨，黏土水泥注浆的经济优势得到了有效发挥。水泥-水玻璃浆液，亦称C-S浆液，它是煤炭科学研究总院北京建井研究所在20世纪60年代后期开发的，以水泥和水玻璃为主剂，两者按一定比例采用双液方式注入，必要时加入速凝剂和缓凝剂所组成的注浆材料，其性能取决于水泥浆水灰比、水玻璃浓度和加入量、浆液养护条件等。

化学浆液近似真溶液，具有一些独特性能，如浆液黏度低，可注性好，凝胶时间可准确控制等，但化学浆液价格比较昂贵，且往往有毒性和污染环境的问题，所以一般用于处理细小裂隙和粉细砂层等颗粒浆液无法注入的地层。

精细矿物浆材是当代新发展起来的一类注浆材料。在组分设计上更注重基于不同的天然矿物、人造矿物和特种功能材料的组合，实现浆液性能、固结性能、长期耐久性等方面关键性能的突破。某些精细矿物浆的浆液性能，如浆液稳定性、浆液黏度、可注性、凝胶时间的可调整性、固结强度和固结体占容等重要性能已接近或超过性能优越的化学浆液。

1.2.5 注浆效果检验

国内外用来表征岩体完整性的指标比较多，而获得这些指标的方法主要有3类：第一，弹性波测试法，比如岩体完整性系数I（岩体龟裂系数）等，该评价指标就是基于此法的；第二，岩心钻探法，如岩石质量指标RQD、单位岩心裂隙数等；第三，结构面统计法，如岩体体积节理数和平均节理间距等。这几种评价方法分别有优缺点，而且多是只从某一个侧面来反映岩体的完整性程度。其中，岩石质量指标 RQD 因为受现场钻探工艺的影响而不能够精确地反映出岩体自身结构；结构面统计法在现场使用中比较复杂；弹性波测试法能较好地反映岩体的完整性，特别是在原位的测试，所受到的影响因素少。

1.3 底板注浆加固作用机理

1.3.1 岩体注浆加固理论

地质体改造技术逐渐成为地质工程的一项重要任务，岩体改造包括岩石改造、岩体结构改造和岩体所处环境改造。在岩体改造方面，注浆技术就是一种重要手段。

注浆技术是一项实用性强、应用范围广的工程技术，尤其在岩土加固工程中应用更广，已成为改善岩土体结构及性能，提高岩土体自承载能力的有效途径之一。由于注浆工程的隐蔽性和现场煤岩体裂隙分布的复杂性，使得注浆技术的发展还很不成熟，注浆设计和施工存在一定的盲目性，现场缺乏一种手段来预测浆液的扩散范围。注浆材料的研究是注浆技术中不可缺少的部分，其物理性能和结石体的力学性能是影响浆液渗透效果和加固效果的重要因素。

注浆技术是岩土工程及矿山井巷工程施工中常用的施工方法，主要作用是堵水和加固。1864 年英国就已经使用水泥注浆的方式进行井筒的注浆堵水。近几十年来岩土注浆理论发展较快，成果主要集中在岩土介质中浆液流动规律及岩土体的可注性，裂隙充填物对流动和围岩稳定性的影响，平面裂隙接触面积对裂隙渗透性的影响，仿天然岩体的裂隙渗流实验等方面。

岩体注浆理论可归类为多孔介质注浆理论、拟连续介质注浆理论、裂隙介质注浆理论、孔隙和裂隙双重介质注浆理论。注浆按照浆液在岩层中的运动形式可分为渗透注浆、挤压注浆、劈裂注浆和喷射注浆，国外学者在这方面分别做了大量研究。Fusao OKA 发现在珊瑚砂中进行硅胶注浆，珊瑚砂中含有的碳酸钙与硅胶中磷酸会发生化学反应生成二氧化碳，导致加固后的砂层存有气泡，强度提高不明显，同时由于胶凝时间短暂造成地层中注入硅胶困难。因此，对注浆加固砂层方法进行了改善，通过实验室无侧限抗压强度和扭力测试提出了在恒围压下对砂层采用渗透注浆方法可以有效减少气泡，促使加固后的砂层具有足够强度。David Chan 利用实验研究了细粒含量对全风化花岗岩中压密注浆的影响，第一组实验将不同数量的高岭土加入全风化花岗岩中，测定细粒含量对土层压实性、渗透性、固结度和抗剪强度的影响，发现随着细粒含量的增加，土层干密度减少，含水量增加，同时由于孔隙率减少致使渗透率降低，并且伴随细粒含量增大，剪切应力达到峰值后呈现为常数。第二组压密注浆实验测定了细粒含量对全风化花岗岩压实效率的影响，发现压实效率会随细粒含量的增加而增加，当细粒含量达到 6% 时，压实效率达到峰值，然而当细粒含量从 6% 增大到 8% 时，压实效率迅速降低了 0.25~0.55，细粒含量从 8% 增大到 41% 后，压实效率降低比较缓慢。S. K. A. AU 采用数值模拟和实验来探讨压密注浆中各控制参数之间的关系，期间压密注浆过程被视为一个洞的扩展过程，利用数值模型来模拟压密注浆全过程，得出注浆孔不同径向处注浆压力、孔隙比和超孔隙水压力之间的关系，后在实验室内做了全风化花岗岩中洞的扩展实验，将收集到的数据与有限元仿真做比较验证数值模拟的有效性。巷道开挖后重分布应力引起开挖损伤区扩展，由于开挖损伤区内裂隙延伸至开挖表面且加压注浆浆液无法有效填充裂隙造成开挖损伤区内注浆困难。为此，

K. Masumoto 提出了隧道密封三向原位测试技术以确定开挖损伤区内黏土注浆是否能减少裂隙岩体的渗透率，结果试验表明注浆后孔洞周围花岗质岩石渗透率有所降低。Shui-Long Shen 提出由于喷射注浆过程中存在高压水，导致水泥和岩土的掺和料处于流体状态，添加外加剂后需要数小时或数天才能胶凝，同时当沙土层处于地下水位以下时，采用喷射注浆很容易产生流沙导致硬化前的沙子和水泥颗粒分离，为了解决这些问题就需缩短浆液的硬化时间，提出采用水玻璃作为添加剂，并且重新设计了喷射注浆装置。

目前应用较多的仍然是渗透注浆理论和劈裂注浆理论。

1.3.2 注浆加固体孔隙裂隙特征分析

底板注浆加固体研究主要通过现场试验评价、实验室实验、数值分析和理论研究等手段进行。目的主要是探索底板注浆加固工作面孔隙-裂隙形态分布特征与注浆效果，能够得到充填浆液与孔隙-裂隙型岩体的相互关系。细观尺度上，研究注浆加固体 REV（Representative Elementary Volume）在采动作用下的力学响应；宏观尺度上，研究底板注浆加固工作面突水结构力学模型。

岩体表征单元体（REV），即是表征岩体尺寸效应的参量。该方法在岩体力学领域研究较多，岩体工程和边坡稳定方面应用广泛，是进行岩体工程稳定性分析与计算的研究基础，在矿井防治水方面应用较少。目前这些研究多集中在未经加固处理的天然岩体，而对注浆加固后裂隙岩体的 REV 问题还研究得甚少。

1. 注浆加固体基础实验研究

注浆后岩体可看作是一种复合材料。近几十年来，复合材料力学特性的预测成为比较活跃的研究领域，而其中 RVE 的研究也是核心问题。

孔隙裂隙弹性理论是针对流体或者热流体在裂缝型非均质的多孔介质中流动进行研究的基本理论。主要对细观孔隙结构进行研究，该结构是指孔隙介质孔径大小、几何分布形状及孔隙间的连通性等。表征孔隙结构的主要参数有孔隙半径和孔隙的形状系数等，这些参数决定着多孔介质中流体的渗透能力和渗透流动规律。国内外对孔隙结构的细观研究主要有两个方面：建模方法和试验测试技术。

杨米加和张农按照计算复合材料弹性模量的方法推导了注浆加固体弹性模量，据此得到了注浆加固岩体的本构关系方程，详细分析了注浆加固因子的影响因素，建立了注浆加固效果的评价方法模型，为现场的工程监测提供了参考依据。

R. F. Coon 和 A. H. Merritt 引入了模量因子概念，模量因子是指岩体与岩块间的弹性模量之比，并推导出了岩体质量指标 RQD 与模量因子之间的关系方程式；另外，W. S. Gardner 还提出用与 RQD 相关的折减系数来表征模量因子；而 Z. T. Bieniawsk、J. P Pereira、J. L. Serafim、L. Zhang 和 H. Einstein 等人分别对不同条件下岩体弹性模量的表征关系式进行研究。

隋旺华和胡巍等人通过室内进行的单轴压缩及剪切试验，研究分析了注浆加固前后裂隙型岩体的表征单元体（REV）的特征；研究发现注浆加固后裂隙岩体的 REV 尺寸相对变小，而且 REV 的等效抗压强度和弹性模量与未注浆加固裂隙岩体相比较均得到一定程度提高。姜福兴和颜峰通过研究发现，裂隙型岩体的注浆加固效果与岩体裂隙的分布状态、连通性及岩体自身破碎度等因素有很大关系。

王汉鹏、李术才和高延法等以岩样的单轴压缩致裂实验为基础，进行了岩体应力应变曲线峰后注浆加固的力学特性实验研究，研究发现破碎岩体注浆加固后的强度比岩体残余强度有较大提高，注浆加固后的岩体破坏变形趋于协调。

张农等研究了破碎岩块经过注浆固结后的残余强度和变形性能特征，发现注浆加固体的残余强度有很大提高，同时轴向变形和径向变形均趋于协调，并且可在比较大的变形范围内保持相对稳定。许宏发、耿汉生和李朝甫对已有岩体注浆前后强度试验值进行了无量纲分析，并根据莫尔库仑强度理论，推导出计算岩体注浆前后剪切强度增长率的关系式。韩立军等通过注浆结构面的剪切破坏实验，研究了浆液对岩体结构面性质的加固作用。范公勤和吴杰实验研究了穿越细砂层巷道的注浆加固方案，总结得到了浆液配比、注浆量、速凝剂及龄期对穿越细砂层巷道加固效果的影响规律。

湛铠瑜系统地介绍了裂隙介质和多孔介质在模型试验方面的国内外研究现状，分析了研究现状的不足。在注浆模型试验中应考虑注浆孔孔径的相似比，应将注浆流量作为影响注浆效果的影响因素，考虑浆液凝胶时间对动水注浆效果的决定性作用，考虑孔隙率、密实度和颗粒极配对多孔介质注浆的影响。注浆模型试验研究应向动水条件下注浆、高压环境下注浆、可视透明注浆和实时过程控制注浆 4 个方面加强研究。

许宏发等根据莫尔库仑强度理论，推导出岩体注浆前后剪切强度参数增长率的计算公式。在现场进行了破碎岩体注浆试验，结果表明，强度增长率试验值与经验公式计算值基本吻合，满足岩体工程注浆设计的需要。杨坪等分析了裂隙、围岩有效孔隙率、结构面密度等对巷道注浆的影响，阐明了壁后充填加固、裂隙充填与压密、注浆后形成的网络骨架等注浆加固巷道围岩的作用机理，在此基础上，提出了围岩加固圈厚度、浆液扩散半径等的计算模型，指出利用注浆加固巷道一是种行之有效的加固方法。黄耀光等考虑巷道开挖扰动和注浆压力衰减对浆液渗透扩散规律的影响，基于拟连续介质假设，利用渗流力学理论推得围岩扰动应力和注浆压力耦合作用下的浆液非稳态渗透扩散基本方程；并运用多场耦合软件 COMSOL 建立了锚注浆液在围岩中渗透扩散的数值计算模型，系统研究了注浆时间、注浆压力以及注浆锚杆间距等锚注参数对浆液渗透扩散的影响。其结果表明：延长注浆时间可以减缓浆液压头在渗透扩散过程中的衰减而增大浆液在围岩中的扩散半径；注浆锚杆间距与浆液扩散半径之比小于等于 1.41 时，浆液将在巷道全断面围岩内形成完整注浆加固圈。最后将以上研究成果用于淮北袁店一矿新掘巷道的锚注加固设计中，经现场监测证明其有效地控制了巷道围岩的变形与破坏。姜英洲根据粉细砂土的工程性质，分析了隧道工程掘进时遇粉细砂层时，采用注浆加固法的作用机理，阐述了充填渗透阶段、挤密阶段、劈裂流动阶段、被动土压力阶段以及再渗透阶段五阶段固化过程。蒋良雄根据大型松散体滑坡治理中的代表性工程措施类型，以理论推导、数值计算和实例分析等手段，探索了预应力锚索锚固段与岩土体的相互作用与传力机理、外锚结构与松散岩土的相互作用与传力特征、锚索桩与岩土体相互作用机理与计算理论、松散岩土体支挡结构的主动土压力分布模式、松散岩土桩间土拱效应及桩间距计算等锚、桩工程的理论问题。于丽莉简要说明了复合注浆法的定义与特点，重点对复合注浆法加固桩基础的作用机理进行深入分析，可知一是浆液对土体的喷射破坏作用及浆液与土的搅拌置换固结作用形成一定直径的旋喷桩，二是渗透、劈裂、挤密作用扩大浆液扩散范围，对成桩以外的土体进行有效的加固，从而达到更佳的加固效果；也使工程技术人员理解复合注浆法能充分发挥两种注浆方法的优点，克服各自的技术和工艺缺陷，使桩基础加固的成功率得到提高，对相关工程设计及施工提供借鉴。曹南山通过室内实验对复合注浆浆液材料和配方进行研究，通过现场模拟试验对复合注浆的施工工艺关键技术参数进行研究，通过实际工程的应用对复合注浆在桩基础加固补强处理的效果及加固作用机理等方面进行分析研究。工程应用表明，复合注浆法能充分发挥两种注浆方法的优点，克服各自的技术和工艺缺陷，使桩基础加固的成功率得到提高。乔卫国在理论分析和模拟试验基础上，提出了常量注入稀水泥浆加固裂隙岩体条件下的两阶段注浆工艺、适用条件及其工艺参数计算方法，该工艺可显著提高裂隙岩体胶结质量和强度。刘长武实验室测试分析和现场工业性试验研究结果表明，水泥注浆加固不但改变了岩石的微结构、微孔隙和岩石的物质组成成分，使岩石的宏观孔隙率降低，致密程度和机械强度增加；而且，浆液在岩体结构面中凝结后对结构面进行充填加固，提高了结构面的黏结力和内摩擦角，增强了工程岩体抵抗外力破坏的能力。苏培莉考虑裂隙煤岩体在注浆压力作用下浆液的扩散过程，应用弹性理论和断裂力学理论研究了裂隙煤岩体钻孔孔壁破裂、裂纹萌生和扩展过程，为裂隙煤岩体浆液流动模拟注浆起始点的确定提供了理论依据；并将研究成果应用于陕煤集团陕北柠条塔煤矿注浆加固工程中，实现了浆液流动扩散的仿真模拟，优化复合浆液保证了良好的注浆效果，有效降低了现场 H_2S 气体的浓度，巷道稳定性评价结果显示注浆后围岩加固效果良好，取得了显著的经济效益和社会效益。

2. 注浆加固体数值研究

数值模拟试验是研究岩体 REV 的重要手段。在一些矿井建模中，没有考虑尺寸参数对模拟结果的影响，然而尺寸参数对岩体的力学性能影响很大。特别当对破裂岩体进行注浆加固，受注浆加固半径影响，尺寸效应会更加明显。在矿井防治水领域，数值软件以 Flac3d、Udec 等为主，一般为软件内部生成网格。建立的模型内部一般是均质的。数值模拟试验研究在岩体工程和边坡稳定研究方面应用广泛，是进行岩体工程稳定性分析与计算的研究基础，而在煤矿水害方面应用相对较少。吴顺川等运用等效岩体技术，基于颗粒流理论和 PFC3D 程序，充分考虑节理分布特征和细观破裂效应，建立等效岩体模型；建立了与实际节理分布特征具有统计相似特征的三维节理网格模型。

1.3.3 浆液运动形式

注浆按照浆液在岩层中的运动形式可分为渗透注浆、挤压注浆、劈裂注浆、喷射注浆和爆破注浆，国内外学者在这方面分别做了大量研究。

1. 渗透注浆

Fusao OKA 研究时发现在珊瑚砂中进行硅胶注浆，珊瑚砂中含有的碳酸钙与硅胶中磷酸发生化学反应生成二氧化碳，产生气泡，导致加固后的砂层存有气泡，强度提高不明显，同时由于胶凝时间短暂造成地层中注入硅胶困难。Fusao OKA 通过实验室无侧限抗压强度和扭力测试提出了在恒围压下对砂层采用渗透注浆方法可以有效减少气泡，促使加固后的砂层具有足够强度，对注浆加固砂层方法进行了改善。

2. 挤压注浆

David Chan 通过实验分析了细粒含量对全风化花岗岩中压密注浆的影响，分别测定了细粒含量对土层压实性、渗透性、固结度、抗剪强度和全风化花岗岩压实效率的影响。随着细粒含量的增加，土层干密度减少，含水量增加，同时由于孔隙率减少致使渗透率降低，并且伴随细粒含量增大，剪切应力达到峰值后呈现为常数，压实效率会随细粒含量的增加而增加，当细粒含量达到6%时，压实效率达到峰值，然而当细粒含量从6%增大到8%时，压实效率迅速降低了0.25~0.55，细粒含量从8%增大到41%后，压实效率降低比较缓慢。S. K. A. AU分别用数值模拟和实验来探讨压密注浆中各控制参数之间的关系，期间压密注浆过程被视为一个洞的扩展过程，利用数值模型来模拟压密注浆全过程，得出注浆孔不同径向处注浆压力、孔隙比和超孔隙水压力之间的关系，后在实验室内做了全风化花岗岩中洞的扩展实验，将收集到的数据与有限元仿真做比较验证数值模拟的有效性。

3. 劈裂注浆

巷道开挖后重分布应力引起围岩塑性破坏区扩展，由于破坏区内裂隙延伸至开挖表面且加压注浆浆液无法有效填充裂隙造成破坏区内注浆困难，为此，K. Masumoto提出了通过隧道密封三向原位测试技术进行破坏区内黏土注浆来减少裂隙岩体的渗透率，试验结果表明注浆后孔洞周围花岗质岩石渗透率有所降低。

4. 喷射注浆

Shui-Long Shen认为由于喷射注浆过程中存在高压水，导致水泥和岩土的掺和料处于流体状态，添加外加剂后需要数小时或数天才能胶凝。同时，当沙土层处于地下水位以下时，采用喷射注浆很容易产生流沙导致硬化前的沙子和水泥颗粒分离，为了解决这些问题就需缩短浆液的硬化时间，提出采用水玻璃作为添加剂，并且重新设计了喷射注浆装置。

5. 爆破注浆

目前爆破注浆技术在多个国家生产实践中得到应用。爆破注浆法是由两家美国公司联合试验探索成功的，1972年获取专利权。爆破注浆法的原理是在预注浆区按设计钻孔，然后在孔中布置带有凹槽的定向爆破装置，通过爆破预裂使岩层中产生线性聚能效应而形成裂隙网，最后注入混合浆液以形成隔水帷幕，提高堵水效果。该方法适用于存在孔隙和裂隙，但是孔隙和裂隙间沟通又不太好的含水层。使用这种方法的岩层强度要足够大（大于20 MPa），并且还要有一定的脆性，以便于传递振动波并形成足够密集的人工裂隙网，正是由于人工裂隙网的形成，故而可以减少注浆孔的数量，这也是这种方法的一大优点。另外，这种方法使用范围还是比较广泛的，当地质条件合适时，在立井、斜井、平巷都可以使用爆破注浆施工。施工顺序是从上向下逐段逐孔进行。

1.3.4 渗透半径公式

在矿山注浆工程中，使用最多的是浆液扩散半径理论，研究浆液扩散半径的理论主要包括球形扩散和柱形扩散两种。

分析钻孔注浆过程，可以看出在高注浆压力作用下，钻孔中间似长管状的部分比较均匀地向周围扩散；而钻孔端头更趋向于一种近似球形扩散形态。按照渗流场的扩散形态，将注浆钻孔浆液渗透半径的求解分为两部分进行介绍：一部分为球形扩散，另一部分为柱形扩散，如图1-1所示。

1. 球形扩散形态的渗透半径

Maag公式计算假定：①被灌砂土为均质的各向同性体；②浆液为牛顿流体；③采用填压法灌浆，浆液从注浆管底端注入地层；④浆液在地层中呈球形扩散。

在达西定律基础上并结合Maag公式和边界条件，取$\beta=1$时，近似为注水过程，扩散

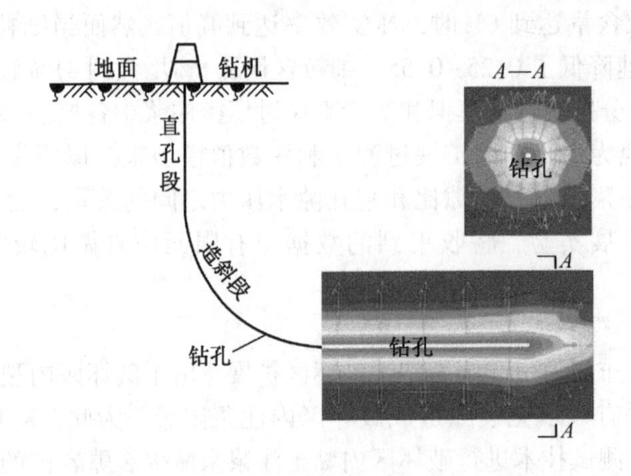

图 1-1 注浆钻孔浆液扩散半径示意图

半径的计算公式为

$$\begin{cases} r_1 = \sqrt[3]{\dfrac{3Khr_0 t}{n}} \\ t = \dfrac{r_1^3 n}{3Khr_0} \end{cases}$$

式中 K——围岩的渗透系数，cm/s；

β——浆液黏度对水的黏度比；

r_1——扩散半径，cm；

h——注水压力水头，cm；

r_0——钻孔半径，cm；

t——注水时间，s；

n——围岩的孔隙率。

2. 柱形扩散形态的渗透半径

柱形扩散理论是以灌浆管的一部分（过滤段）灌浆作为研究出发点，浆液呈柱状扩散。与球形理论唯一不同的是，该理论假设浆液在地层中呈柱形扩散。浆液扩散半径的表达式为（式中各字母的含义同上）：

$$\begin{cases} r_2 = \sqrt[3]{\dfrac{2Kht}{n\ln(r_2/r_0)}} \\ t = \dfrac{r_2^2 n\ln(r_2/r_0)}{2Kh} \end{cases}$$

以此两种理论为基础，演化出了几种不同形式的应用方法。理论方面，岩体渗透注浆的研究相对比较落后，进展相对缓慢。各渗透注浆理论均假设：浆液按牛顿体或宾汉体考虑，在裂隙中呈圆盘状扩散；裂隙为二维光滑裂隙，开度不变，而且忽略固液耦合的影响。

Baker 公式：

$$Q = (\pi\gamma H b^3)/[6\mu_g \ln(\gamma/\gamma_c)]$$

改进的 Baker 公式：

$$SH\gamma_\omega = \frac{6\mu g Q}{\pi b^3}\ln(\gamma/\gamma_c) + \frac{3\gamma_g Q^2}{20g\pi^2 b^2}\left(\frac{1}{\gamma_c^2} - \frac{1}{\gamma^2}\right)$$

式中 γ_w——水的重度；

b——裂隙张开度。

刘嘉材公式：

$$\gamma = 2.21\sqrt{\frac{0.093\gamma_g H b^2 \gamma_c^{0.21}}{\mu_g}} + \gamma_c$$

宾汉流体扩散的佳宾方程：

$$\gamma_g H = \frac{3\tau_0}{b}(\gamma - \gamma_c) + \frac{6\mu_g Q}{\pi b^3}\ln(\gamma/\gamma_c)$$

宾汉流体在倾斜裂隙中椭圆形扩散的 wittke 方程：

$$\gamma(\phi) = (\gamma_c + b\gamma_g H/2\tau_0)(\gamma_g - \gamma_w)\sin\alpha\cos\phi$$

式中 α——平面裂隙倾角；

ϕ——裂隙中浆液扩散点与椭圆焦点连线的方向角。

另外，有些研究认为在奥灰含水层中的注浆扩散是径向流，浆液的注入过程是水渗流的逆向过程。一般注浆采用“定压变质量”方式，即保持设计注浆压力的 80% 左右，注浆量由大到小进行变挡；每一挡内，注浆压力却是由低到高的“定量升压”式。将灰岩含水层改造为相对隔水层实际是浆液驱替水的置换过程，一般可将注浆进程分为 3 个阶段，包括分为充填注浆阶段、升压渗透注浆阶段和高压扩缝注浆阶段。

3. 垂向裂隙中水平注浆孔浆液扩散机理

1）充填注浆阶段

初始注浆时基本是充填注浆，在较大裂隙中多表现为紊流，流速较高，有洛米捷经验公式：

$$q = 4.76\left(\frac{g^4}{v_g}\delta^5 J^4\right)^{\frac{1}{7}}$$

式中 q——流体的单宽流量，m^3/h；

J——水力梯度；

g——重力加速度，m/s^2；

v_g——浆体的运动黏度，MPa · m；

δ——裂隙张开度，m。

2）升压渗透注浆阶段

浆液扩散主要发生在该阶段，在浆液充满裂隙后，随注浆压力升高，浆液驱替地下水分为浆、水两区，向外径向辐射扩散，称为升压渗透注浆时段。该时段注浆时间较长，但进浆量小。注浆过程中假设承压含水层内存在一垂直于轴向的粗糙裂隙，以此建立升压注浆浆液扩散渗流方程。最终，由浆水连续条件推导出浆液扩散半径与注浆压力之间关系式：

$$r = Exp\left\{\frac{\pi g\delta^3(P_0 - P_e)}{6q_g[1 + 8.8(\omega/\delta)^{1.5}](\upsilon_g - \upsilon_w)} + \frac{\upsilon_g \ln r_0 - \upsilon_w \ln r_e}{\upsilon_g - \upsilon_w}\right\}$$

式中　υ_g、υ_w——浆液和水运动黏性系数，m^2/s；

(P_0-P_e)——孔底注浆压力，MPa；

P_0——注浆总压力，MPa；

q_g——浆液流量，m^3/s，是相对定值；

r_0——水平注浆孔半径，m；

r_e——含水层水力影响半径，m；

ω/δ——裂隙表面相对粗糙度，取0.033~0.5；

ω——裂隙表面绝对粗糙度。

2 注浆加固工作面底板岩体渗透性“降低—升高”机理

2.1 注浆加固工作面底板突水“升降型”结构力学模型

2.1.1 岩层突水的孔隙-裂隙弹性理论

1. 技术思路

矿山压力与水渗透压力作用造成了底板岩体的变形和破坏，岩体的变形和破坏又反过来影响到承压水的渗流状态。如此相互作用，相互影响，直到形成某种平衡。采动产生的周期性应力变化不断打破这种平衡，使其向新的状态发展，结果造成隔水层下部岩体内的裂隙不断向上扩展、延伸，含水层的承压水渗流场不断上移。当隔水层上、下部裂隙贯通时，渗流场快速上移到采掘工作面，承压水渗流出来。随裂隙水对裂隙通道的冲刷、扩径、挤入破坏，通道不断扩大，渗流速度加快，渗流水量不断增大，从而形成突水。

注浆加固工作面底板出水经历 3 个过程：第一过程，底板岩体原始裂隙，分为连通裂隙与非连通裂隙；第二过程，注浆加固难以改变岩石结构强度，主要是充填裂隙；第三过程，采动影响同样难以改变岩石结构强度，主要是原有裂隙的扩张和产生新裂隙。与未注浆工作面相比，主要是没有原生裂隙充填的过程。

2. 孔隙-裂隙弹性理论

白矛等研究的孔隙-裂隙弹性理论是研究流体或热流体在裂缝性非均质多孔介质中流动的基本理论，尤其是双重孔隙介质流固耦合研究，在石油工程、地下水工程和地下热工程中有广泛应用。根据该理论对孔隙-裂隙型介质的类型进行划分，按照底板岩体的破碎程度和裂隙的连通程度，将岩体划分为 4 种类型，分别是：Ⅰ型为完整隔水岩体、Ⅱ型为非连通性裂隙岩体、Ⅲ型为连通性裂隙岩体、Ⅳ型为破碎岩体。为研究岩体的阻水和隔水性能，在孔隙裂隙弹性理论基础上，对底板岩体的形态进行概化。

1） Ⅰ型完整隔水岩体

底板岩层发育完整，基本无裂隙，宏观上可以将其概化为单一孔隙率模式，如图 2-1 所示，定义此类底板岩体为Ⅰ型完整岩体，比如发育比较完整的厚层状泥岩类岩层，属于隔水层。

宏观上，该模型将底板岩体概化为均匀的孔隙型介质，孔隙分布连续、渗透率相同，介质具有单一孔隙率和单一渗透率。当岩层的渗透率非常低或趋于零时，岩层视为隔水层。

考虑孔隙压力和有效应力影响的Ⅰ型岩层一般的应力-应变关系方程可表示为

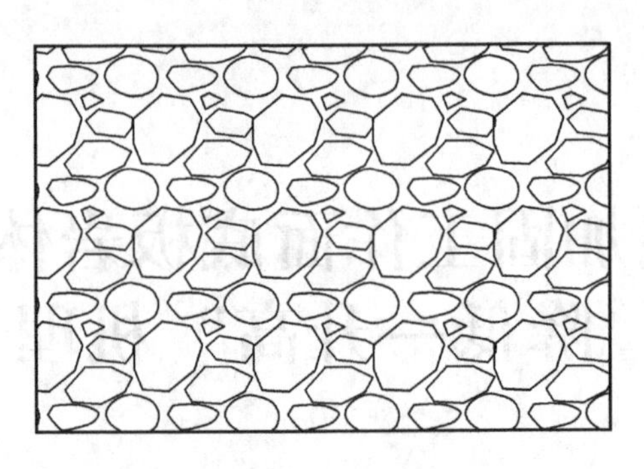

图 2-1　单一孔隙率模式

$$\varepsilon_{ij} = \frac{1+\mu}{E}\sigma_{ij} - \frac{\mu}{E}\sigma_{kk}\delta_{ij} - \frac{1}{3H}p\delta_{ij} \tag{2-1}$$

式中　p——流体压力；

ε_{ij}、σ_{ij}——应变张量和应力张量；

H——比奥常数；

E——杨氏模量；

μ——泊松比；

σ_{kk}——静水压力，可以写成 $\sigma_{kk}=\sigma_1+\sigma_2+\sigma_3$；

δ_{ij}——换算符号，$i=j$ 时，$\delta_{ij}=1$；$i\neq j$ 时，$\delta_{ij}=0$（i，$j=1$，2，3）。

Ⅰ型岩体的固体相控制方程为

$$Gu_{i,\ jj} + (\lambda + G)u_{k,\ ki} + \alpha p_{,\ i} = 0 \tag{2-2}$$

式中　G——剪切模量；

λ——拉梅常数；

α——比奥系数；

u_i——位移。

Ⅰ型岩体的流体相控制方程为

$$-\frac{k}{\mu}p_{,\ kk} = \alpha\varepsilon_{kk} - c^{*}\dot{p} \tag{2-3}$$

式中　$\dot{p}$——p 对时间的导数；

k——渗透率；

c^{*}——集总可压缩性。

2）Ⅱ型非连通性裂隙岩体

底板岩层存在明显的结构弱面，如裂隙或断层等，但不贯通，宏观上可以将其概化为非贯通孔隙-裂隙模式，如图 2-2 所示，定义该种岩层为Ⅱ型非连通性裂隙岩体，比如粉砂岩层或者受到不导水的断层构造影响的泥岩互层。工作面可能出现渗水等现象，但不构成突水，此时可将其视为相对隔水层。

裂隙的存在把此类型岩体介质划分成岩隙和岩基，含裂隙的称为裂隙体，不含裂隙的称为孔隙体。岩体中的孔隙称为原生孔隙，其孔隙率称为原生孔隙率；裂隙又称为次生孔隙，其裂隙率又称为次生孔隙率。此种类型岩体中的孔隙体是不含有裂隙但被裂隙分割后的小岩块。根据双孔隙率的概念，岩基中的流体和裂隙中的流体既相互独立又相互叠加，它们独立地控制方程，又可以通过公用的函数进行叠加。双孔隙率介质中流体的流动主要是高渗透率的裂隙间的流动，如图 2-2 所示，此种岩体类型可模拟具有高存储能力和低渗透能力的岩层。

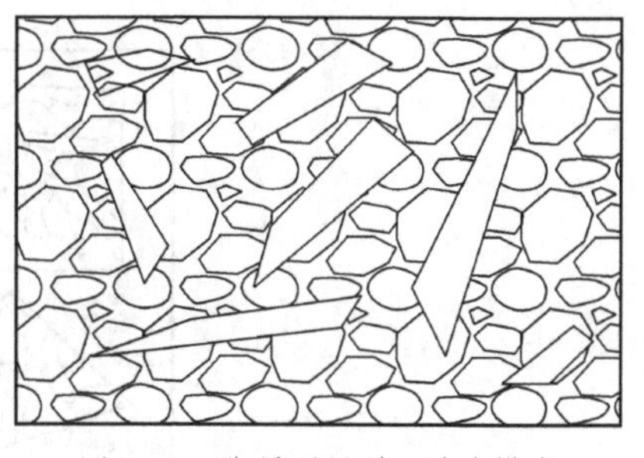

图 2-2 非贯通孔隙-裂隙模式

Ⅱ型非连通性裂隙岩体的固体相控制方程为

$$Gu_{i,\ jj} + (\lambda + G)u_{k,\ ki} + \sum_{m=1}^{2}\alpha_m p_{m,\ i} = 0 \tag{2-4}$$

式中 α_m——m 相比奥系数，$m=1$ 和 2，分别代表岩基和岩隙。

Ⅱ型非连通性裂隙岩体的流体相控制方程为

$$-\frac{\bar{k}}{\mu}p_{m,\ kk} = \alpha_m \varepsilon_{kk} - c^* \dot{p}_m \pm \Gamma(\Delta p) \tag{2-5}$$

式中 Γ——因压差 Δp 引起的裂隙流体和孔隙流体交换强度的流体交换速率，其前面的正号表示从孔隙中流出，负号表示流入孔隙中；

$\bar{k}$——等效单渗透率值，或总体系统的平均渗透率；

$\dot{p}_m$——m 相的 p 对时间求导数。

3）Ⅲ型连通性裂隙岩体

Ⅲ型连通性裂隙岩体是在Ⅱ型非连通性裂隙岩体基础上又进一步发育形成的，裂隙连通导水，但储水空间较小，如图 2-3 所示。比如砂岩、薄层灰岩等裂隙含水层等，会导致采煤工作面发生突水。

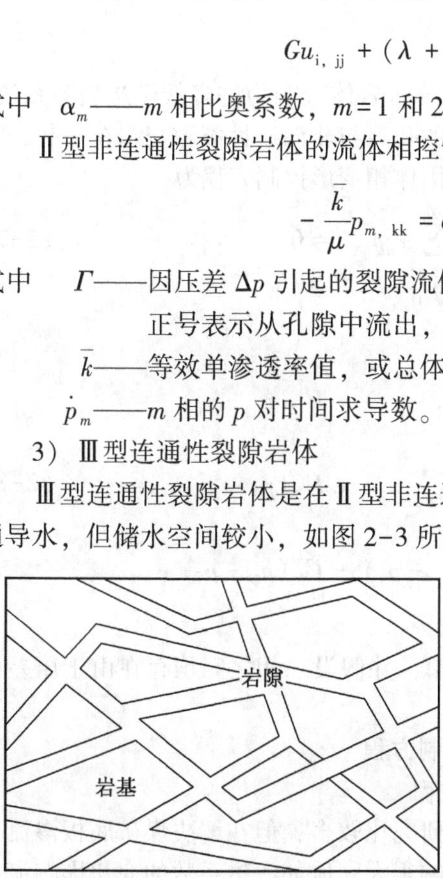

图 2-3 连通性裂隙岩体

Ⅲ型连通性裂隙岩体是由渗透性低/孔隙率高的孔隙体和渗透性高/孔隙率低的裂隙体组成，如图 2-3 所示。此种模型是双渗透率和双孔隙率模型，含有低渗透性孔隙的含裂隙地层适用本模型。

Ⅲ型连通性裂隙岩体的固体相控制方程与非贯通性裂隙模型控制方程形式相同，而Ⅲ型岩体的流体相控制方程为

$$-\frac{k_m}{\mu}p_{m,\ kk} = \alpha_m \varepsilon_{kk} - c^* \dot{p}_m \pm \Gamma(\Delta p) \tag{2-6}$$

式中 k_m——m 相的渗透率。

该模型为双孔隙率/双渗透率模型，适合于具有低渗透性孔隙的含裂隙地层。

4）Ⅳ型破碎岩体

若岩层发育非常破碎，内部既有大裂隙为主的主干裂隙通道，又有小裂隙为主的次生裂隙通道，出水概率非常高，如图 2-4 所示。定义此种类型岩体为Ⅳ型破碎岩体，如灰岩岩溶裂隙型含水层等。工作面若突水，影响比较严重。

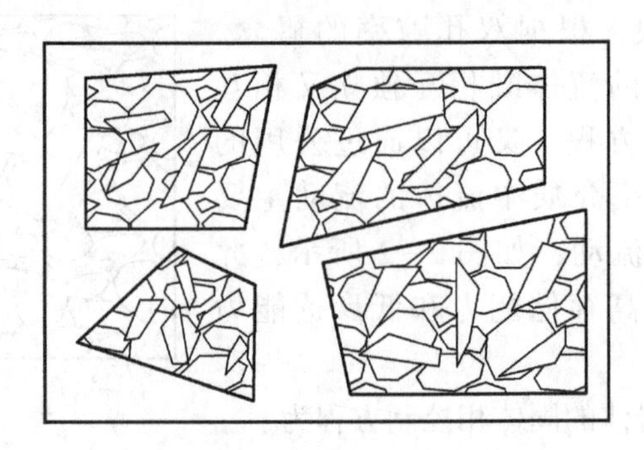

图 2-4　破碎岩体

Ⅳ型破碎岩体称为三孔隙率模型，主干裂隙系统将岩体分割为许多低渗透裂隙系统；每组微裂隙系统又可以视为孔隙体组成部分，岩基的孔隙与非渗透性裂隙交织在一起，它们与主干裂缝可以存在流体交换。Ⅳ型破碎岩体的固体相变形控制方程为

$$Gu_{i,\ jj} + (\lambda + G)u_{k,\ ki} + \sum_{m=1}^{3}\alpha_m p_{m,\ i} = 0 \tag{2-7}$$

其中，$m=1$、2 和 3，分别代表孔隙、裂隙和裂缝。

Ⅳ型破碎岩体的流体相控制方程为

$$\begin{cases} -\dfrac{k_1}{\mu}p_{1,\ kk} = \alpha_1\varepsilon_{kk} - c_1^*\dot{p}_1 + \Gamma_{12}(p_2 - p_1) + \Gamma_{13}(p_3 - p_1) \\ -\dfrac{k_2}{\mu}p_{2,\ kk} = \alpha_2\varepsilon_{kk} - c_2^*\dot{p}_2 + \Gamma_{21}(p_1 - p_2) + \Gamma_{23}(p_3 - p_2) \\ -\dfrac{k_3}{\mu}p_{3,\ kk} = \alpha_3\varepsilon_{kk} - c_3^*\dot{p}_3 + \Gamma_{31}(p_1 - p_3) + \Gamma_{32}(p_2 - p_3) \end{cases} \tag{2-8}$$

式中　k_1、k_2、k_3——孔隙、裂隙和裂缝的渗透率；

Γ_{ij}——i 相与 j 相之间的流体交换速率，并假设二相之间均存在由于压差引起的隙间流。

2.1.2　注浆加固前后孔隙-裂隙岩体的流固耦合控制方程

1. 注浆加固前孔隙裂隙岩体的流固耦合控制方程

国内外专家学者对注浆前原始孔隙裂隙岩体的研究比较多，但在解决煤矿底板渗流与突水问题时发现，一些参数的推导与测定对结果影响很大，比如渗透系数的变化影响流体相控制方程求解；而影响固体相变形控制方程的参数更多。按照孔隙裂隙弹性理论和损伤力学理论，材料的均质性、各向同性、各向异性和损伤等因素都是需要确定的变化参数。

1）注浆加固前流体相控制方程及参数求解

按照孔隙裂隙弹性理论，注浆加固前具有 m 相渗透率岩体的流体相控制方程可概括表达为

$$-\frac{k_m}{\mu}p_{m,\ kk} = \alpha_m\dot{\varepsilon}_{kk} - c^*\dot{p}_m \pm \Gamma(\Delta p) \tag{2-9}$$

对单一孔隙率模型，ΔP 无变化，流体相控制方程变为

$$-\frac{k}{\mu}p_{,\ kk} = \alpha\dot{\varepsilon}_{kk} - c^*\dot{p} \tag{2-10}$$

式中 k_m——m 相的渗透率；

k——单一渗透率岩层渗透率；

c^*——集总可压缩性；

Γ——表征因压差 Δp 引起的裂隙流体和孔隙流体交换强度的流体交换速率，其前面的正号表示从孔隙中流出，负号表示流入孔隙中。

由式（2-10）可以看出，渗透系数是流体相控制方程的重要参量，对方程有直接影响。渗透系数是底板岩体的固有属性，受到局部应力场的影响，会发生变化，使得现场渗透系数测量非常困难，如果可以换算成其他可以比较容易测量的参数会很方便，渗透率、孔隙率与净应力的回归关系式为

$$k = k_0\left[1 - \left(\frac{P}{n}\right)^m\right]^3 \qquad \varphi = \varphi_0\left[1 - \left(\frac{P}{n}\right)^m\right] \tag{2-11}$$

式中 k——岩体渗透率；

k_0——净应力为零时岩体初始渗透率；

φ_0——岩体初始孔隙率；

P——净应力，当有效应力系数为1时，与有效应力相等；

n、m——系数。

将孔隙裂隙概化成椭球体，得到有效压缩系数为

$$\beta_{\mathrm{eff}} = \beta_s\left(1 + m\frac{\phi}{\alpha}\right)$$

其中

$$m = \frac{E(3E + 4G)}{\pi G(3E + G)} \tag{2-12}$$

式中 E、G——岩体弹性和剪切模量；

ϕ——孔隙率；

β——压缩系数；

α——纵横比。

当 α 很小趋近无穷小时近似为裂隙，趋近于与1时近似为孔隙。

已知波速与弹性模量存在关系：

$$V_P = \sqrt{G/\rho} = \sqrt{E(1-\mu)/[\rho(1+\mu)(1-2\mu)]} \tag{2-13}$$

式中 E、G——弹性模量和剪切模量；

μ——泊松比；

ρ——岩体密度。

由式（2-13）可以得到波速表达的现场岩体的弹性和剪切模量。波速测试作为分析煤层底板岩体性质的重要手段，目前设备也容易测得现场岩体的波速。

所以，综合上述公式，得到用波速和压缩系数表达的渗透系数公式为

$$k = k_0\left[\frac{\alpha(\beta_{\mathrm{eff}} - \beta_s)}{\beta_s m \varphi_0}\right]^3 \tag{2-14}$$

其中，$m = \dfrac{E(3E + 4G)}{\pi G(3E + G)}$；$E = V_P^2[\rho(1+\mu)(1-2\mu)]/(1-\mu)$；$G = \rho V_P^2$。

2）不考虑岩体损伤各向异性的固体控制方程

不考虑岩体损伤的孔隙裂隙弹性岩体的固体相变形控制方程：

$$Gu_{\mathrm{i,\ jj}} + (\lambda + G)u_{\mathrm{k,\ ki}} + \sum_{m=1}^{3} \alpha_{\mathrm{m}} p_{\mathrm{m,\ i}} = 0 \tag{2-15}$$

其中，$m=1$、2 和 3，分别代表孔隙、裂隙和裂缝。

这些孔隙裂隙型岩体的流固耦合方程，很好地解释了水压作用下饱和多孔隙率条件下含水层岩体的本构关系。但是，通过岩体的不同类型模型可以看出，Ⅱ、Ⅲ和Ⅳ型裂隙岩层具有明显裂隙，存在损伤现象，损伤对于材料的影响是不可忽视的，而上述固体控制方程中没有考虑损伤的影响。

3）考虑损伤的各向异性饱和孔隙裂隙岩体变形控制方程

Ⅱ、Ⅲ和Ⅳ型岩体裂隙比较发育，损伤现象明显。将其仍视为完整无裂隙近似均质的材料，然后进行求解得到固体变形控制方程，一定程度上满足理论和数值计算的需要。但事实上，底板灰岩含水层一般是非均质的，而且由于形成阶段和天然裂隙存在等原因有很明显的各向异性，求解考虑材料的各向异性和非均质性条件的裂隙岩层的固体控制方程很有必要。与均质岩体的本构方程相比，裂隙各向异性岩体的本构方程要求更严格更复杂。

（1）碎岩体的损伤张量表述。

20 世纪 50 年代末，L. M. Kachanov 和 Paothob 等人引进损伤概念，用来表示结构有效承载面积的相对减少。损伤现象使岩体细观结构发生变化，使得岩体的强度等参数趋向降低。在 Sayers 和 Kachanov、Lubarda 和 Krajcinovic 和 J. F. Shao 的相关研究中，岩体被视为被许多节理或裂隙分割的岩块结构体，并定义了二阶损伤张量$\widetilde{D}$为

$$\widetilde{D} = \sum_{k=1}^{N} m_k \left(\frac{\hat{a}_k^3 - a_0^3}{a_0^3} \right) (\vec{n} \otimes \vec{n})_k \tag{2-16}$$

式中 a_0——初始裂纹的平均半径；

$\hat{a}_k$——第 k 类簇裂纹的平均半径；

k——具有相同单位法向量的类簇；

$\vec{n}$——裂纹单位法向量；

m_k——第 k 类簇裂纹的数量。

（2）考虑损伤的各向异性饱和的孔隙-裂隙岩体变形控制方程。

损伤现象使得岩体的弹性模量受到影响，理论分析时需要求解损伤岩体的有效弹性模量。因为能量守恒原理可以很好地解释不可逆应变或者残余应力，在此借鉴 Cormery、Halm、Dragon 和 J. F. Shao 等人研究的热力学势能函数，假设岩体是饱和的、各向异性损伤的，属于孔隙弹性材料，温度恒定时，热动力学势能函数为

$$\begin{cases} w = w_1(\widetilde{\varepsilon},\ \widetilde{D}) + w_2(\widetilde{\varepsilon},\ \widetilde{D},\ \zeta) \\ w_1(\widetilde{\varepsilon},\ \widetilde{D}) = g\mathrm{tr}(\widetilde{\varepsilon}\widetilde{D}) + \dfrac{\lambda}{2}(\mathrm{tr}\,\widetilde{\varepsilon})^2 + \mu\mathrm{tr}(\widetilde{\varepsilon}\widetilde{\varepsilon}) + \alpha\mathrm{tr}\,\widetilde{\varepsilon}\mathrm{tr}(\widetilde{\varepsilon}\widetilde{D}) + 2\beta\mathrm{tr}(\widetilde{\varepsilon}\,\widetilde{\varepsilon}\,\widetilde{D}) \\ w_2(\widetilde{\varepsilon},\ \widetilde{D},\ \zeta) = g_{\mathrm{v}}^0\zeta - \zeta M(\widetilde{D})\,\widetilde{\alpha}(\widetilde{D}):\ \widetilde{\varepsilon} + \dfrac{1}{2}M(\widetilde{D})\zeta^2 \end{cases} \tag{2-17}$$

式中 w_1——干燥岩体热动力学势能函数；

w_2——饱和时受到损伤的孔隙裂隙岩体热力学势能函数；

g_v^0——流体的初始体积焓；

M——比奥模量，属于标量，与损伤张量有关；

α——对称二阶张量，$\alpha_{ij}=\alpha_{ji}$；

β——损伤各向异性岩体的比奥有效应力系数；

λ、μ——拉梅弹性常数。

假设初始孔隙水压力为零，当饱和流体满足线性状态规律时，可得到不排水条件下孔隙裂隙岩体的状态方程：

$$\begin{cases}\widetilde{\sigma}=\widetilde{M}^{u}(\widetilde{D}):\widetilde{\varepsilon}-M(\widetilde{D})\,\widetilde{\alpha}(\widetilde{D})\zeta \\ p=M(\widetilde{D})[\zeta-\widetilde{\alpha}(\widetilde{D}):\widetilde{\varepsilon}]\end{cases} \tag{2-18}$$

其中，$\widetilde{M}^{u}$ 为注浆加固前不排水条件下岩体的四阶损伤弹性张量。

同理，在排水条件下，可以得到考虑损伤的注浆加固前各向异性饱和孔隙-裂隙岩体固体变形控制方程：

$$\widetilde{\sigma}=\widetilde{M}^{b}(\widetilde{D}):\widetilde{\varepsilon}-\widetilde{\alpha}(\widetilde{D})p \tag{2-19}$$

其中，$\widetilde{M}^{b}$ 为注浆加固前排水条件下岩体四阶损伤弹性张量。根据 Biot、Thompson 和 Willis 等人相关研究，不排水弹性张量和排水弹性张量的对称性相同，且满足下面关系：

$$\widetilde{M}^{u}=\widetilde{M}^{b}+M\,\widetilde{\alpha}\otimes\widetilde{\alpha} \tag{2-20}$$

根据 Thompson 和 Willis 等人研究及 Cheng 等的细观力学分析，岩体的宏观孔隙裂隙弹性常数可以通过孔隙裂隙介质的细观性质得到。对于一个尺寸合适的表征单元体，若其满足两个假设，岩体各个参数之间的关系便可得到。第一个假设要满足细观上岩体是均质的，即细观尺度上孔隙裂隙岩体骨架是均质的，但因为空间中不同的细观均质材料的分布结构不同，使得宏观尺度上表现为各种各样的材料。第二个假设要满足细观上岩体是各向同性，在细观尺度上，孔隙及骨架颗粒表现为各向同性，而宏观尺度上材料的各向异性主要是由构造成因和孔隙裂隙的分布等造成的。据此可以将模量间的关系进行简化：

$$\begin{cases}\alpha_{ij}(\widetilde{D})=\delta_{ij}-\dfrac{M_{ijkk}^{b}(\widetilde{D})}{3K_s} \\ M(\widetilde{D})=\dfrac{K_s}{\left[1-\dfrac{M_{iijj}^{b}(\widetilde{D})}{9K_s}\right]-\phi(1-K_s/K_f)} \\ B_{ij}(\widetilde{D})=\dfrac{1}{\eta}[3C_{ijkk}^{b}(\widetilde{D})-c_s\delta_{ij}] \\ \eta(\widetilde{D})=[C_{iijj}^{b}(\widetilde{D})-c_s]+\phi(c_f-c_s)\end{cases} \tag{2-21}$$

式中　C^{b}_{ijkk}、C^{b}_{iijj}——排水条件下岩体柔度张量；

ϕ——材料的孔隙率；

c_s——固体颗粒的体积压缩性，$c_s=1/K_s$；

c_f——孔隙流体的体积压缩性，$c_f=1/K_f$。

2. 注浆加固后孔隙裂隙岩体的流固耦合控制方程

1）流固耦合控制方程

注浆加固后，岩体裂隙得到充填，充填后岩体的强度会增加。若注浆后岩体的致密性和强度均达到完好的Ⅰ型岩体，则运用相关方程式便可求解。

更多情况下，注浆加固后，虽然岩体裂隙得到充填，而且充填后岩体的强度增加，但是很难达到原始致密岩体的状态，仍然有一定的损伤现象。假设充填充分，注浆稳定后，原始的饱和孔隙裂隙岩体变为由原始岩体骨架和充填浆液组成的复合型岩体。根据热动力学势能原理，假设注浆后岩体为近似干燥材料，温度恒定时，借鉴 Halm 和 Dragon 的热动力学势能函数得到：

$$w(\widetilde{\varepsilon},\ \widetilde{D}_z)=g\mathrm{tr}(\widetilde{\varepsilon}\,\widetilde{D}_z)+\frac{\lambda}{2}(\mathrm{tr}\,\widetilde{\varepsilon})^2+\mu\mathrm{tr}(\widetilde{\varepsilon}\,\widetilde{\varepsilon})+\alpha\mathrm{tr}\,\widetilde{\varepsilon}\mathrm{tr}(\widetilde{\varepsilon}\,\widetilde{D}_z)+2\beta\mathrm{tr}(\widetilde{\varepsilon}\,\widetilde{\varepsilon}\,\widetilde{D}_z) \tag{2-22}$$

所以

$$\widetilde{\sigma}=\widetilde{M}(\widetilde{D}_z):\widetilde{\varepsilon}+g\,\widetilde{D}_z \tag{2-23}$$

其中，损伤岩体的有效模量张量$\widetilde{M}$可表示如下：

$$\begin{aligned}M_{ijkl}=&\lambda\delta_{ij}\delta_{kl}+\mu(\delta_{ik}\delta_{jl}+\delta_{il}\delta_{jk})+\alpha(\delta_{ij}D_{kl}+D_{ij}\delta_{kl})+\\&\beta(\delta_{ik}D_{jl}+\delta_{il}D_{jk}+D_{ik}\delta_{jl}+D_{il}\delta_{jk})\end{aligned} \tag{2-24}$$

式中　$\widetilde{D}_z$——注浆加固后岩体的损伤张量，其他参数的含义同前。

2）各向异性参数g、α、β求解

简化岩体的参数和实验过程，模量常数可以通过常规卸载-加载三轴压缩试验获得。根据卸载实验过程中损伤应力应变曲线上任一点的应力、应变和弹性模量值，以及损伤张量可以求得g、α和β参数。

$$\begin{cases}g=\dfrac{E_1\varepsilon_1-\sigma_1+2v_{31}\sigma_3}{2v_{31}D_3}\\\alpha=\dfrac{1}{D_3}\left(\dfrac{\lambda+2\mu-E_1}{2v_{31}}-\lambda\right)\\\beta=\dfrac{1}{2D_3}\left[\dfrac{\lambda+2\mu-E_1}{4v_{31}^2}-(\lambda+\mu)\right]-\alpha\end{cases} \tag{2-25}$$

3）注浆加固前后损伤张量的波速表达

损伤现象使岩体细观结构发生变化，使得岩体的强度等参数趋向降低，一些可测的参数亦会发生相应的改变。根据这种思想，专家们发明了许多间接的测量损伤的方法。在诸多探测方法中，弹性模量法，或者等效应变法，是非常简洁有效的计算方法，简单地用公式表达为

$$D = 1 - \frac{\widetilde{E}}{E_0} \tag{2-26}$$

式中　$\widetilde{E}$——损伤岩体的弹性模量；

E_0——完整无损伤时岩体的弹性模量。

只要测得杨氏弹性模量 E 的变化，就可计算出岩体的损伤程度。Hult 从唯象学角度得到相同的结论。将“伤损”作为物质细观结构的一部分引入连续介质的模型，认为损伤材料是以孔穴为第二组相的复合材料，按照复合材料弹性模量的“混合律”，将连续损伤介质的弹性模量 E 表示为

$$\widetilde{E} = E_0(I - D) + E_r D \tag{2-27}$$

其中，D 是岩体孔隙裂隙所占的分数，即损伤变量，由于第二组相空穴的模量 $E_r = 0$。注浆后的岩体更符合 Hult 的复合材料弹性模量的“混合律”。

在现场实测方面，利用电阻涡流损失法、交变电阻法、交变电抗及磁阻或电位的改变来检测损伤，而声发射、超声技术、红外显示技术、CT 技术等检测损伤适用范围较广，可以分辨尺寸较大的损伤，所以适用于岩石、混凝土等非金属材料。本文选用的是现场和实验室较为常用的波速探测。

以波速评价围岩的注浆效果及弱化强度，根据声波和弹性模量的关系，即式（2-13）可以得到损伤张量与波速的关系：

$$\begin{cases} D = I - \dfrac{E_{\mathrm{di}}}{E_{\mathrm{i}}} = I - \dfrac{\rho_1 VP_1}{\rho_0 VP_0} \\ D_{\mathrm{z}} = I - \dfrac{E_{\mathrm{ti}}}{E_{\mathrm{di}}} = I - \dfrac{\rho_2 VP_2}{\rho_1 VP_1} \end{cases} \tag{2-28}$$

式中　D——孔隙裂隙岩体损伤张量；

D_z——注浆加固体的加固张量；

V_{P0}——完整岩体的纵波波速；

V_{P1}——裂隙岩体的纵波波速；

V_{P2}——加固岩体的纵波波速。

根据上述公式，可以解得波速控制的注浆加固后孔隙裂隙岩体各向异性本构方程及注浆加固前的波速控制的孔隙裂隙岩体饱和各向异性本构耦合方程。

2.1.3　采动提升岩体破碎类型机理

在矿山压力作用下，注浆后底板损伤或原始损伤底板中的裂隙重新扩展并相互贯通。注浆后，如果没有采动过程，工作面底板突水可能性较低。采动影响是注浆后工作面底板出水的重要影响因素。

1. 采动后底板破坏形成的底板应力分布

通过数值模拟分析了采动影响下煤层底板的塑性破坏区（图 2-5）。

通过图 2-5 可以看出，随着工作面开挖，煤层底板岩体分别受到压剪破坏、拉剪破坏，然后又受到压剪破坏，形成一个循环过程。该现象说明煤层底板的岩体在工作面开采

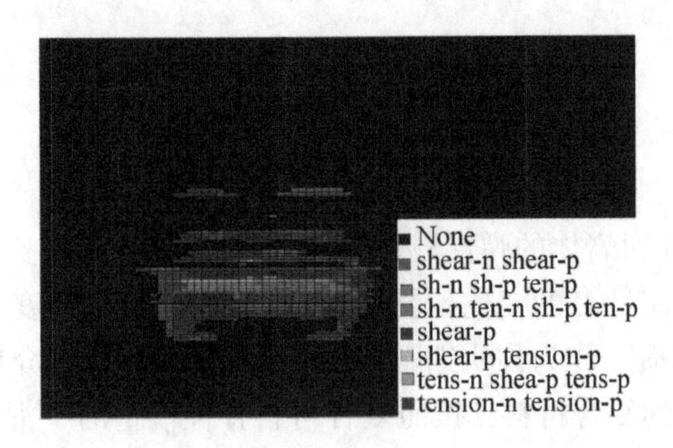

图 2-5　赵固二矿 11011 工作面塑性破坏区云图

时，依次受到开采前压缩、开采后卸压和压力恢复 3 个不同阶段，垂向应力分布如图 2-6 所示。开采前压缩、开采后卸压是底板破坏的两个主要阶段。在此两个阶段，煤层底板岩体受到压剪和拉剪两种应力状态，岩体破坏形式为滑移破坏或者张拉破坏。底板应力分布模型图如图 2-7 所示。

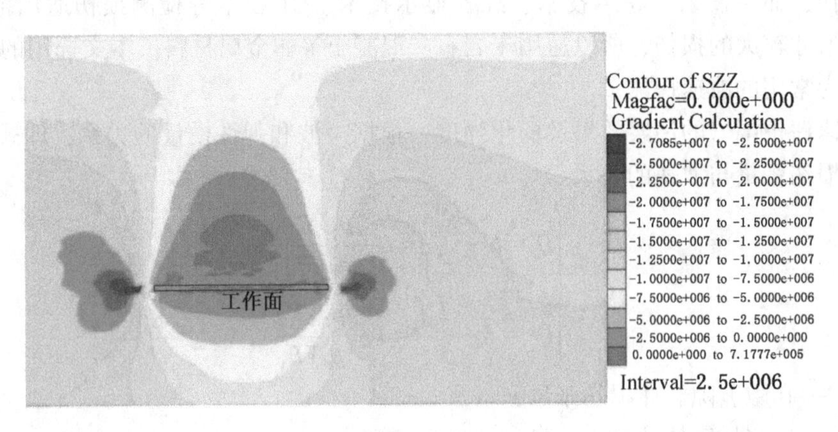

图 2-6　底板应力分布云图

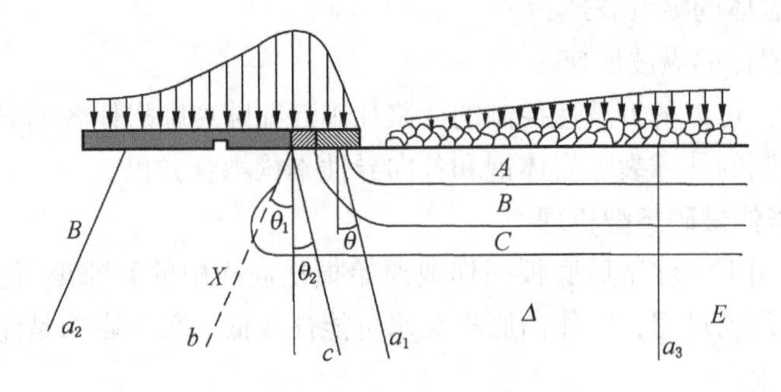

A—拉伸破裂区；B—层面滑移区；C—岩层剪切破裂区；a_1、a_2、a_3—原岩应力等值线；

b—高峰应力传播线；c—剪切破坏线，θ—原岩应力传播角，10°~20°；

θ_1—高峰应力传播角，20°~25°；θ_2—剪切力传播角，10°~15°

图 2-7　底板应力分布模型图

底板不同区域的垂向应力 σ_z 为

$$\sigma_z=\begin{cases}\gamma h & (\text{无支承压力影响区})\\ K\gamma h & (\text{支承压力影响区})\\ 0 & (\text{采空区})\end{cases} \tag{2-29}$$

式中　γ——上覆岩层重力密度；

h——开采深度；

K——应力集中系数。

底板不同区域的侧向应力 $\sigma_3=\lambda\sigma_z$。

2. 采动应力作用下的裂隙扩展分析

在均匀应力作用下，中间具有贯穿裂纹平板的裂纹尖端区域的应力场和位移场一般按照断裂力学相关理论进行研究。在断裂力学中，岩石裂隙间的相互贯通方式根据岩桥的破坏方式一般分为 3 种：张拉破坏、剪切破坏和拉剪复合破坏（图 2-8）。

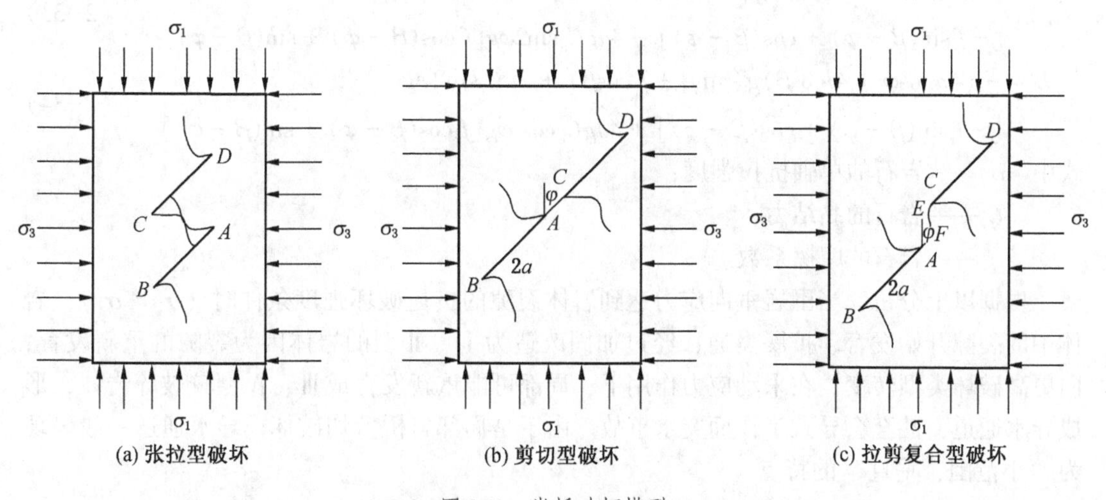

图 2-8　岩桥破坏模型

1）岩桥张拉型破坏

由断裂力学理论知岩桥的贯通强度 σ_1 为

$$\sigma_1=\left\{\frac{K_{1C}\sqrt{1+L}\cdot\sqrt{1+L^2+2L\cos\varphi}}{F\sqrt{\pi a}\left(0.4L\sin\varphi+\dfrac{1+L\cos\varphi}{\sqrt{1+L}}\right)}-\sigma_3\left[\frac{12}{5\sqrt{3}}\left(\frac{C_t\sin2\varphi}{2}+C_nf_s\cos^2\varphi\right)\right]\times\left(1-\frac{1}{6(1+L)^2}+2.5L\right)\right\}\Bigg/\left[\frac{12}{5\sqrt{3}}\left(C_nf_s\sin2\varphi-\frac{C_t}{2}\sin2\varphi\right)\times\left(1-\frac{1}{6(1+L)^2}\right)\right] \tag{2-30}$$

其中，$L=l/a$；a 为节理的半长；F 为裂纹间相互的影响因子；φ 为裂纹与水平方向夹角；f_s 为岩石的摩擦系数；C_n、C_t 分别为传压、传剪系数。

2）岩桥剪切型破坏

由断裂力学理论知，岩桥贯通强度 σ_1 为

$$\sigma_1 = \frac{\sin 2\beta + 2f_s\cos^2\beta}{2f_s\sin^2\beta - \sin 2\beta}\sigma 3 - \frac{2C_r}{2f_s\sin^2\beta - \sin 2\beta} \tag{2-31}$$

式中 β——岩桥的倾角；

C_t——岩石的黏聚力。

3）岩桥拉剪复合型破坏

如图2-8c所示，岩桥的拉剪复合破坏是由于岩桥中部首先产生的张拉裂纹EF和原生裂纹AB、CD扩展出来的剪切裂纹AF、CE连通而引起的。

根据断裂力学理论，岩桥贯通强度σ_1为

$$\sigma_1 = \frac{h_1\sigma_t(\sin\beta + f_r\cos\beta) - 4lgC_r + B\sigma_3}{A} \tag{2-32}$$

其中，

$$A = -(4a\sin\varphi + 4l\sin\beta)g(-f_r\sin\beta + \cos\beta) + 2aC_t\sin 2\varphi g \\ [-f_r\sin(\beta-\varphi) + \cos(\beta-\varphi)] - 4agC_n\sin 2\varphi g[f_r\cos(\beta-\varphi) + \sin(\beta-\varphi)] \tag{2-33}$$

$$B = -(4a\cos\varphi + 4l\cos\beta)g(\sin\beta + f_r\cos\beta) + 2aC_t\sin 2\varphi g \\ [-f_r\sin(\beta-\varphi) + \cos(\beta-\varphi)] + 4agC_n\cos^2\varphi g[f_r\cos(\beta-\varphi) + \sin(\beta-\varphi)] \tag{2-34}$$

式中 σ_t——岩石的单轴抗拉强度；

C_r——岩石的黏结力；

f_r——岩石的摩擦系数。

根据以上分析，当围岩垂向应力达到岩体裂隙的贯通破坏强度条件时（$\sigma_z > \sigma_1$），岩体中的裂隙开始发育、扩展贯通；经过加固改造为Ⅰ、Ⅱ型的岩体因为裂隙的重新发育，向更高破坏类型转变；在采动应力作用下，局部可能重新发育成Ⅲ、Ⅳ型较破碎岩体，形成导水通道，甚至会导致工作面突水事故。由于是局部岩桥剪切破坏，导水通道一般表现为“小范围、垂直”的特点。

根据裂隙发育扩展条件，注浆加固后底板岩体裂隙贯通的条件为$\sigma_z > \sigma_1$。

2.2 注浆加固破裂岩石三轴实验研究

煤炭开采时，采动作用使得煤层底板采空区下方岩体处于自由面的状态，应力状态亦发生改变，由三向应力状态转变为二向应力或者单向应力状态。上方应力被解除后，煤层底板发生变形和破坏。若底板有承压含水层，会给矿井生产造成威胁，危险程度与突水系数有关。煤炭开采导致围岩应力状态发生改变，岩体发生破坏产生裂隙，对于高水压条件煤层，承压水在裂隙中渗透扩展，达到一定条件，卸压开采会引起煤层底板岩体发生突水等动力灾害。突水灾害具有隐蔽性，如何认清突水机理非常关键，如果能够模拟出真实的可视化的矿井环境，然后开挖观察突水过程，这将非常有意义。但是现在的实验设备还不能够完全满足，比如密封、水压施加、岩层材料等条件均受到限制。现场地质条件复杂，想要清楚地观测各项数据难度很大。本书以现场地应力为基础，利用三轴实验设备观测分析工作面开采过程中各项力学参数变化。通过三轴试验研究岩体的力学性质、变形特征和突水危险性等，分析注浆加固前后岩体的力学性质和加固后岩体的突水特征和可能性。

三轴试验研究注浆加固工作面底板岩体需要解决很多困难和问题。注浆加固前原始岩

体、破碎后加固体的力学性能有区别，三轴条件下加固前后岩体的力学性质和变形如何改变。另外，煤层开采卸压后，高水压区域破碎岩体注浆加固后的突水规律如何，以及围压对高水压区域注浆加固后的煤层底板岩体的突水有什么影响。针对这些问题，需要对高水压区域的岩体注浆加固前后的力学性质、变形特征，以及开采导致应力状态发生变化时，破碎加固后岩体的突水特征和突水规律等问题进行研究。综合考虑实验设备、围压、轴压和水压施加方式，发现三轴实验的卸围压试验与煤矿开采活动比较符合，先进的仪器设备能够模拟真实的应力阈值，施加与煤层围岩应力相同的围压和轴压。本文采用实验室三轴试验机对注浆前原始岩体、注浆后加固体的力学特性以及围压对高水压注浆加固破碎岩体突水影响进行研究。

2.2.1 三轴力学试验系统

本试验使用长春仪器厂生产制造的 TAW-2000 微机控制电液伺服岩石三轴试验机，力学试验系统如图 2-9 所示。该试验机具有围压系统、轴压系统和孔隙水压系统等独立闭环控制系统。主机采用美国 MTS 三轴主机结构，门式整体铸造，刚度大于 10 GN/m，轴压 2000 kN，围压 100 MPa，配备 KS-60 型孔隙水压系统，最大孔隙水压为 60 MPa，水压加载速率为 0.01~1 MPa/s，水流量控制速率为 0.1~200 mL/min，试件直径为 25~100 mm，最小采样时间间隔为 1 ms。

图 2-9 TAW-2000 力学试验系统

该仪器用于研究岩石在多种不同环境下的力学性质，可自动完成岩石的三轴压缩试验和孔隙渗透实验，可进行单轴、三轴全过程应力-应变试验，恒速、变速、循环加卸载及多种波形控制试验，孔隙水和高低温特性试验等。试验采用微机控制，实时显示试验全过程。水压围压和轴压加载装置如图 2-10 所示。

(a) 水压施加装置

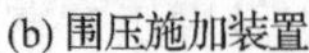

(b) 围压施加装置

(c) 泵站

图 2-10　水压、围压和轴压加载装置

2.2.2　实验方案

1. 现场地质条件

地应力场是控制底板岩体破坏的重要因素。赵固二矿与赵固一矿属于同一煤田，位置相连（图 2-11）。

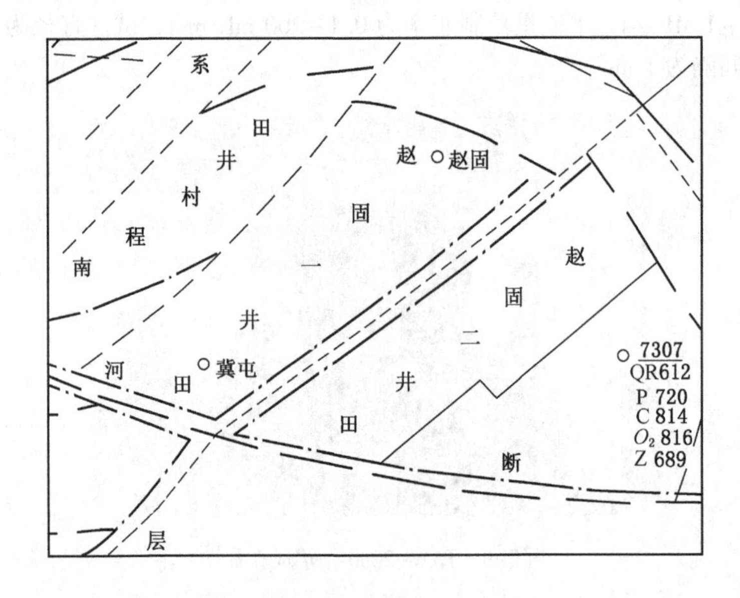

图 2-11　赵固一矿与赵固二矿位置

根据北京科技大学于学馥教授提出的地应力判断标准，判断赵固一矿矿区是高应力矿区，且其地应力分布属于 σ_{HV} 型：$\sigma_{Hmax} > \sigma_V > \sigma_{Hmin}$。

赵固一矿的地应力场数据见表 2-1。

表 2-1　平均地应力的测试结果

最大主应力 σ_1			中间（垂直）主应力 σ_2			最小主应力 σ_3		
倾角/(°)	方位/(°)	数值/MPa	倾角/(°)	方位/(°)	数值/MPa	倾角/(°)	方位/(°)	数值/MPa
0.89	166.84	28.51	27.94	76.37	16.44	62.05	258.53	15.04

按照赵固一矿的地应力方位和倾角分布，绘制 11050 工作面与地应力场的位置关系如图 2-12 所示。可以看出，地应力分布是立体的，与工作面推进方向和倾斜方向均有一定角度，每个方向应力对工作面都有影响。因为煤层有一定倾角，除受到垂向应力的作用外，水平应力对底板岩体的影响也比较大。

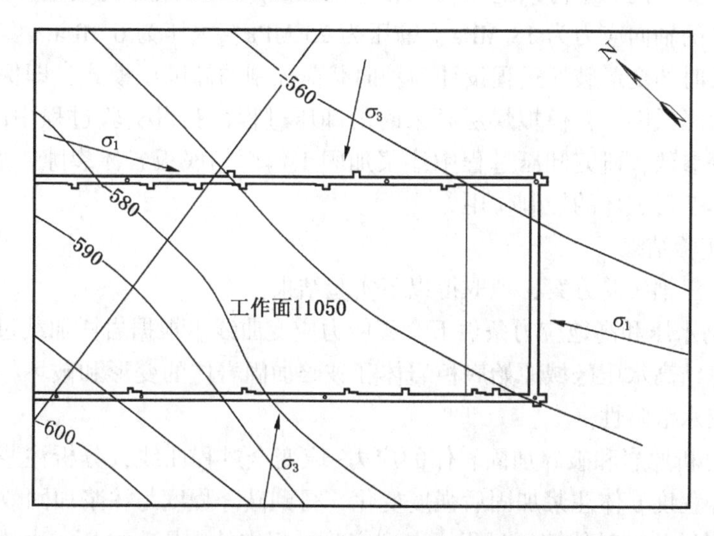

图 2-12　地应力分布与工作面布置平面图

2. 实验方案制定

根据实验目的，需要对高水压区域的岩体注浆加固前、后的力学性质、变形特征及开采导致应力状态发生变化时破碎加固后岩体的突水特征和突水规律等问题进行研究。利用 TAW-2000 三轴试验机能够施加围压、轴压和水压力的功能，模拟煤矿采场的近似真实地应力场环境，研究分析注浆加固前、后岩体的力学特性，通过卸载围岩模拟研究 6 MPa 水压作用下煤层开采时注浆加固岩体的裂隙扩展和突水情况。经过现场取样，实验室加工、割石机切割、磨石机打磨，然后进行实验，共制定以下 3 个实验方案。

1）围压 25 MPa 和水压 6 MPa 条件下原始岩体力学性质实验

（1）根据现场地应力和水压条件，设定围压 25 MPa，水压 6 MPa。应用 TAW-2000 力学试验机进行实验研究，对灰岩和砂岩原始岩体取样进行高水压实验，得到高水压和高地应力条件下全程应力应变曲线。

（2）围压 25 MPa 和水压 6 MPa 条件下，进行三轴加载实验，记录岩样加载过程中水压和水流量等数据，分析岩体的裂隙扩展和突水危险性。

2）围压 25 MPa 和水压 6 MPa 条件下破碎岩体注浆加固后力学性质实验

（1）研究水压 6 MPa 和围压 25 MPa 条件下破碎岩体注浆加固后强度提升。对破碎灰岩和砂岩注浆加固，进行三轴压缩试验，得到高水压条件下注浆加固后岩体压缩应力-应变全过程曲线。

（2）研究不同破碎程度岩体注浆加固后强度变化，分析破碎程度对注浆加固效果的影响。将不同破碎程度岩体加固，进行三轴实验，分析水压、水流量等参数，研究不同破碎程度对注浆加固岩体强度的影响，以及不同破碎程度注浆加固后岩体在三轴实验过程中的导水特征。

3）围压对破碎岩体注浆加固后裂隙扩展和突水的影响研究

煤层有一定倾角，地应力与工作面底板岩体有夹角，现场开采时应力卸载是立体的，三方向应力都有不同程度的卸压。为使实验方便可行，简化了实验过程，本次实验在TAW-2000 力学实验机上进行，施加双向相等围压 $\sigma_2=\sigma_3$。结合现场地应力的实际条件，设计三轴实验机的轴向应力为 18 MPa，围压为 25 MPa，水压为 6 MPa。实验过程中将底板岩体卸载围压时的变形破坏过程设计为轴向载荷控制的卸围压模式，即保持实验机轴向载荷不变，然后降低围压，模拟煤层开采时的卸压过程，获得实验过程中的围压、水压、水流量和变形等参数，研究卸压过程中注浆加固工作面的底板岩体裂隙扩展和突水机制，分析围压对岩体变形破坏的控制作用。

3. 拟取得实验结果

根据设计的三轴实验方案，拟取得以下实验结果：

（1）得到高水压和高地应力条件下全程应力应变曲线。根据岩样加载过程中水压和水流量等数据，总结高水压区域原始底板岩体和破碎加固岩体的变形和破坏特性，分析岩体的裂隙扩展和突水危险性。

（2）比较分析原岩和破碎加固岩体的应力-应变全过程曲线，分析注浆加固效果。通过研究不同破碎程度岩体注浆加固后强度变化，得到破碎程度与注浆加固效果的关系。

（3）模拟煤层开采时的卸压过程，得到实验过程中的围压、水压、水流量和变形等参数，认清卸压过程中注浆加固工作面的底板岩体裂隙扩展和突水机制，阐明围压对岩体变形破坏和突水的控制作用。实验得到裂隙与突水的关系，验证裂隙渗透率是突水的重要条件。

2.2.3 实验步骤及内容

（1）准备试件。首先将井下取得岩样进行处理，用取芯实验机制作直径 50 mm 岩样（图 2-13）。然后用切割机对初步岩样进行切割，用磨石机对顶底面进行打磨，保证顶底面的平整。取样过程中，严格操作，用游标卡尺精确测定制作岩样的高度和直径，用电子天平精确称量岩样质量，用烧杯和量筒滴管测量体积，加工取得岩样如图 2-14 所示。

图 2-13 岩石取样机

（2）水压实验需要准备水压钢垫块（图 2-15）。按照上垫块、岩样和下垫块顺序装好样，用自黏胶带缠封接触面，外部用热缩管包裹，用热吹风机从下到上先将热缩管两侧棱角热缩至平滑，然后整个热缩，热缩时吹风机应按照螺旋式上升。

图 2-14 加工后的标准岩样

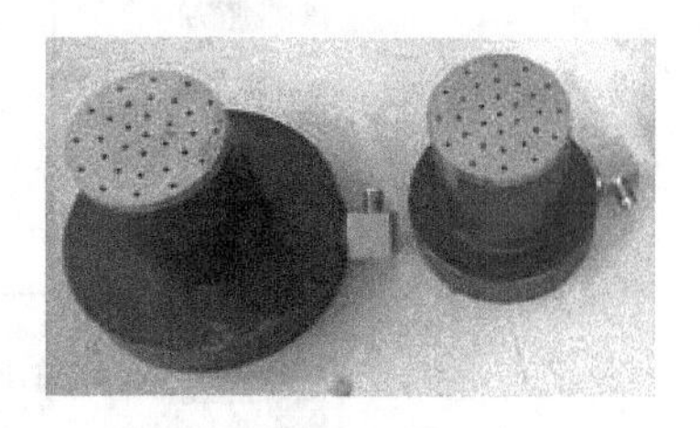

图 2-15 水压实验专用垫块

（3）将引伸仪安装在岩样外面热缩管和垫块上，将引伸仪下部底座固定，径向引伸仪探头安放在岩样高度的一半位置；固定轴向变形锥，将其放在水压垫块上，尽量使得轴向变形锥能够保持水平，轴向变形杆与变形锥外表面接触即可，不要有过大变形；同样，拧动径向变形杆的螺丝，使得径向变形杆与岩样外表面轻轻接触，径向变形杆亦不要有过大变形。

将装好的试件放在三轴压力室底座上，用定位销卡住，连接水管和测量应变的引线插头；在试件上部放置钢垫块和三轴球形垫（凹面向上），保证从钢垫块到三轴压力室内底座的高度不得超过 298 mm（图 2-16、图 2-17）。

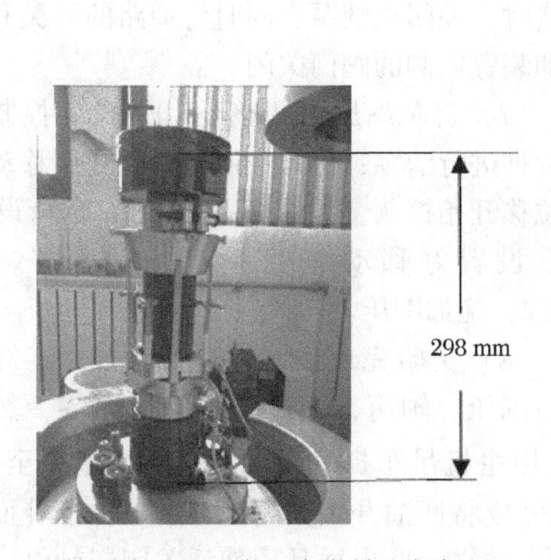

图 2-16 三轴缸内岩样总高度

图 2-17 压力室

（4）打开轴压系统、围压系统和孔压系统的“EDC”电源开关，打开围压系统和孔压系统的驱动器开关。打开软件（图 2-18），点击“刷新”按钮，通过计算机搜索所有控制器选项，点击“全选”，然后点击“连接”，点击控制面板上的“EDC1”“EDC2”和“EDC3”3 个按钮，开关颜色变绿，如无反应，立即停止实验。

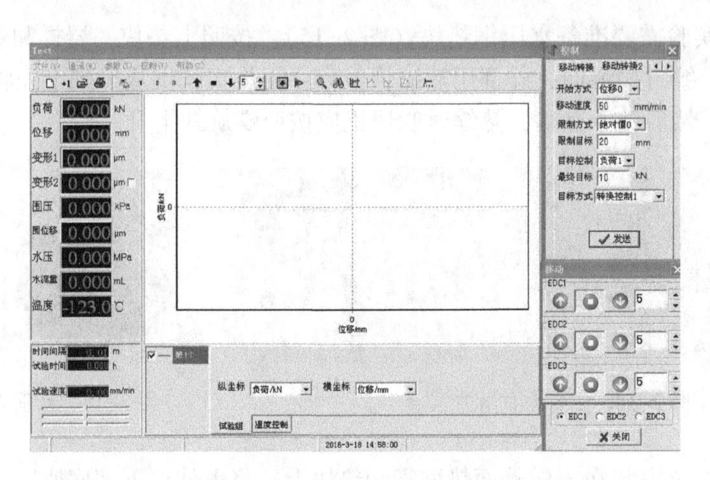

图 2-18　三轴试验机控制面板

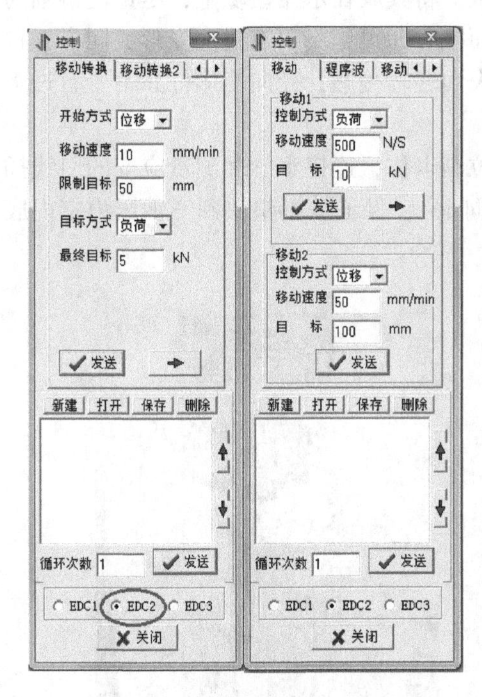

图 2-19　移动和移动转换面板

(5) 移动底座小车，使压力室钢桶在底座正上方；打开主油泵，压力调至 10 MPa，将三轴缸缓慢放下；将卡垫和三轴缸外套环放好。卸下吊环，将径向变形和轴向变形引线插入三轴缸外的插槽中，拧紧螺丝；将三轴缸推入压力机中准备实验，注意小车刻度线对齐。

(6) 打开充油泵，向三轴压力室输油，将围压施加装置内侧的阀门打开，按下增压器的后退键，使得活塞回到增压油缸底部，当回油阀有油回流时，关闭充液泵，同时将油路的开关和围压施加装置内侧的阀门关闭。

(7) 将泵站压力调整至 10 MPa。控制软件的数据进行清零；打开控制面板，找到移动转换的位移开始控制，如图 2-19 所示，负荷设置 10 kN，设置好移动速度，点击"发送"。选择 EDC2，施加围压。

(8) 实验完成后，保存实验数据，卸载水压、围压、轴压，围压位移降低至零，然后回油。在回油过程中，拧上三轴缸上部吊环，用主机吊车提升三轴缸上面活塞直至上限，提升过程中保证三轴缸底座在导轨上；回油完成将回油开关关闭。卸下三轴缸外面的外套环，将卡垫推出放好，不影响提升，吊起三轴缸，取出样品，然后关闭三轴缸，实验完成。

2.2.4　围压 25 MPa 和水压 6 MPa 条件下完整岩体的力学特性

以矿井现场实际地质条件为基础，三轴实验研究准原岩应力场作用下原始完整岩体的力学特性，根据现场获得砂岩和石灰岩，设计两组岩体实验。根据设备特点和煤矿开采实际情况，设计水压力为 6 MPa，围压 25 MPa，模拟接近真实的原岩应力场作用下的岩体的力学特性以及高水压作用下岩体的突水危险性。

1. 完整灰岩力学性质实验

1）应力-应变曲线

水压 6 MPa，围压 25 MPa 时，试验得到灰岩的有效应力-应变全程曲线、总应力-应变的全程曲线及三应变-应力 3D 曲线如图 2-20 所示。

实验过程中，灰岩伴随有两次闷响，声音非常大，分别在峰值波动区域。有效应力峰值达 313 MPa，总应力达 319 MPa。峰值过后轴向应变突然增大，应力急剧减小到 120 MPa；然后轴向应变和应力均减小，到 60 MPa 时突然降低，然后回升到 110 MPa，继而持续降低。弹性上升阶段时灰岩的弹性模量为 78 GPa。

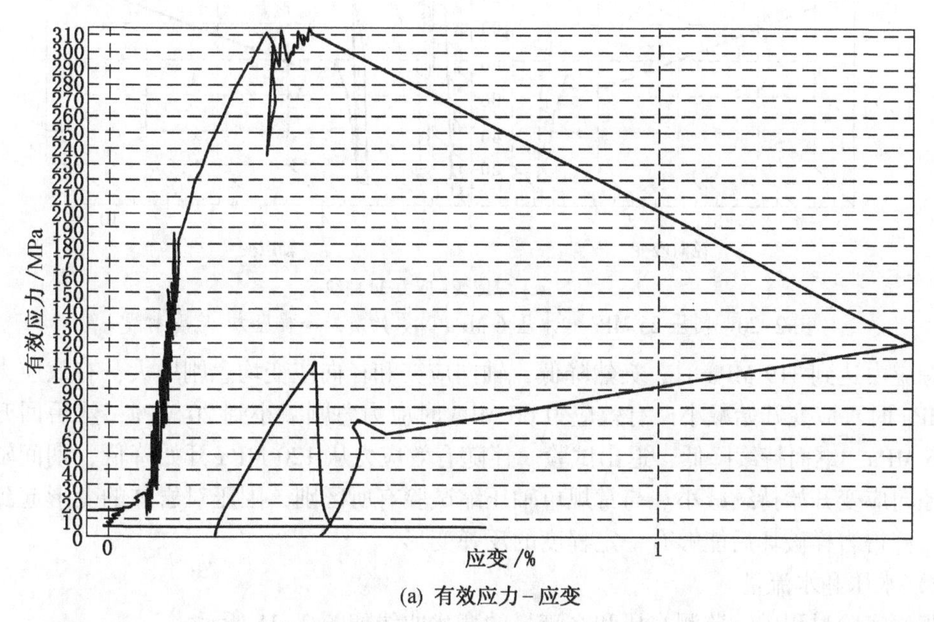

(a) 有效应力-应变

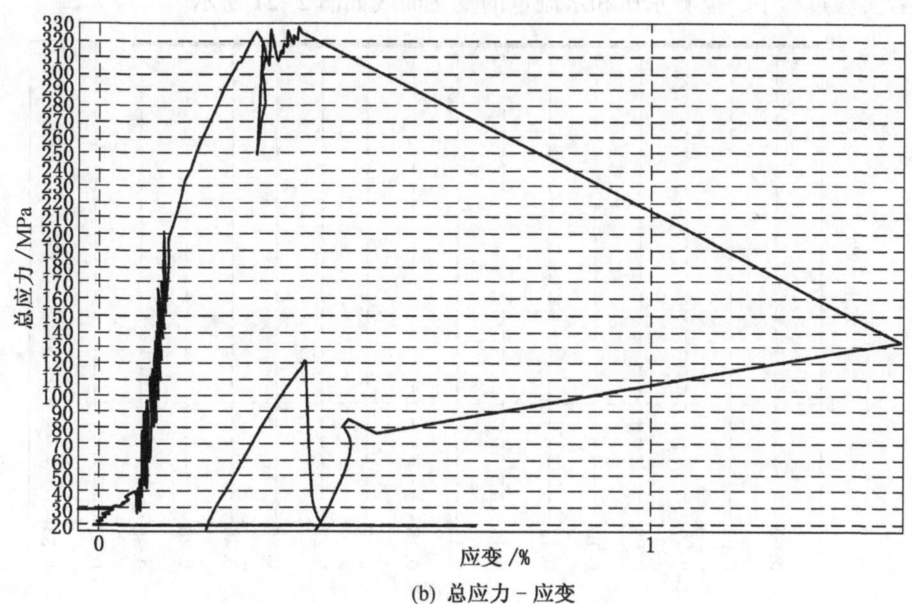

(b) 总应力-应变

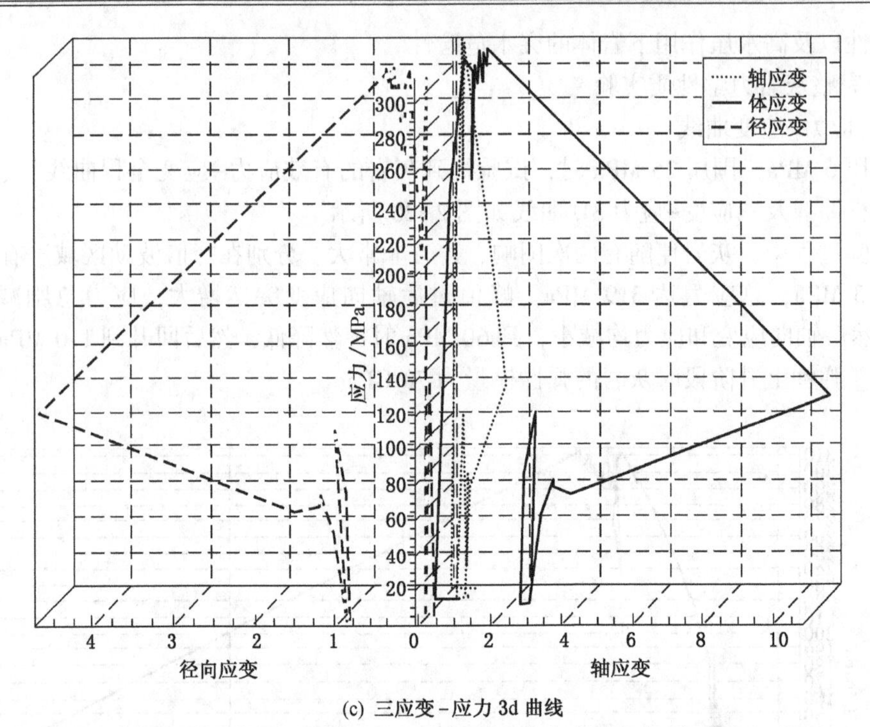

(c) 三应变-应力 3d 曲线

图 2-20　围压 25 MPa 和水压 6 MPa 时原始灰岩全程应力-应变曲线

总应力达到 319 MPa 时，突然降低，轴向应变和径向应变均急剧增大，有效应力降至 120 MPa 时，应变开始减小。有效应力 60 MPa 时应力急剧减小到 20 MPa，然后回升增大至 105 MPa，继而持续降低，退出试验。伴随有效应力从 120 MPa 开始降低，期间轴向应变和径向应变开始持续减小。与常规单轴压缩试验有所区别，围压对岩体的变形起到很大作用，使得岩样破坏后能够有一定程度的反弹变形。

2）水压和水流量

灰岩实验过程中，监测水压和水流量的变化曲线如图 2-21 所示。

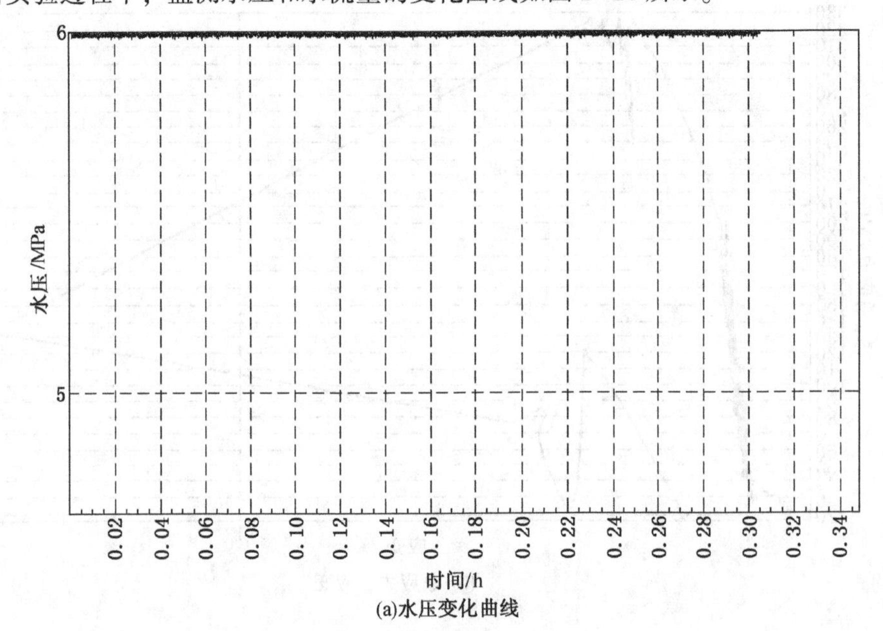

(a)水压变化曲线

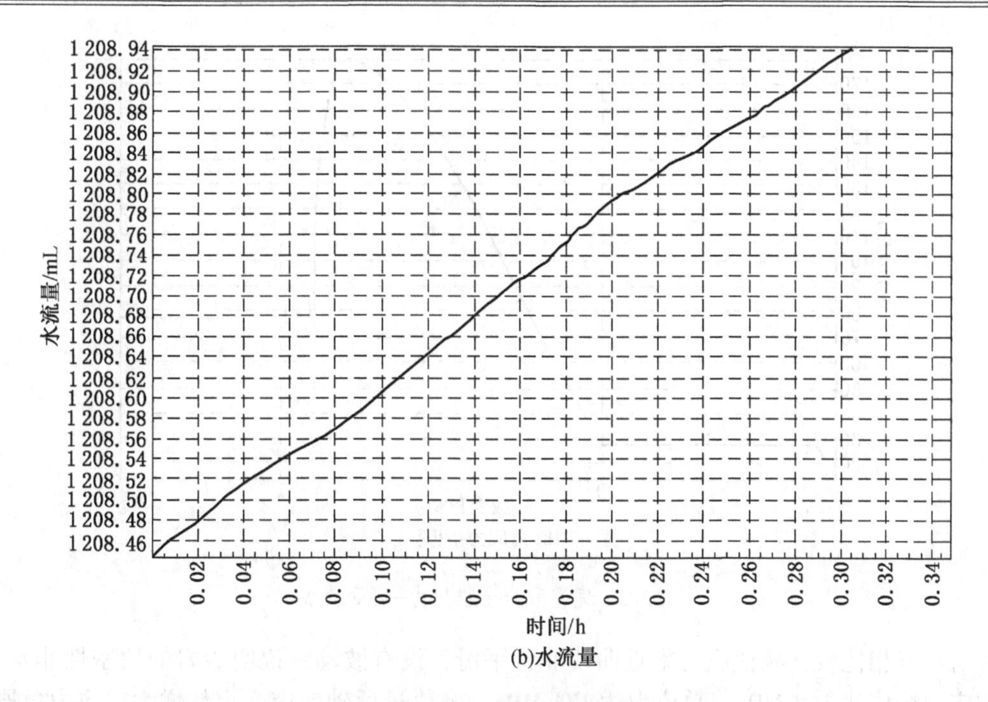

(b)水流量

图 2-21　水压和水流量变化曲线

水压保持 6 MPa 不变，水流量不断增大，流速保持在 0.0267 mL/min，非常稳定。峰值强度过后，流速和水压仍旧比较稳定，通过分析试验后灰岩岩样的裂隙特点，虽然岩样破坏，但是水压施加面完整无裂隙。在高围压条件下 6 MPa 水压相比较围压较小，无法形成新裂隙。所以，峰值过后，水压和水流量没有明显变化。

2. 完整 5 号砂岩力学性质实验

1）应力-应变曲线

水压 6 MPa，围压 25 MPa 条件下，5 号砂岩的有效应力-应变全程曲线、总应力-应变的全程曲线如图 2-22 所示。

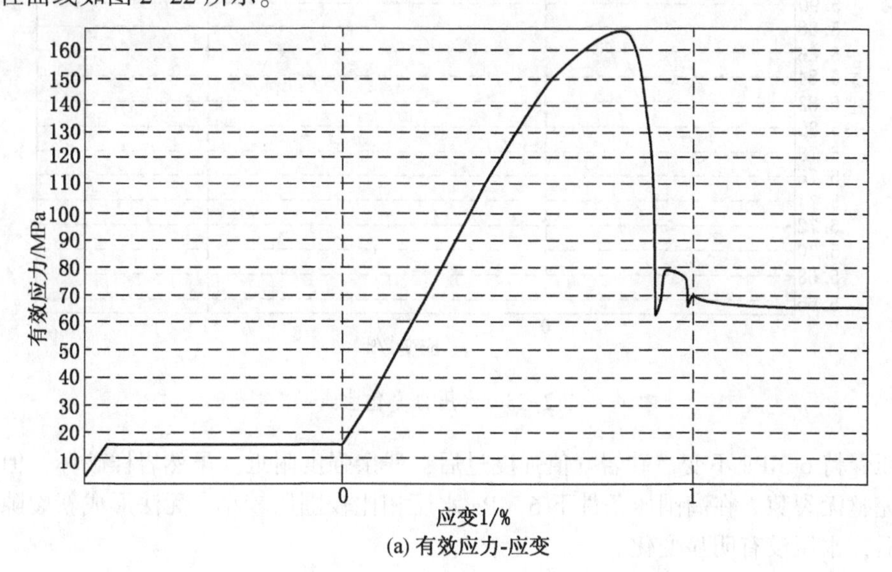

(a) 有效应力-应变

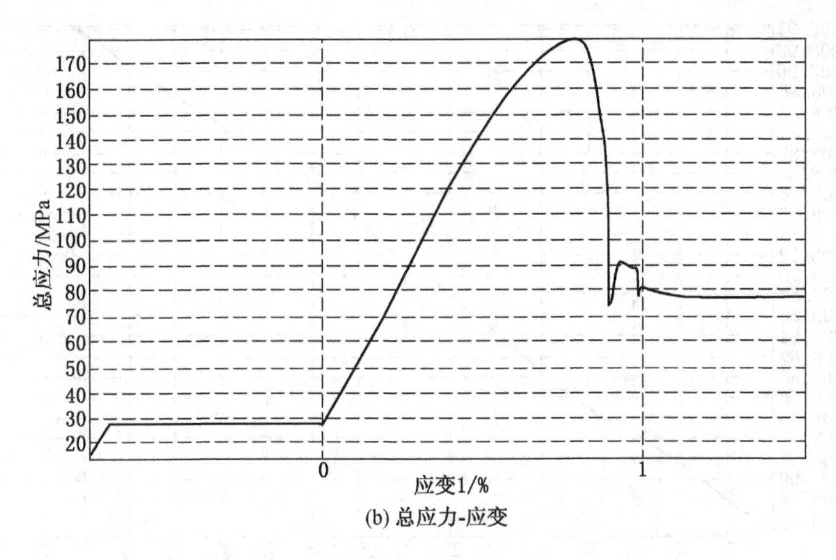

(b) 总应力-应变

图 2-22 完整砂岩全程应力-应变曲线

与灰岩相比较，峰值应力附近曲线非常平滑，没有波动，说明砂岩的致密性非常好。有效应力峰值达 168 MPa，总应力达 174 MPa。峰值过后轴向应变突然增大，应力急剧减小到 72 MPa，接着回升到 93 MPa，然后轴向应变和应力均减小，在 77 MPa 处保持一段时间。残余强度后继续施加轴压，在残余强度附近时，保证在引伸计量程范围内，继续压裂，岩块进一步破坏，会产生横向裂隙。5 号砂岩的弹性模量为 21 GPa。

2）5 号砂岩的水压力变化曲线

水压 6 MPa，围压 25 MPa 条件下，得到 5 号砂岩的水压力变化曲线如图 2-23 所示。

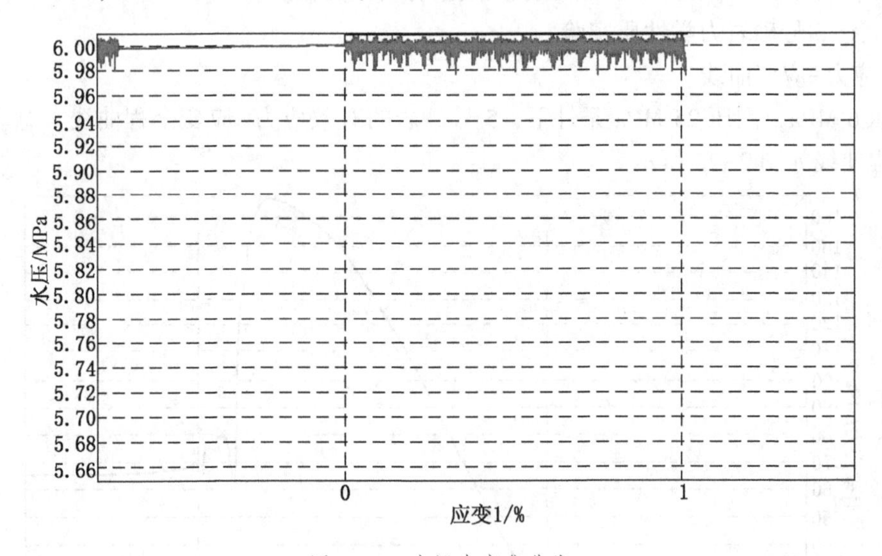

图 2-23 水压力变化曲线

水压保持 6 MPa 不变。砂岩峰值强度过后，残余强度附近，虽然岩样破坏，但是水压施加面完整无裂隙。在高围压条件下 6 MPa 水压相比较围压较小，无法形成新裂隙，所以峰值过后，水压没有明显变化。

3）5号砂岩实验破坏前后宏观裂隙变化分析

5号砂岩实验破坏前后的照片如图2-24所示，存在明显裂隙，压裂作用下容易产生垂向裂隙，有明显的断裂面；在残余强度附近时，保证在引伸计量程范围内，继续压裂，岩块进一步破坏，会产生横向裂隙。高围压条件下，水压相比较小，而且砂岩中含泥，具有一定的黏性，高围压作用下充填裂隙，水流并没有突破裂隙发生突水。

图2-24 5号砂岩破坏前后照片

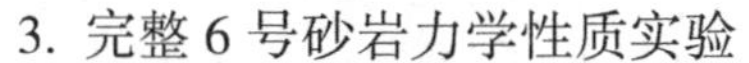

3. 完整6号砂岩力学性质实验

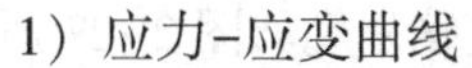

1）应力-应变曲线

6号砂岩三轴实验条件，围压25 MPa，水压力6 MPa。得到6号砂岩的有效应力-应变全程曲线如图2-25所示。

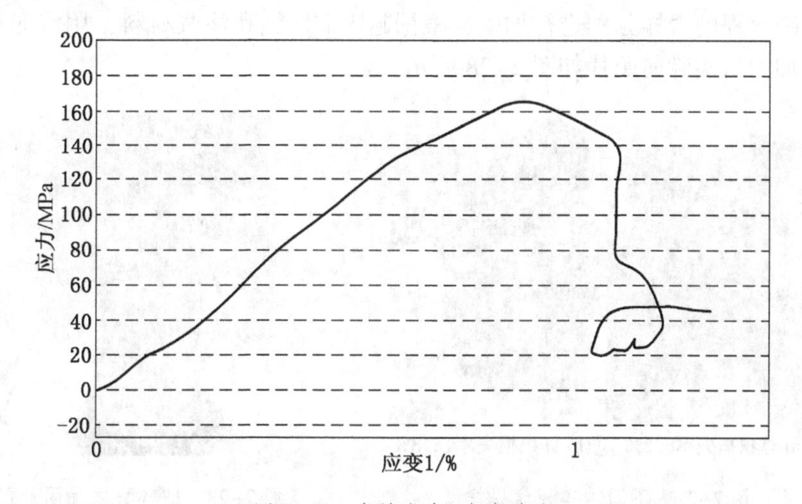

图2-25 有效应力-应变曲线

加载最大有效应力166 MPa，总应力172 MPa。当轴向应变达到0.876 mm时，伴随有响声，与灰岩相比声音较小，岩石破裂，轴压突降到20 MPa，然后回升到40 MPa。此时水压有短暂下降，增加水压位移，保持水压恒定，水流量平稳增加，无突水发生。

图2-26 砂岩6号破碎前后照片

砂岩6号与5号相比较，峰值应力附近曲线亦非常平滑，没有波动，说明6号砂岩的致密性非常好。有效应力峰值达166 MPa，总应力达172 MPa。峰值过后轴向应力渐渐降低，最低残余强度达19 MPa，然后回升到44 MPa，持续一段时间。

2）6号砂岩实验破坏前后宏观裂隙变化

分析

实验前后 6 号砂岩的照片如图 2-26 所示。破坏存在明显裂隙，裂隙面比较平整。由于水压施加面没有裂隙，高围压条件下，水压相比较小，水流没有突破裂隙发生突水。

2.2.5 围压 25 MPa 和水压 6 MPa 条件下注浆加固后岩体力学特性

本次实验对砂岩和石灰岩两种不同岩性分别进行研究。围压 25 MPa，水压力为 6 MPa，模拟接近真实的原岩应力场和水压力场作用下的岩体的力学特性。实验研究不同破碎程度条件下破碎岩体注浆加固后岩体强度的提升，横向比较了砂岩和灰岩不同岩性破碎岩体注浆加固后岩体强度的提升特点。本次实验中，通过岩样体积的损失率表征岩体的破碎程度，体积损失越大，破碎程度越大。

1. 不同破碎度灰岩注浆加固后三轴实验

根据体积损失，对灰岩设计两组不同破碎度注浆加固试验。破碎程度如图 2-27 所示，岩样的原始体积为 196 mL，图中两种破碎后岩样体积分别为 180 mL 和 165 mL，体积损失率分别为 8.2% 和 15.8%。

对两种破碎程度岩样分别进行加固，根据赵固矿区钻孔注浆材料，用水泥和黏土对破碎岩块进行加固后实验前照片如图 2-28 所示。

(a) 体积损失率8.2%　(b) 体积损失率15.8%

图 2-27　不同破碎程度岩样

图 2-28　破碎岩体加固后照片

1）破碎度 Ⅰ—体积损失率 8.2%

对破碎度 Ⅰ 灰岩进行加固后的三轴强度实验，设计围压 25 MPa，水压 6 MPa，进行轴向加载。得到破碎度 Ⅰ 型灰岩注浆加固后岩体的应力-应变全程曲线如图 2-29 所示。

实验获得了破碎岩体加固后的全程应力-应变曲线，有效应力峰值达到 105 MPa，总应力达 111 MPa。有效应力恢复到原始完整岩块强度的 33.5%。受到加固条件的影响，破碎度 Ⅰ 灰岩加固后峰值强度与最大残余强度 110 MPa 相接近。围压作用下，裂隙充填后使得破碎岩体强度得到提升，可以提高到相同围压条件时的最大残余强度附近，而且充填裂隙具有很强的隔水能力。注浆加固后，岩体的强度提高到 111 MPa，在高围压条件下破碎加固后岩体不出水。破碎灰岩加固后弹性模量为 20 GPa。

通过分析注浆前、后全程应力-应变曲线发现，完整试件比较致密，全应力应变曲线上升段曲线比较平滑，没有大的波动，如图 2-29 所示，说明岩样天然裂隙发育不明显。而破裂岩体注浆后的全程应力-应变曲线上升段出现一次大的波动。说明注浆后，注浆加固体仍然存在一定的裂隙及孔隙，即存在较大的缺陷。

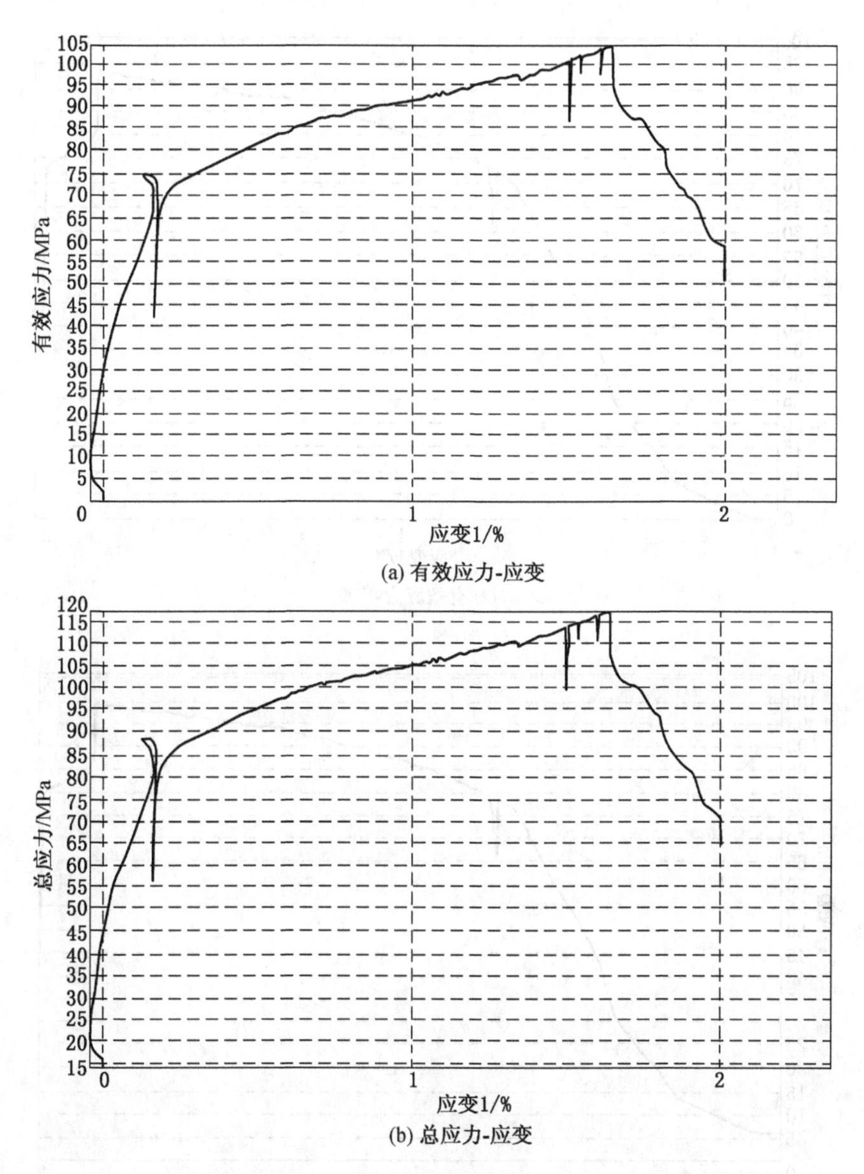

图 2-29　破碎度Ⅰ石灰岩注浆加固后的全程应力-应变曲线

2）破碎度Ⅱ—体积损失率 15.8%

对破碎度Ⅱ灰岩进行加固后的三轴强度实验，在围压 25 MPa、水压 6 MPa 的条件下，进行轴向加载。得到破碎度Ⅱ型灰岩注浆加固后岩体的应力-应变全程曲线如图 2-30 所示。

实验获得了破碎度Ⅱ型灰岩加固后的全程应力-应变曲线，有效应力峰值达到 93 MPa，总应力达 99 MPa。有效应力恢复到原始完整岩块强度的 29.7%。受到加固条件的影响，破碎度Ⅱ灰岩加固后峰值强度没有达到最大残余强度 110 MPa。围压作用下，裂隙充填后使得破碎岩体强度得到提升，可以提高到相同围压条件时的最大残余强度附近，而且充填裂隙具有很强的隔水能力。注浆加固后，岩体的强度提高到 101 MPa，在高围压条件下破碎加固后岩体不出水。弹性模量为 23 GPa。

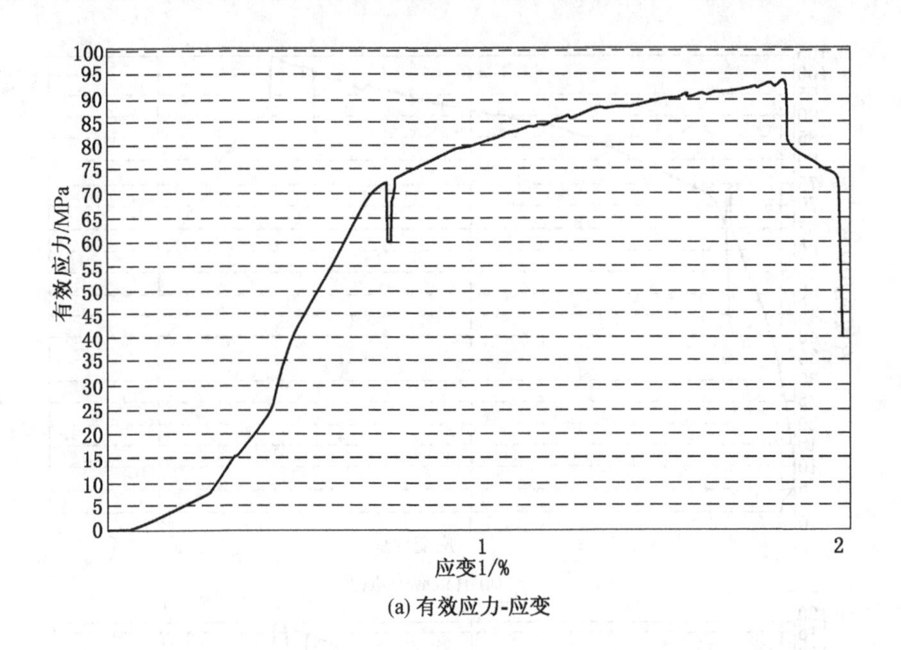

(a) 有效应力-应变

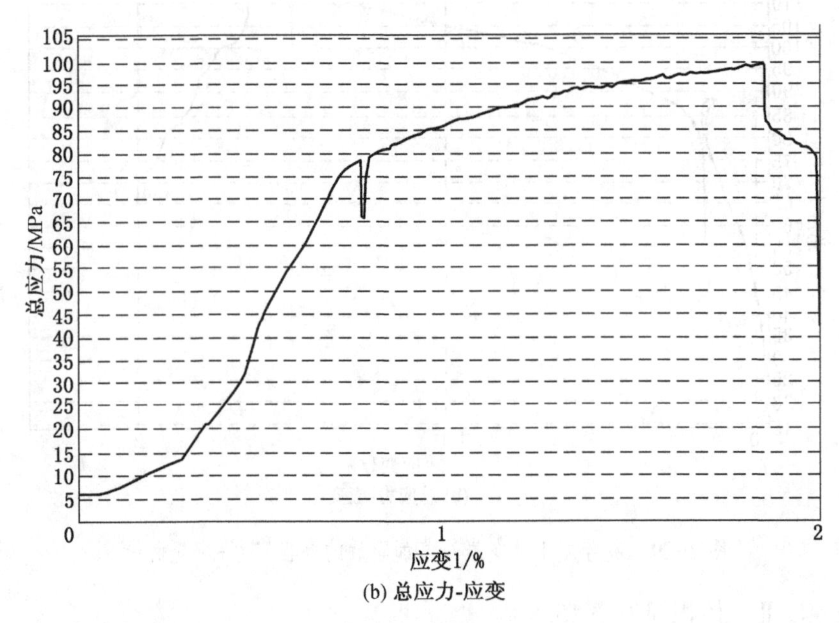

(b) 总应力-应变

图 2-30 破碎度Ⅱ型灰岩注浆加固后岩体的全程应力-应变曲线

通过分析注浆前、后全程应力-应变曲线发现，注浆前完整试件比较致密，全应力应变曲线上升段曲线比较平滑，没有大的波动，说明岩样天然裂隙发育不明显。而破裂岩体注浆后的全程应力-应变曲线上升段出现一次大的波动。说明注浆后，注浆加固体仍然存在一定的裂隙及孔隙，即存在较大的缺陷。

3）不同破碎度灰岩注浆加固后岩体强度比较分析

两种不同破碎度灰岩经过加固后，在围压条件下，破碎岩体强度都能够得到提升；但是破碎度越大，强度相比较破碎度小的岩体要低一些。

2. 不同破碎度砂岩注浆加固后三轴实验

根据体积损失，对砂岩设计两组不同破碎度注浆加固试验。岩样的原始体积为200 mL，图中两种破碎后岩样体积分别为186 mL和169 mL，体积损失率分别为7%和15.5%。对两种岩样进行加固，加固后如图2-28所示。

1）破碎度Ⅰ型砂岩（体积损失率7%）

对破碎度Ⅰ型砂岩进行加固后的三轴强度实验，根据现场地质条件，结合仪器设备，设计围压25 MPa，水压6 MPa，进行轴向加载。得到破碎度Ⅰ型砂岩注浆加固后岩体的全程应力-应变曲线如图2-31所示。

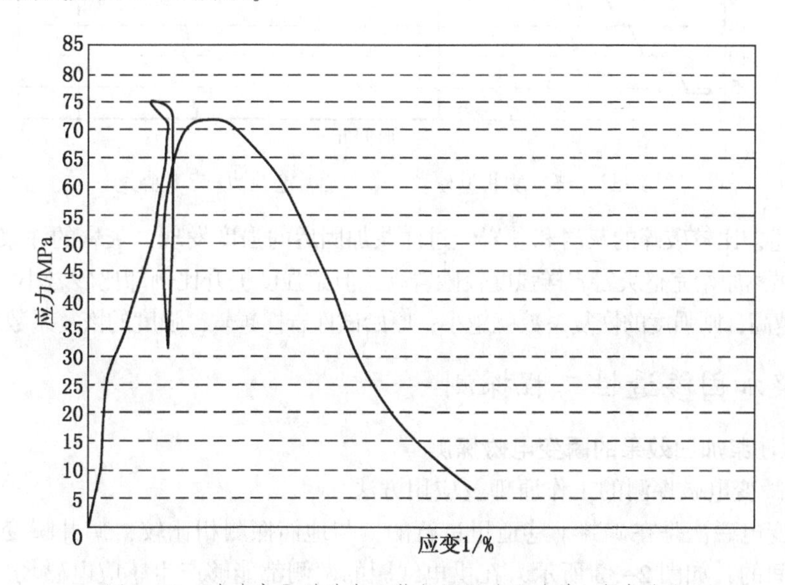

图2-31　破碎度Ⅰ型砂岩注浆加固后全程应力-应变曲线

实验获得了破碎岩体加固后的全程应力-应变曲线，有效应力峰值达到76 MPa，有效应力恢复到原始完整岩块强度的45.2%。受到加固条件的影响，破碎岩石加固后砂岩与最大残余强度80 MPa相接近。围压作用下，裂隙充填后使得破碎岩体强度得到提升，可以提高到相同围压条件时的最大残余强度附近，而且充填裂隙具有很强的隔水能力。注浆加固后，岩体的强度提高到80 MPa，在高围压条件下破碎加固后岩体不出水。弹性模量为14 GPa。

通过分析注浆前后的全程应力-应变曲线发现，完整试件比较致密，全程应力应变曲线上升段曲线比较平滑，没有大的波动，如图2-32所示，说明岩样天然裂隙发育不明显。而破裂岩体注浆后的全程应力-应变曲线（图2-31）上升段出现一次大的波动，说明注浆后，注浆加固体仍然存在一定的裂隙及孔隙，即存在较大的缺陷。

2）破碎度Ⅱ型砂岩（体积损失率15.5%）

实验获得了破碎度Ⅱ型砂岩注浆加固后的全程应力-应变曲线，有效应力峰值达到68 MPa。有效应力恢复到原始完整岩块强度的40.5%。受到加固条件的影响，破碎岩石加固后砂岩与三轴条件下最大残余强度80 MPa相差12 MPa。围压作用下，裂隙充填后使得破碎岩体强度得到提升，可以提高到相同围压条件时的最大残余强度附近，而且充填裂隙具有很强的隔水能力。弹性模量为16 GPa。

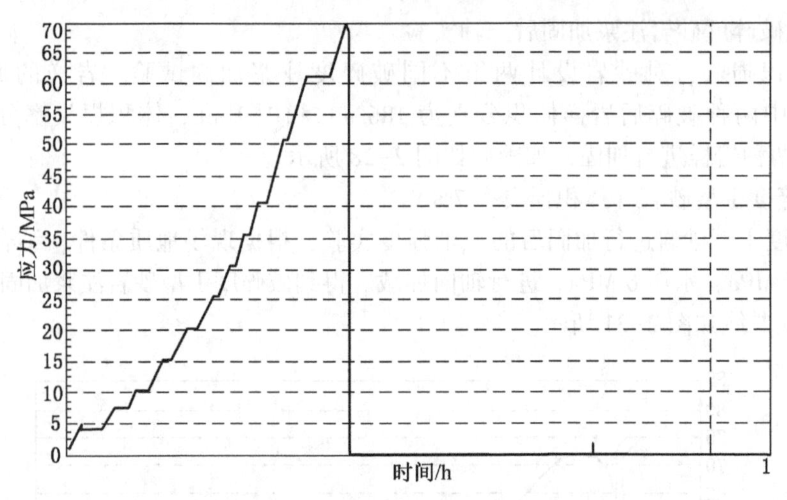

图 2-32　破碎度Ⅱ型砂岩注浆加固后全应力-应变曲线

综上所述，比较破碎的灰岩和砂岩经过注浆加固后的强度发现，灰岩的注浆加固后强度高于砂岩。虽然原始完整灰岩岩样强度较砂岩高，但是强度提升比例却比砂岩小。阐明了完整岩样的强度越高，则强度的恢复系数就越小；原始试件岩样越软，强度的恢复系数就越大。

2.3　注浆加固渗透性工程探测

2.3.1　底板注浆加固效果的瞬变电磁探测

1. 矿井瞬变电磁探测的工作原理及应用方法

矿井瞬变电磁法是在矿井下巷道里进行的，与地面探测相比较，矿井瞬变电磁场探测方法是全空间的，如图 2-33 所示，在供电线圈的两侧都能够产生感应电磁场。

矿井瞬变电磁法会遇到全空间电磁场分布的问题。通常煤层为高电阻介质，电磁波容易通过，TEM 所测信号是线框周围范围全空间内岩体电性的综合反映。由于井下环境特殊，矿井瞬变电磁法有以下几个特点：

(1) 由于井下空间限制，边长大于 50 m 的大线圈不能使用，只能用小线框，相对而言，测量设备比较轻便，效率较高。

(2) 由于该方法采用的是小线圈的测量，点距变得更密，降低了体积效应影响，横向的分辨率有所提高。因为探测装备更加靠近测量目标，对地质异常体的感应更强，探测灵敏度更高。

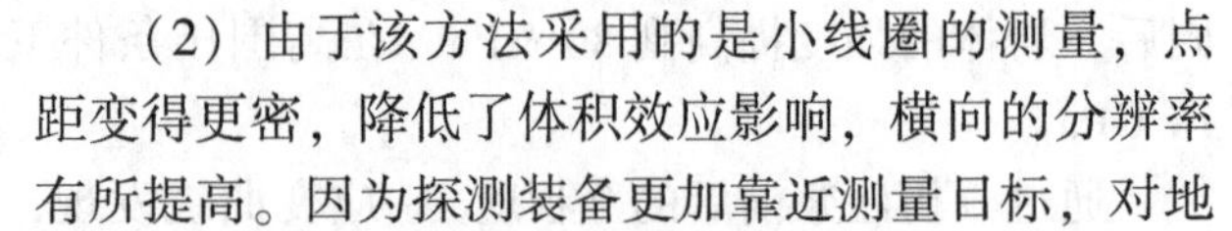

(3) 不能探测到浅部的异常体，浅部存在 20 m左右的探测盲区。

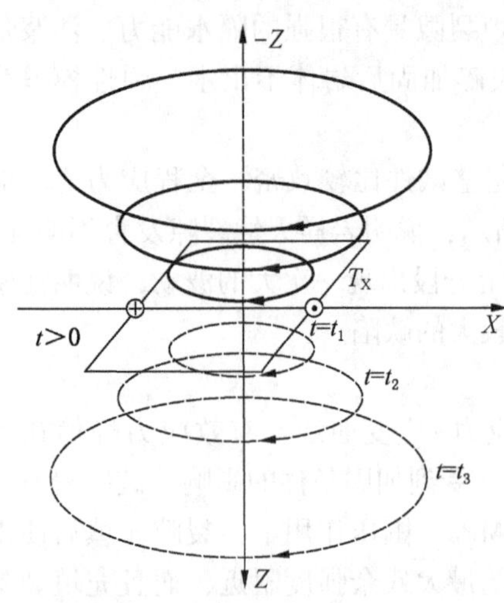

图 2-33　全空间瞬变电磁场的传播

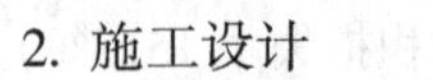

2. 施工设计

本次探测目的是找出煤层底板岩层中含水异常体的分布，监测注浆加固的效果，巷道内选择两段进行探测。

第一段是从上顺槽通尺 700 m 至 1330 m 段，点距为 10 m，共布置 63 个测点，每个测点设计两个角度进行探测，共布置 126 个测点。具体布置如图 2-34 所示。

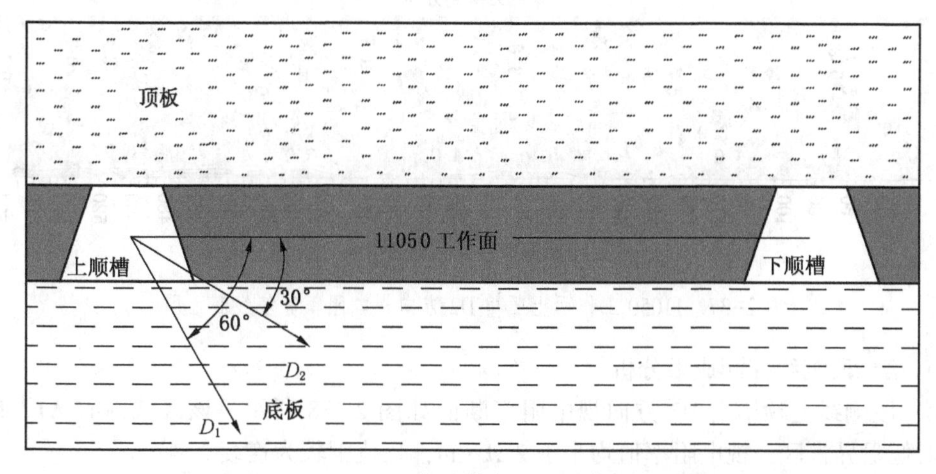

图 2-34　11050 工作面瞬变电磁探测方向示意图

第二段是从上顺槽通尺 1600 m 至 1650 m 段，重点探测开切眼，点距为 10 m，探测角度设计如图 2-35 所示。

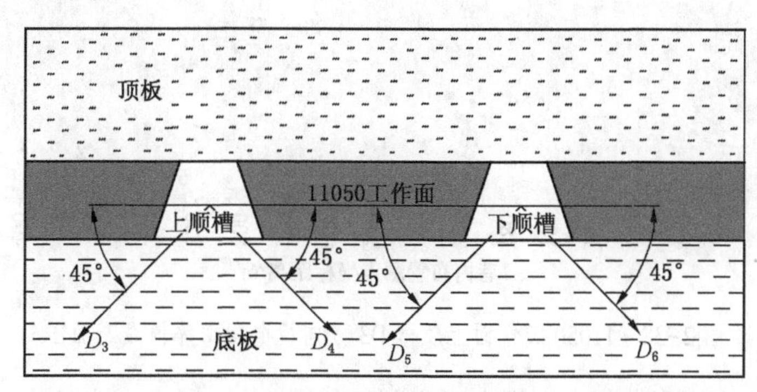

图 2-35　11050 工作面瞬变电磁探测方向示意图

3. 观测成果分析

1）第一段测线探测成果分析

工作面上顺槽 700~1330 m 段底板经过注浆加固前的探测成果如图 2-36、图 2-37 所示。通过分析视电阻率的等值线可以看出，等值线分布比较连续，没有明显的低阻异常区，说明底板的富水性比较均匀，但由于视电阻率整体较小，施工过程中一定要做好相应的安全工作。

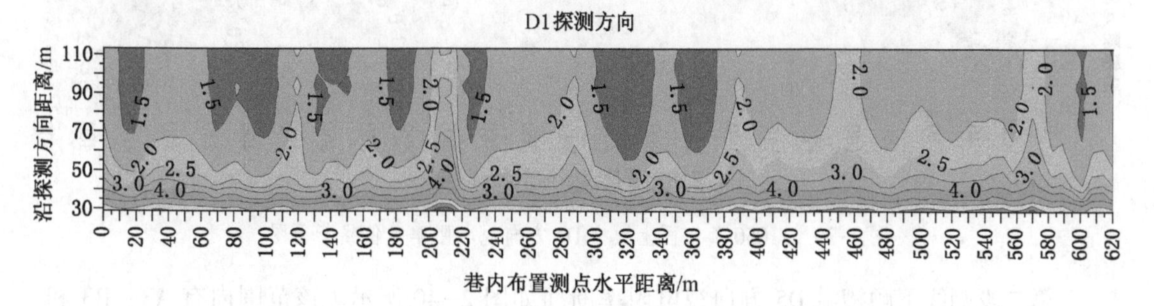

图 2-36　11050 工作面上顺槽 D1 方向视电阻率等值线断面图

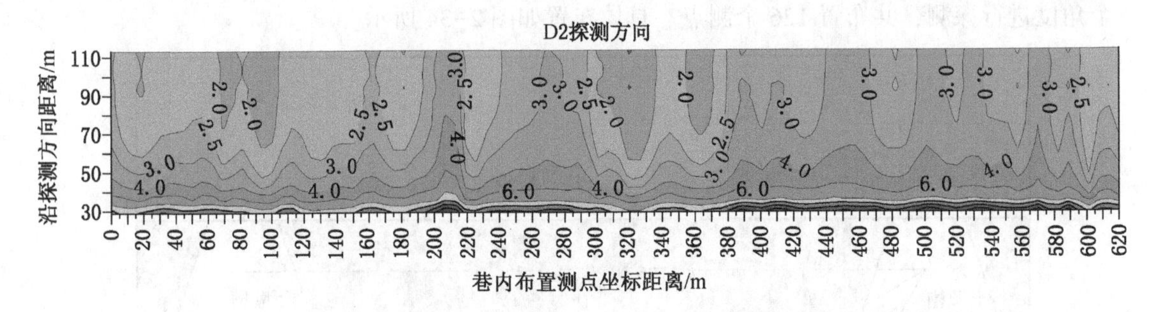

图 2-37 11050 工作面上顺槽 D2 方向视电阻率等值线断面图

2）第二段测线探测成果分析

第二段测线上顺槽沿 D3 方向视电阻率断面如图 2-38 所示。该区域内有 A1、B1 和 C1 相对低阻异常区，视电阻率值均小于 2 Ω · m，且范围较为连续。

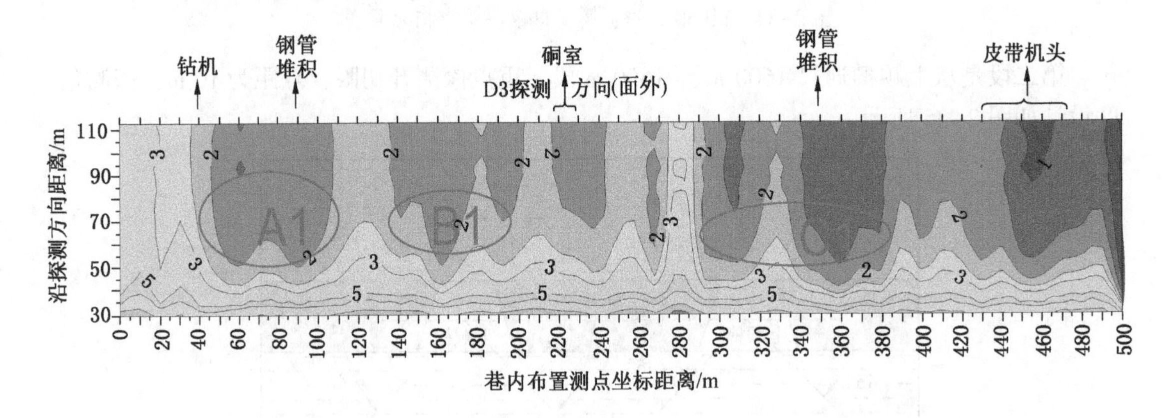

图 2-38 11050 工作面上顺槽 D3 方向视电阻率等值线断面图

第二段测线上顺槽沿 D4 方向视电阻率断面如图 2-39 所示。该区域内有 A2 和 C2 两个相对低阻异常区。

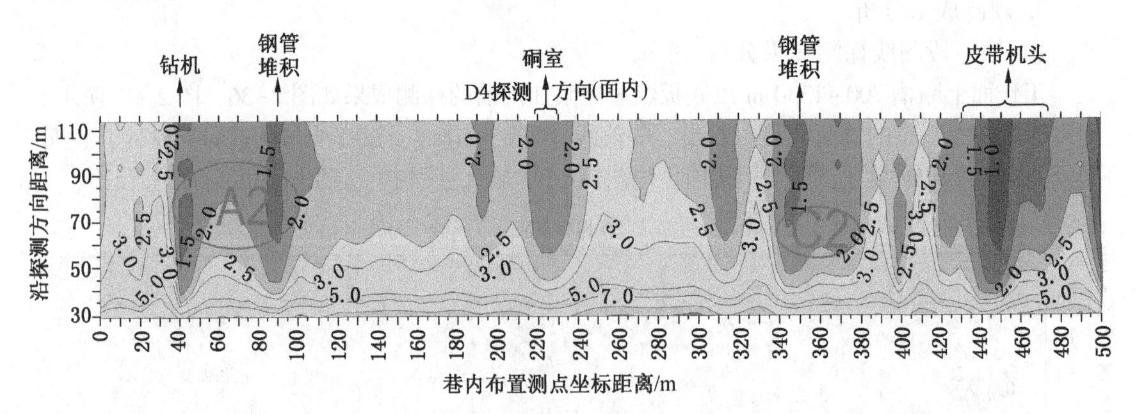

图 2-39 11050 工作面上顺槽 D4 方向视电阻率等值线断面图

第二段测线下顺槽沿 D5 方向视电阻率断面如图 2-40 所示。该范围内有 A3、B3 和 C3 3 个相对低阻异常区，视电阻率数值均小于 1.5 Ω · m，且范围比较连续。

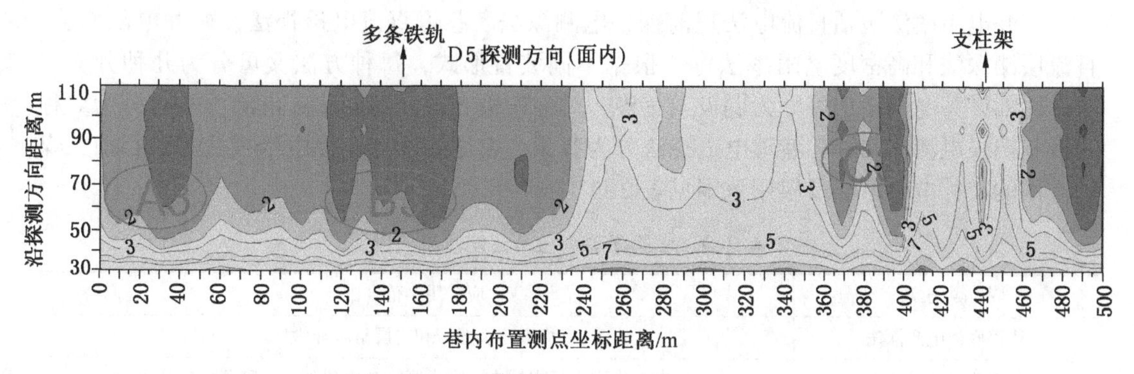

图 2-40　11050 工作面下顺槽 D5 方向视电阻率等值线断面图

第二段测线下顺槽沿 D6 方向视电阻率断面如图 2-41 所示。该范围内有 A4 和 B4 两个相对低阻异常区，视电阻率数值小于 1.5 Ω · m。

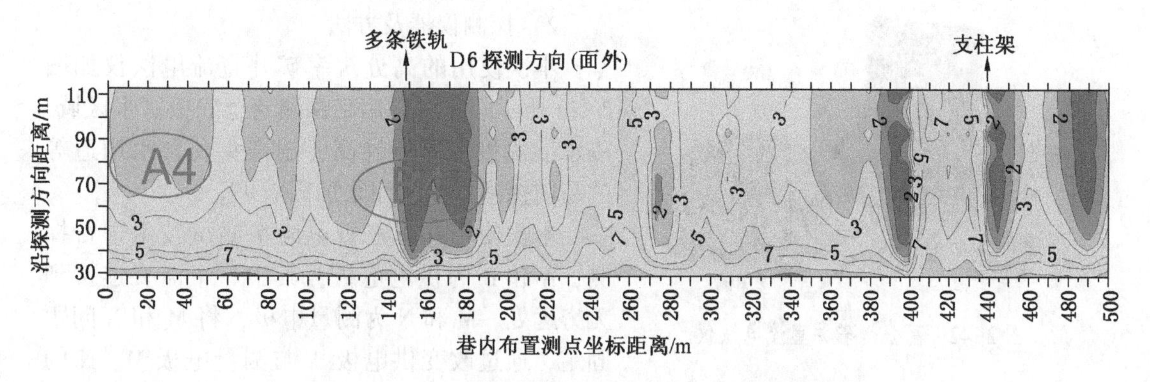

图 2-41　11050 工作面下顺槽 D6 方向视电阻率等值线断面图

根据图 2-36~图 2-41 中视电阻率的探测结果，结合现场地质资料，确定 3 处相对富水异常区，记为 1 号、2 号和 3 号。

1 号弱富水异常区：A1、A2、A3 和 A4 存在 4 个低阻异常区域，视电阻率的数值小于 2 Ω · m，确定工作面通尺 1650~1700 m 段存在相对富水异常区域，富水较弱。

2 号弱富水异常区：B1、B3 和 B4 存在 3 个低阻异常区域，其中，B3 和 B4 区域视电阻率的数值小于 1.5 Ω · m，确定工作面通尺 1770~1830 m 段存在相对富水异常区域，富水较弱。

3 号弱富水异常区：C1、C2 和 C3 存在 3 个低阻异常区域，其中，C1 和 C3 区域视电阻率的数值小于 1.5 Ω · m，确定工作面通尺 1900~1980 m 段存在相对富水异常区域，富水较弱。

总体看来，整个工作面底板探测结果显示富水性为一般。但是由于巷道中金属性质物体多，对测量效果影响很大，还需要对底板岩体进行探测。同时，开采时应及时采取有效的防治水和检验手段，加强井下水情观测和煤层底板的管理。

2.3.2　底板注浆加固效果的直流电法探测

1. 矿井直流电法探测的工作原理及应用方法

1）矿井电阻率法的应用

矿井电阻率法包括直流电法超前探、电测深法、巷道直流电透视法、矿井电剖面法、直流层测深法和高密度电阻率法等。根据不同装置形式，每种方法又可分为几种分支方法。比如矿井电剖面法可分为偶极、三极、对称四极和微分剖面法；电测深法可分为对称三极和四极电测深两种；巷道电透视法分为音频、赤道偶极和三极电透视法等。目前，煤矿常用的矿井电阻率法及应用范围见表2-2。

表2-2 常用矿井电阻率法及应用范围

探测方法	应用范围
巷道底板电测深法	底板破碎裂隙带和岩层富水异常区等
直流电透视法	采煤工作面底板岩层内的富水区、含水裂隙带、陷落柱构造等
矿井电剖面法	探测煤层底板断层破碎带等裂隙导水通道
三极超前探	探测掘进巷道掘进头前方的含水异常区

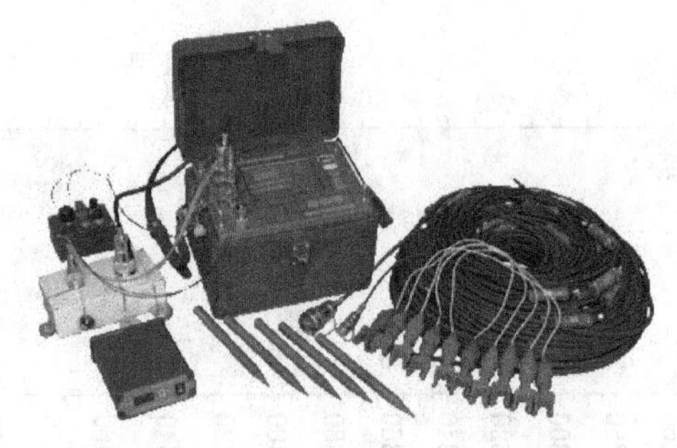

图2-42 高分辨矿井直流电法仪

2）探测仪器及方法

本次使用的高分辨率矿井直流电法仪如图2-42所示。它可以用来探测巷道底板富水区域、隔水层厚度、原始导高、掘进头和含水构造等的超前探测，探测注浆加固效果。

本次使用井下三极电阻率测试技术进行探测，A和B为供电电极，其中一个需要连接到无穷远处，M和N为测量电极，将M和N间距固定，通过改变供电极A与测量电极M、N的距离来实现测量深度的目的。此方法可以测量巷道底板下方一定深度范围的岩体视电阻率，进而分析岩体的富水性。

2. 观测成果分析

为了检验注浆效果，注浆改造前、后对工作面11041开切眼前500 m进行直流电法探测，探测分别在11041工作面回风巷和胶带巷，图2-43和图2-44分别是工作面胶带巷和回风巷注浆加固前后视电阻率断面图。图中等值线值很小或很大的区域表示底板岩层可能很破碎、裂隙发育或富水性相对较强。分析中以等值线值小于5 Ω · m所圈定的区域为相对低阻异常区，以等值线值高于500 Ω · m圈定区域为相对高阻异常区。

1）11041工作面胶带巷探测结果分析

11041工作面胶带巷注浆前视电阻率如图2-43a所示。根据胶带巷注浆前的探测结果可知，注浆前底板在通尺胶带巷1720~1740 m(A)、1840~1880 m(B)区域内发现低阻异常（图中视电阻率值小于30 Ω · m的阴影区域），且低阻异常区面积比较大，深度发育到L_8灰岩以下，分析认为A和B区段内L_8灰岩含水层的富水性比较强，而且可能与深部灰岩水有联系。另外，注浆前底板在通尺胶带巷1780~1800 m(C)和1800~1840 m(D)两区域内发现高阻异常（图中对应位置阴影区域），D区位置较深。分析认为C和D区域存在裂隙，且较为发育，亦属于危险区域。

11041工作面胶带巷注浆后视电阻率如图2-43b所示。经过注浆加固后，底板岩体的视电阻率有所变化，高等值线区域消失，低等值线区域相比较注浆前较大，突水危险性降低。个别区域等值线低，由于井下环境恶劣，探测时，物探施工条件比较差。工作面运输巷巷道底板整体上潮湿和泥泞，部分巷道底板出现积水，三段低阻异常区不排除受巷道底板积水或泥泞影响的可能，此类因素对直流电法探测结果影响较大。

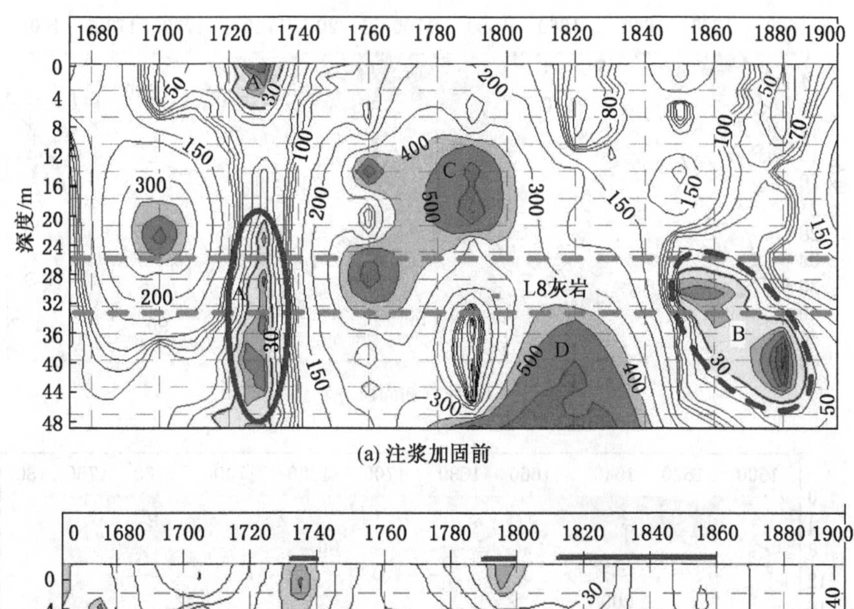

(a) 注浆加固前

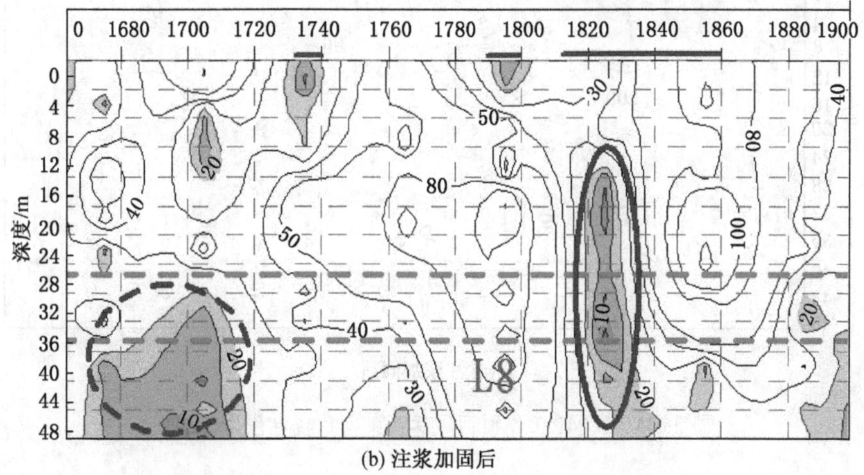

(b) 注浆加固后

图 2-43　11041 工作面胶带巷注浆前后视电阻率断面图

2）11041 工作面回风巷探测结果分析

11041 工作面回风巷注浆加固前视电阻率如图 2-44a 所示。根据回风巷直流电法的探测结果可知，底板注浆前在通尺胶带巷 1800 m(A) 发现低阻异常区域（视电阻率值小于 30 Ω · m 的阴影区域)，面积不大，深度较浅，未达到在 L_8 灰岩，分析该区域段 L_8 灰岩水富水性较强并且可能与深部含水层水联系强。注浆前底板在通尺胶带巷 1680～1740 m(B) 区域内发现高阻异常区域（视电阻率大于 500 Ω · m 的阴影区域)，位置较浅。分析认为该区域存在裂隙，且较发育，亦属于危险区域。

11041 工作面回风巷注浆加固后视电阻率如图 2-44b 所示。经过注浆加固后，底板岩体的视电阻率有所变化，高等值线区域（B）消失，低等值线区域（A）消失，其他部分等值线值相比较注浆前较大。突水危险性降低。个别区域等值线低，由于井下探测时，物探施工条件较差。工作面运输巷底板整体潮湿、泥泞，部分地段底板积水，不排除此三段附近低阻区主要是巷道底板积水或泥泞引起的可能性，这些因素对探测结果影响较大。

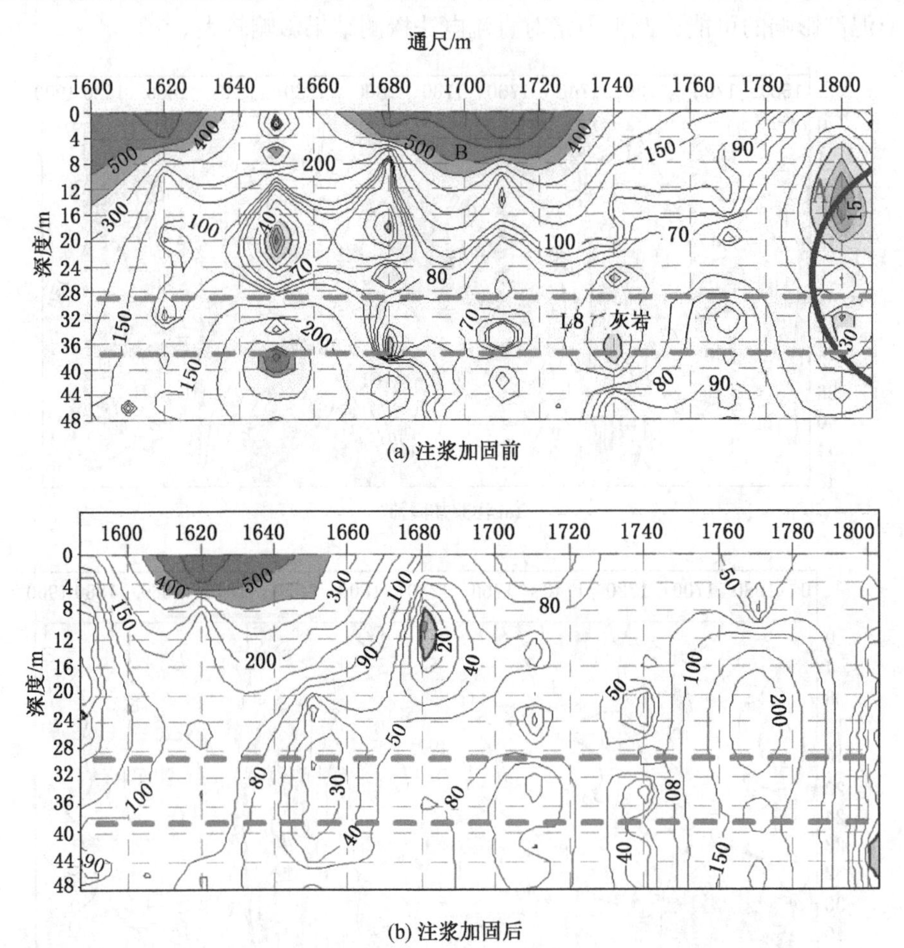

(a) 注浆加固前

(b) 注浆加固后

图 2-44 11041 工作面回风巷注浆前后视电阻率断面图

2.3.3 底板注浆加固效果的钻探检验

为了检验 11041 工作面前 500 m 的注浆效果，共施工底板注浆改造检验钻孔 39 个，基本实现对 11041 工作面前 500 m 底板全面覆盖，检验钻孔孔深同注浆孔一样为 85 m。检验钻孔出水量统计结果见表 2-3。

表 2-3 检验钻孔出水量统计表

孔 号	出水量/($m^3 \cdot h^{-1}$)	孔 号	出水量/($m^3 \cdot h^{-1}$)	孔 号	出水量/($m^3 \cdot h^{-1}$)
上内 17-8	1.0	上内 18-3	0.2	上内 19-6	0.2
上内 17-9	0.5	上内 18-5	1.0	上内 19-7	1.5
上内 17-10	0.3	上内 18-7	2.0	上内 20-2	0.8
上内 17-11	0.1	上内 19-4	0.1	上内 20-5	0.2

表2-3（续）

孔 号	出水量/($m^3 \cdot h^{-1}$)	孔 号	出水量/($m^3 \cdot h^{-1}$)	孔 号	出水量/($m^3 \cdot h^{-1}$)
上内 20-7	0.3	下内 17-11	0.2	下内 19-13	1.0
上内 21-3	0.8	下内 17-12	2.0	下内 19-14	8.0
上内 21-5	0.5	下内 17-13	1.0	下内 20-3	0.3
上内 21-7	1.5	下内 18-3	2.5	下内 20-5	1.0
上内 22-2	0.2	下内 18-10	0.3	下内 20-10	1.2
上内 22-4	1.0	下内 18-11	8.0	下内 20-11	0.5
上内 22-7	1.5	下内 18-12	0.1	下内 22-5	0.7
下内 17-4	0.5	下内 19-7	1.5	下内 22-9	0.2
下内 17-8	1.5	下内 19-12	0.8	下内 22-13	0.5

检验钻孔出水量统计表显示 39 个检验孔中，出水量最大的是下内 18-11 孔，为 8 m^3/h，出水量最小的是上内 17-11 孔，为 0.1 m^3/h，均小于 10 m^3/h 的标准，所以从检验孔出水量评价 11041 工作面前 500 m 底板注浆改造工程符合矿井设计的要求。

同时根据钻探结果表明，瞬变电磁勘探成果与钻孔检验效果相差较大。分析原因是巷道内金属物较多，严重干扰瞬变电磁探测效果，所以应该适时合理使用瞬变电磁探测，并处理好受干扰后的探测结果。直流电法探测比较好地反映出了底板富水性区域，以后工作中应注重直流电法探测的使用。

3 注浆加固工作面底板岩体力学性质“增强—损伤”规律

3.1 岩体力学性质“注浆增强、开采损伤”规律现场实测分析

3.1.1 “一发双收”超声波测井原理

岩体弹性力学参数主要通过静态法和动态法获得，静态法通过对岩石试样加载测量其变形得到，主要用于室内试验；动态法通过测量超声波在岩体内部传播速度计算得到，在室内试验和现场实践中均有广泛应用。动态法检测的基础是岩体内部波速与岩体弹性力学参数（如单轴抗压强度、弹性模量等）存在一定的关系。

大量的理论分析和现场实践表明，岩石本身具有力、声、电、磁、热等物理性质。岩石内部波速综合反映了岩石本身的各种物理力学性质。研究发现，岩石内部声波传播速度的影响因素有很多，内部因素主要有岩石本身的岩性、密度、孔隙率等，外部因素主要有岩石含水率、温度条件等。

岩体声波测试技术是研究纵波和横波在岩体内部的传播速度及规律，据此推断岩体相关的物理力学状态，为评价工程岩体质量提供基础。一般来说，岩体中由于裂隙和结构面的存在，并不能看作是理想的均匀介质，但从工程角度考虑，当超声波波长远小于所测量原岩体的空间尺寸时，可以将岩体视为连续的各向同性线弹性材料，于是有：

$$E_{\mathrm{d}}=\frac{\rho V_{\mathrm{s}}^{2}(3V_{\mathrm{p}}^{2}-4V_{\mathrm{s}}^{2})}{V_{\mathrm{p}}^{2}-V_{\mathrm{s}}^{2}} \qquad G_{\mathrm{d}}=\rho V_{\mathrm{s}}^{2} \qquad \mu_{\mathrm{d}}=\frac{V_{\mathrm{p}}^{2}-SV_{\mathrm{s}}^{2}}{2(V_{\mathrm{p}}^{2}-V_{\mathrm{s}}^{2})} \tag{3-1}$$

式中 E_{d}、G_{d}——岩体动弹性模量和动剪切模量，GPa；

V_{p}、V_{s}——岩体内部纵波波速和横波波速，km/s；

μ_{d}——岩体动泊松比；

ρ——岩体密度，g/cm^3。

其中纵波波速反映岩体的拉压形变，横波波速反映岩体的剪切形变，纵横波速比表征岩体完整程度。

对于大多数岩体而言，其内部纵波波速大于横波波速，且纵波波速更容易测量，也能更好地反映岩体的力学特性，因此测试岩体中纵波波速更简单适用。

如图 3-1a 所示，非金属超声波检测仪“单孔一发双收”探头包括一个发射换能器 T 和两个接收换能器 R1、R2，其中 T 至 R1 的距离 L 称为源距，R1、R2 之间的距离 ΔL 称为间距。各换能器之间通过塑料软管连接，探头尾端通过电缆线与主机相连，线长根据测试需求不等。其工作原理是：将探头置于钻孔中心，通过主机激励发射换能器 T 辐射声波，满足入射角等于第一临界角的声线，在岩体中声波折射角等于 90°，即声波沿孔壁滑行，然后折射回孔中，由接收换能器 R1、R2 分别接收，通过接收声波在岩体中的传播时

间差 Δt 来计算岩体内部声波速度，从而求得岩体弹性力学参数。则：

$$\Delta t = t_2 - t_1 \qquad V_p = \Delta L / \Delta t \tag{3-2}$$

式中 t_1、t_2——声波由 T 传播至 R1、R2 的时间，μs。

由图 3-1b 可见：t_1、t_2 都包括声波在钻孔水溶液及岩体中的传播时间，通过 $t_2 - t_1$ 后声波在水溶液中的传播时间便完全抵消，只保留了声波在 R_1、R_2 之间岩体中的传播时间，最大限度地消除了系统误差。然而部分声线还会由 T 直接通过水溶液传播至 R1、R2，好在岩体中波速远高于水中波速，因此只要源距 L 足够大，则声波由 T 通过岩体传播至 R1 的时间 t_1 就远小于声波由 T 通过水溶液传播至 R1 的时间 t_0。这样，“单孔一发双收”测试才可实现。本文所用 ZBL-U520 型“单孔一发双收”探头源距 L 为 265 mm，间距 ΔL 为 165 mm，满足测试要求。根据声学理论，此方法所测为 R_1、R_2 之间岩体沿孔壁一个波长范围内的波速，因此对于上述换能器的要求是：径向轴向均无指向性、发射功率大、接收灵敏度高。

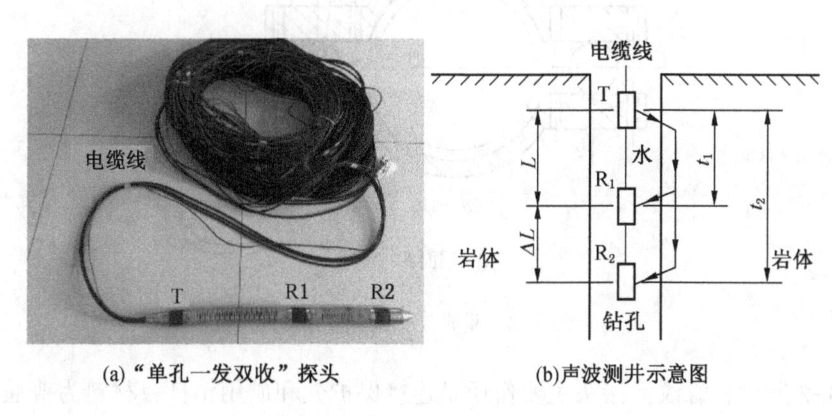

(a)“单孔一发双收”探头　　(b)声波测井示意图

图 3-1 “一发双收”声波测井仪

上述超声波法所测为岩体动弹性模量 E_d，根据转换公式 $E_j = 0.25E_d^{1.3}$，可得岩体静弹性模量 E_j，此即一般概念上的弹性模量 E，被广泛用于各种力学模型及计算分析。为便于应用，下文均将超声波法所测动弹性模量 E_d 转化为弹性模量 E 表示，并与室内加载试验（即静态法）结果对比分析。

3.1.2 探头保护装置

传统桩基工程中，钻孔深度一般不大于 30 m，且钻孔垂直、孔壁光滑，探头可依靠自重下放至观测点，检测效果理想。而煤矿中井下观测条件恶劣，钻孔倾斜、角度多变，钻孔斜长一般在 100 m 以上，且孔内往往充填有岩石碎屑，仅依靠探头和电缆线自重难以下放至观测点，检测效果并不理想。同时探头在钻孔中承受较大阻力，易发生弯折、扭转变形，导致测试精度较差甚至损坏探头。针对以上实际问题，研发了一种用于斜孔探测的超声波探头保护装置，不仅能极大程度保护探头、节约成本，而且能保证观测数据的准确性及精度。

探头保护装置主体结构如图 3-2 所示，主要包括换能器保护壳、螺纹活接头两个部分。保护壳是一个焊接件，两侧为两条 $\phi10$ mm×650 mm、级别为 HRB400 的钢筋，钢筋通过卡箍固定，卡箍厚度为 5 mm，材料为普通钢。两卡箍之间通过螺栓和螺母连接，内部垫有可压缩绝缘垫片，最大程度减少构件对声波的干扰。保护壳的主要作用是防止岩屑直接作用在换能器上及探头在观测过程中的弯折和扭转变形。

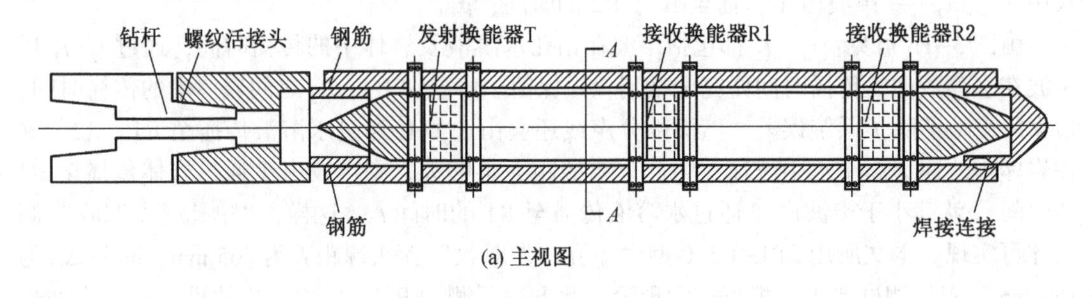

(a) 主视图

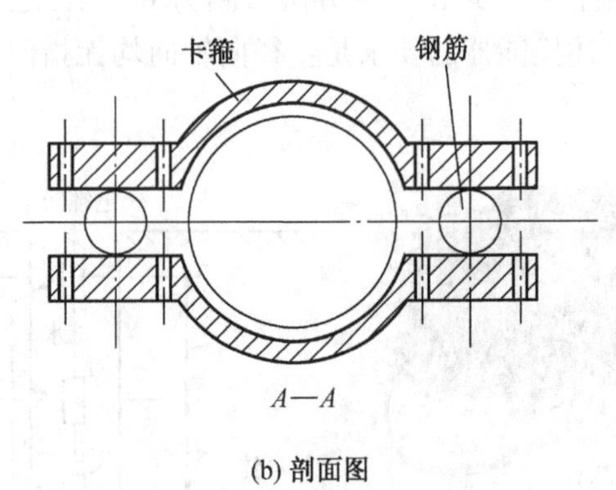

(b) 剖面图

图 3-2　超声波探头保护装置

如图 3-3 所示，螺纹活接头主要作用是连接保护壳和矿用钻杆，材料为普通钢。根据实测需要，将螺纹孔加工成不同的直径，常用的有 ϕ63. 5 mm、ϕ73 mm 等。

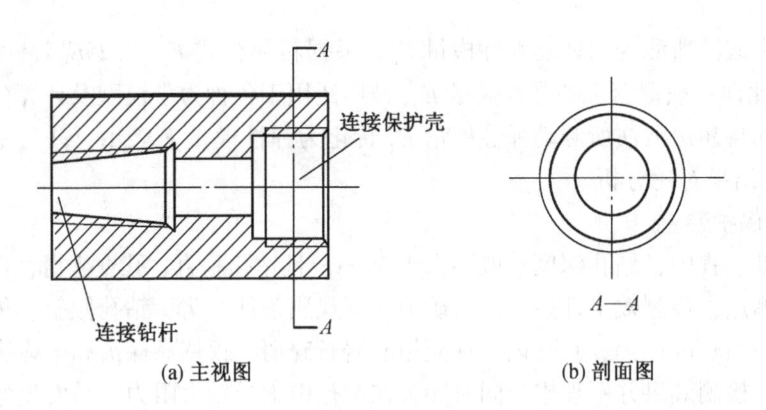

(a) 主视图　　(b) 剖面图

图 3-3　螺纹活接头

探头增加保护装置后最大直径可达 75 cm，为避免探头直接与孔壁接触，要求钻孔直径较大，一般在 90 cm 以上。以地面某桩基垂直钻孔为例，分别在有、无保护装置情况下进行测量，结果如图 3-4 所示。可以看到：两种情况所测波速差异很小，最大相差 5. 7%，平均仅为 2. 1%，且曲线走势非常一致，说明保护装置不会对波速产生严重干扰。考虑到仪器系统误差，认为2.16%的差异在可接受范围之类，不影响对观测结果的定性及定量分析，因此认为该探头保护装置满足应用要求。

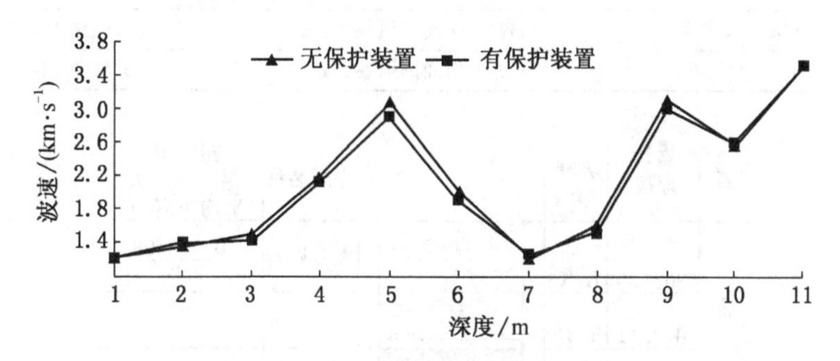

图3-4 有、无保护装置情况下波速对比

3.1.3 实测方案设计

实测地点为焦煤集团赵固二矿。该矿主采山西组二$_1$煤层，埋深为-680 m，单一近水平煤层，平均倾角为5.5°，平均煤厚6.32 m。工作面主要充水水源为底板L_8灰岩含水层，平均厚度为8.3 m，局部岩溶发育，富水性强，水压高达7.4 MPa，上距二$_1$煤层底板平均26.5 m，未注浆时突水系数达到0.28 MPa/m。为防治工作面突水，设计二$_1$煤层底板注浆加固深度为：分层开采工作面煤层底板以下垂距60 m；大采高工作面85 m，接近L_2灰岩含水层顶界面，即将L_8灰岩含水层注浆改造为隔水层。煤层底板综合柱状图如图3-5所示。

实践表明，不同岩性的岩体中波速明显不同，同一岩性岩体在不同环境下波速也有较大差异。不同钻孔由于其方位角、倾角等因素不同，岩体结构弱面、节理裂隙、含水量等情况也不同，导致观测数据在数值、变化趋势上均存在较大差异，使观测结果不具有对比性，无法有效评价注浆加固效果，因此必须选择同一钻孔观测。钻孔倾角、斜长适中，尽可能多地穿过不同岩层，观测前须洗孔并注满水，如图3-6所示。工作面底板注浆改造钻孔布置如图3-7所示。

通常探测目的不同，钻孔施工程序也不同。例如，探测正常区段工作面注浆、开采前后岩体裂隙情况时，施工程序如图3-8所示；探测破碎区段（如断层带）注浆前后岩体裂隙情况时，可仅实施图3-8中前8个程序。为保证结果准确性，原岩开孔后直接进行探测；注浆后待浆液凝固后观察，一般在注浆合格后10~15天、工作面开采后1~3个月期间探测为宜。

观测方案见表3-1，采用ZBL-U520型非金属超声波检测仪，现场全面探测“原岩(包括断层带)-注浆-开采”全过程中底板岩体弹性模量及其“增强-损伤”程度及规律。

表3-1 观测方案

编号	类别	观测钻孔位置	钻孔信息
1	开采前，未注浆	11030工作面回风巷，1-3孔	方位角242°倾角-26°
2	开采前，已注浆	11030工作面回风巷，1-3孔	方位角242°倾角-26°
3	已注浆，开采影响	11030工作面回风巷，1-3孔	方位角242°倾角-26°

表 3-1（续）

编号	类　别	观测钻孔位置	钻孔信息
4	断层，未注浆	11111 工作面回风巷，1-3 孔	方位角 124°倾角-36°
5	断层，已注浆	11111 工作面回风巷，1-3 孔	方位角 124°倾角-36°

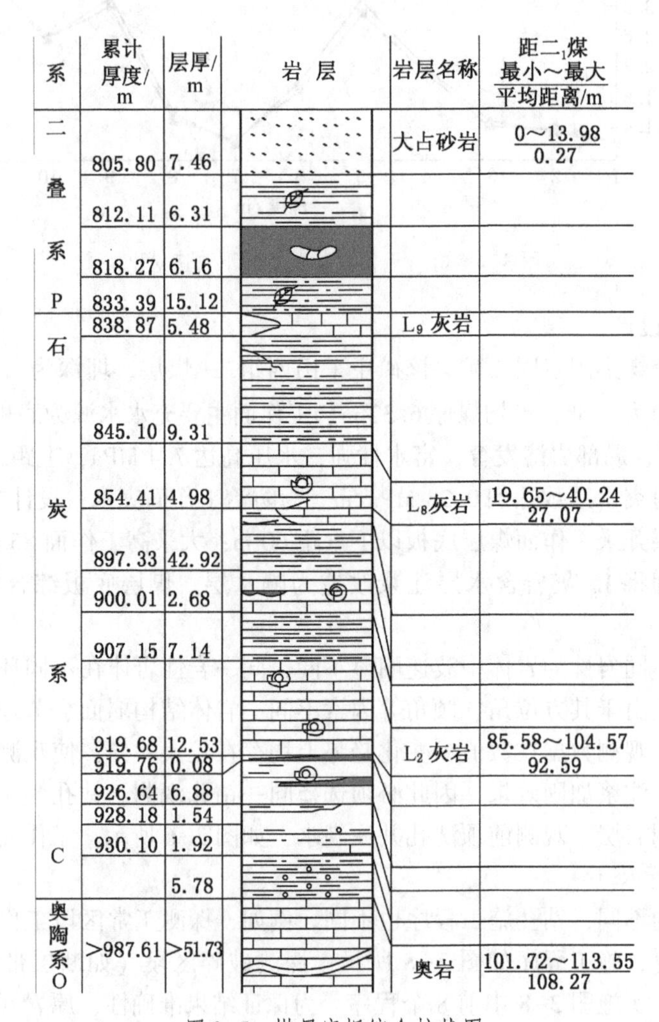

图 3-5　煤层底板综合柱状图

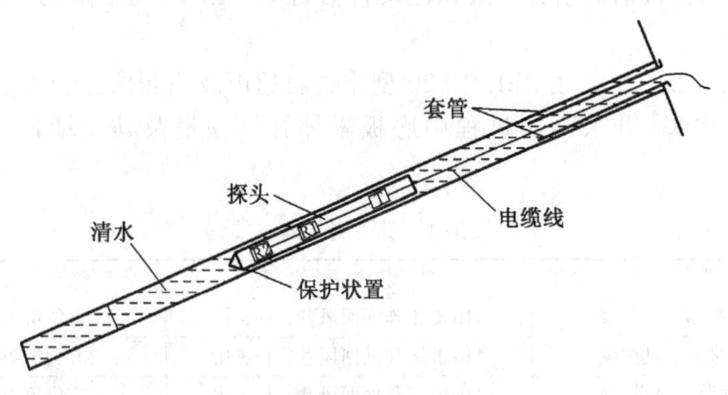

图 3-6　观测钻孔示意图

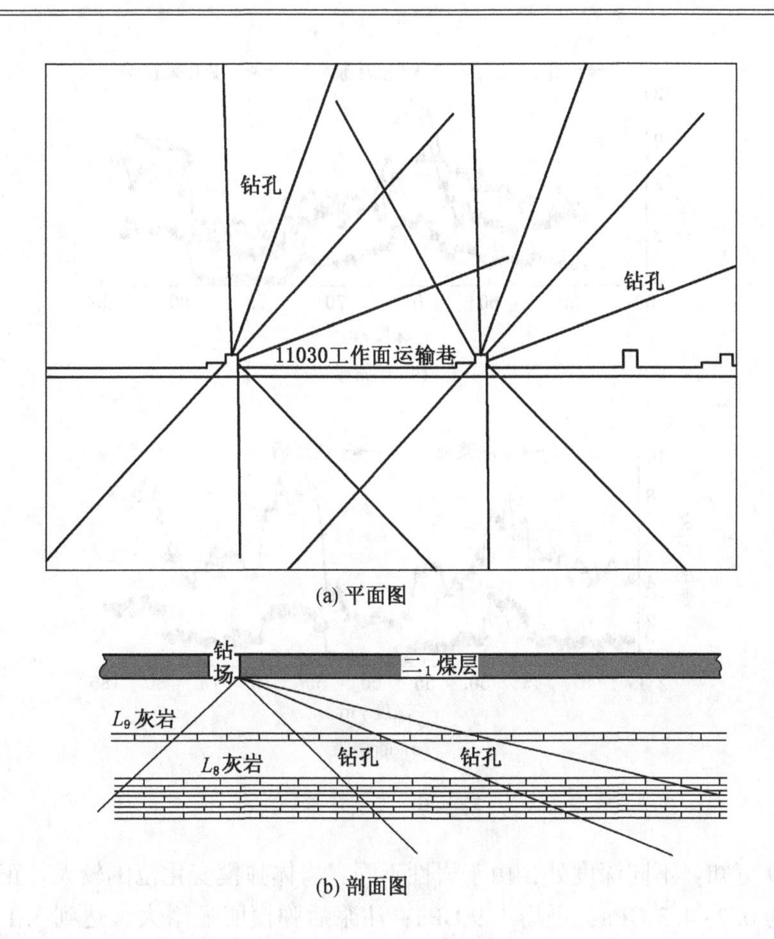

(a) 平面图

(b) 剖面图

图 3-7 11030 工作面底板注浆改造钻孔布置

图 3-8 探测钻孔施工程序

3.1.4 实测结果及分析

1. 实测结果

结果分两种情况分析：

（1）正常段：即观测钻孔附近没有大的断裂构造。开采前未注浆时（即原岩状态，表 3-1 中编号 1）观测一次，得到岩体弹模初始值。注浆后（即表 3-1 中编号 2）对同一钻孔再次观测，得到注浆加固后岩体弹模，分析其增强程度及规律。工作面推进至距钻孔终孔位置水平距离 30~50 m 时（即表 3-1 中编号 3）对同一钻孔再次观测，得到受开采影响岩体弹模，分析其损伤程度及规律。

（2）断层带：即观测钻孔位于断裂破碎带内，与断层面斜交。未注浆时（即表 3-1 中编号 4）观测一次，得到岩体弹模初始值。注浆后（即表 3-1 中编号 5）对同一钻孔再次观测，得到注浆加固后岩体弹模，分析其增强程度及规律，结果如图 3-9 所示。

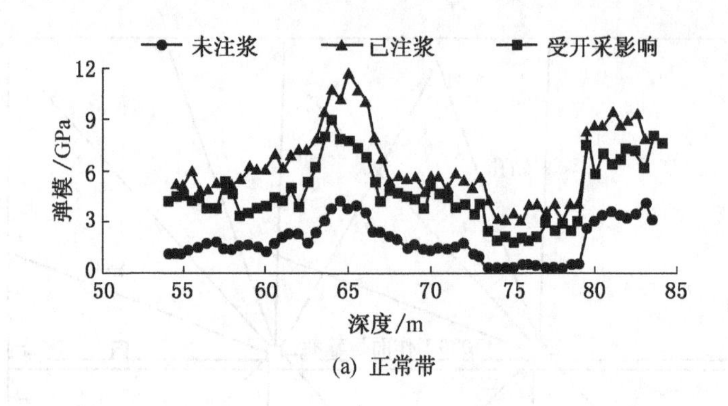

(a) 正常带

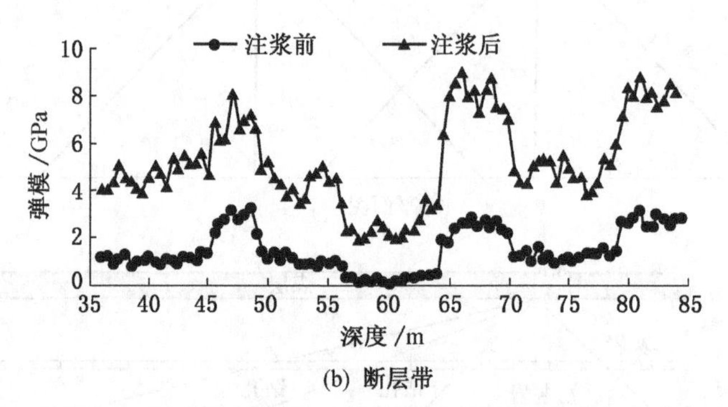

(b) 断层带

图 3-9 观测结果

由图 3-9 可知：不同深度处，由于岩性不同，岩体弹模变化范围较大。正常段，注浆前岩体弹模为 0.2~4.3 GPa，平均 1.9 GPa；注浆后弹模明显增大，达到 3.1~11.7 GPa，平均 6.3 GPa，平均增大了 232%；受开采影响，弹模有所降低，为 1.8~9.0 GPa，平均 4.8 GPa，平均降低了 24%，但仍大于注浆前弹模。表明注浆加固区域岩体受采动影响后仍具有一定强度，具有加固作用。断层带，注浆前岩体弹模为 0.1~3.2 GPa，平均 1.5 GPa，小于正常段弹模；注浆后弹模增大至 2.0~9.1 GPa，平均 5.3 GPa，平均增大了 253%，仍小于正常段注浆后弹模，表明断层对岩体强度的影响是全过程的。

分析认为注浆后岩体弹模增大，且断层带增大幅度略大于正常段，是由于断层带岩体更破碎，裂隙空间更大，浆液充填空间也更大，因此弹模增幅大。注浆后断层带岩体弹模仍略低于正常段，说明断层带在注浆后仍为低强度区，属突水危险区域。

2. 岩体弹模“注浆增强度”及“开采损伤度”

为定量描述底板岩体弹模注浆增大及开采后减小的特征，提出了岩体弹模“注浆增强度”及“开采损伤度”的参量，如下：

$$\begin{cases}\text{注浆增强度 } E_Z = (E_2 - E_1)/E_1 \times 100\% \\ \text{开采损伤度 } E_S = (E_2 - E_3)/E_2 \times 100\%\end{cases} \tag{3-3}$$

式中 E_1、E_2、E_3——注浆前、注浆后、受开采影响的岩体弹模，GPa。

同一岩性岩体弹模数值相近，变化趋势基本一致，结合钻孔柱状图、测斜图等，当相邻两次观测数值相差比例大于 20% 时，认为此处为拐点，前后岩性改变。

因此，正常段按钻孔斜长方向可将观测范围划分为 5 个深度区间，见表 3-2。可以看到：注浆后，73~79 m 区间的泥岩弹模增强度最大，达到640%；其次是砂岩，为241%~247%；灰岩最小，为159%~176%。受开采影响，各区间岩体弹模损伤度差异不大，为21%~35%。

表3-2　正常段，岩体弹模“增强-损伤”度

观测区段/m	弹模平均值/GPa			弹模增强度 E_Z（绝对值，比例/%）	弹模损伤度 E_S（绝对值，比例/%）	岩性
	注浆前 E_1	注浆后 E_2	开采影响 E_3			
54~63	1.7	5.9	4.4	4.2（247）	1.5（25%）	砂岩
63~66	3.8	10.5	7.8	6.7（176）	2.7（26%）	灰岩
66~73	1.7	5.8	4.4	4.1（241）	1.4（24%）	砂岩
73~79	0.5	3.7	2.4	3.2（640）	1.3（35%）	泥岩
79~84	3.4	8.8	7.0	5.4（159）	1.8（21%）	灰岩

同理，断层带可将观测范围分为7个深度区间，见表3-3。可以看到：注浆后，56~64 m 区间的泥岩弹模增强度最大，达到733%；其次是砂岩，为277%~300%；灰岩最小，为146%~216%。断层带由于岩体破碎、裂隙发育，所以原始弹模比正常段低，但注浆后可接近正常值，表明注浆效果好。

表3-3　断层带，岩体弹模“增强”度

观测区段/m	弹模平均值/GPa		弹模增强度 E_Z（绝对值，比例/%）	岩　性
	注 浆 前 E_1	注 浆 后 E_2		
36~45	1.2	4.8	3.6（300）	砂岩
45~49	2.8	6.9	4.1（146）	灰岩
49~56	1.1	4.4	3.3（300）	砂岩
56~64	0.3	2.5	2.2（733）	泥岩
64~70	2.5	7.9	5.4（216）	灰岩
70~79	1.3	4.9	3.6（277）	砂岩
79~84	2.8	8.1	5.3（189）	灰岩

3.2　岩体力学性质“增强—损伤”室内试验分析

认识到现场实测受到钻孔岩性结构、原生裂隙、注浆材料等多种因素影响，岩体弹模整体较小，曲线具有波动性。室内试验测试条件更理想，综合研究可更深刻认识其规律。因此，在赵固二矿现场取岩石试样和注浆材料，进行室内试验分析。

3.2.1　试验过程

1. 试样制作与试验设备

试验岩石样品取自赵固二矿煤层底板不同位置的钻孔岩心，砂岩、泥岩、砂质泥岩、铝质泥岩、灰岩各若干，如图3-10所示。选取具有代表性的试样根据试验要求将其加工成 ϕ50 mm×100 mm 的标准圆柱体试样，将两底面打磨光滑，使其相互平行并且垂直于圆柱体轴线。

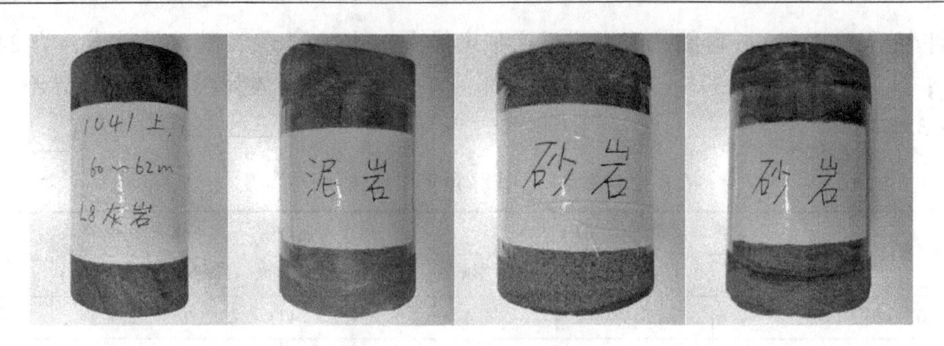

图 3-10　部分岩石试样

本试验采用 ZBL-U520 型超声波检测仪对岩石内部纵波波速进行测定。如图 3-11 所示，采用对测方式，超声波通过试样时，仪器屏幕上显示接收到的声波波形，根据波形判读得到纵波在试样中的走时 T，而收发换能器间距（即所测试试样的长度）L 可通过游标卡尺精确测量，由此求得纵波在试样中的传播速度 $V_p=L/T$。

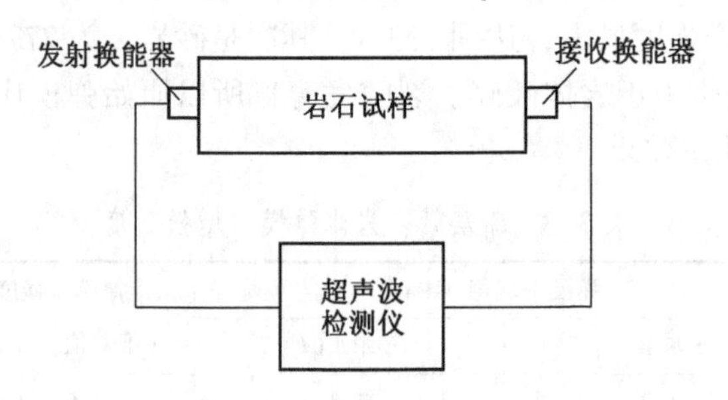

图 3-11　超声波检测示意图

2. 试验步骤

试验主要测量不同岩性的岩样在不同裂隙宽度情况下，注浆前后其内部纵波波速，进而分析其弹性模量变化规律。参考赵固二矿钻孔窥视器已有的观测成果，试验中岩石的预制裂隙宽度设置为 0（即完整状态）、2 mm、3 mm、5 mm 4 种规格。试验分别在注浆前干式状态、注浆前湿式状态、注浆后干式状态及注浆后湿式状态 4 种条件下测量各岩石试样声参量。试验具体步骤如下：

（1）干式状态测量。室内自然状态下，在两试样端面均匀涂抹一薄层凡士林，将超声仪发射换能器和接收换能器紧贴两端面，成对穿状（图 3-12a），测量并记录数据。

（2）裂隙制备及注浆过程模拟。将各岩样垂直于轴线等分切割成两段，每段高 50 mm，在两段岩样之间边缘处分别加不同厚度（2 mm、3 mm、5 mm）绝缘垫片，用玻璃胶将垫片与岩样黏合，以表示固定宽度的裂隙。结合赵固二矿实际情况，按水泥：黏土为 1：3 的比例，加入适量水配制成比重为 1.18 g/cm^3 的浆液作为注浆材料。用浆液充填满两段岩样之间裂隙，稍干后用防水胶带沿四周封紧裂隙部位，防止浆液渗出（图 3-12b）。

（3）湿式状态测量。在上述干式状态下的各次测量完成后，将各对应试样放入盛满水的水槽中，静置一段时间（一般为 1 天），待其饱和后在水中测试各试样声参量，即为湿式状态下波速（图 3-12c）。

各试样在每种裂隙宽度下，注浆前、后分别测试 3 次，取平均值。

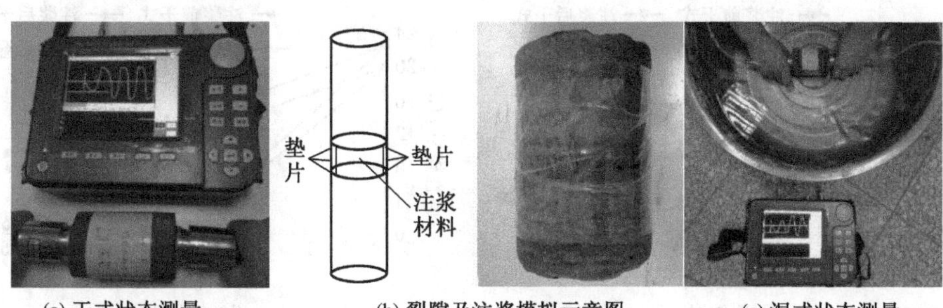

(a) 干式状态测量 (b) 裂隙及注浆模拟示意图 (c) 湿式状态测量

图 3-12 超声波检测过程

3.2.2 试验结果及分析

1. 测试数据

测试结果见表 3-4。为了更直观地对比在上述 4 种条件下，不同岩性的岩石试样力学性质的变化，根据表 3-4 中纵波波速转换得到岩石弹性模量（图 3-13）。

表 3-4 各岩样纵波波速 km/s

岩性	测试状态	裂隙宽度			
		完整（0）	2 mm	3 mm	5 mm
粗砂岩	注浆前干式	3.034	2.058	1.543	1.135
	注浆前湿式	3.138	2.162	1.721	1.342
	注浆后干式	3.034	2.563	2.276	1.937
	注浆后湿式	3.138	2.738	2.312	1.905
细砂岩	注浆前干式	3.757	2.268	1.843	1.237
	注浆前湿式	3.921	2.426	2.067	1.734
	注浆后干式	3.757	3.242	3.054	2.638
	注浆后湿式	3.921	3.423	3.146	2.536
砂质泥岩	注浆前干式	2.538	1.603	1.437	1.196
	注浆前湿式	2.634	1.846	1.595	1.303
	注浆后干式	2.538	2.048	1.738	1.554
	注浆后湿式	2.634	2.146	1.795	1.603
铝质泥岩	注浆前干式	3.093	1.874	1.632	1.296
	注浆前湿式	3.127	2.138	2.001	1.725
	注浆后干式	3.093	2.557	2.349	2.142
	注浆后湿式	3.127	2.738	2.501	2.425
泥岩	注浆前干式	2.074	1.138	0.936	0.686
	注浆前湿式	2.236	1.106	1.121	0.792
	注浆后干式	2.074	1.538	1.248	1.136
	注浆后湿式	2.236	1.608	1.429	1.242
灰岩	注浆前干式	6.152	4.972	4.502	4.037
	注浆前湿式	6.239	5.113	4.681	4.338
	注浆后干式	6.152	5.803	5.697	5.502
	注浆后湿式	6.239	6.038	5.823	5.694

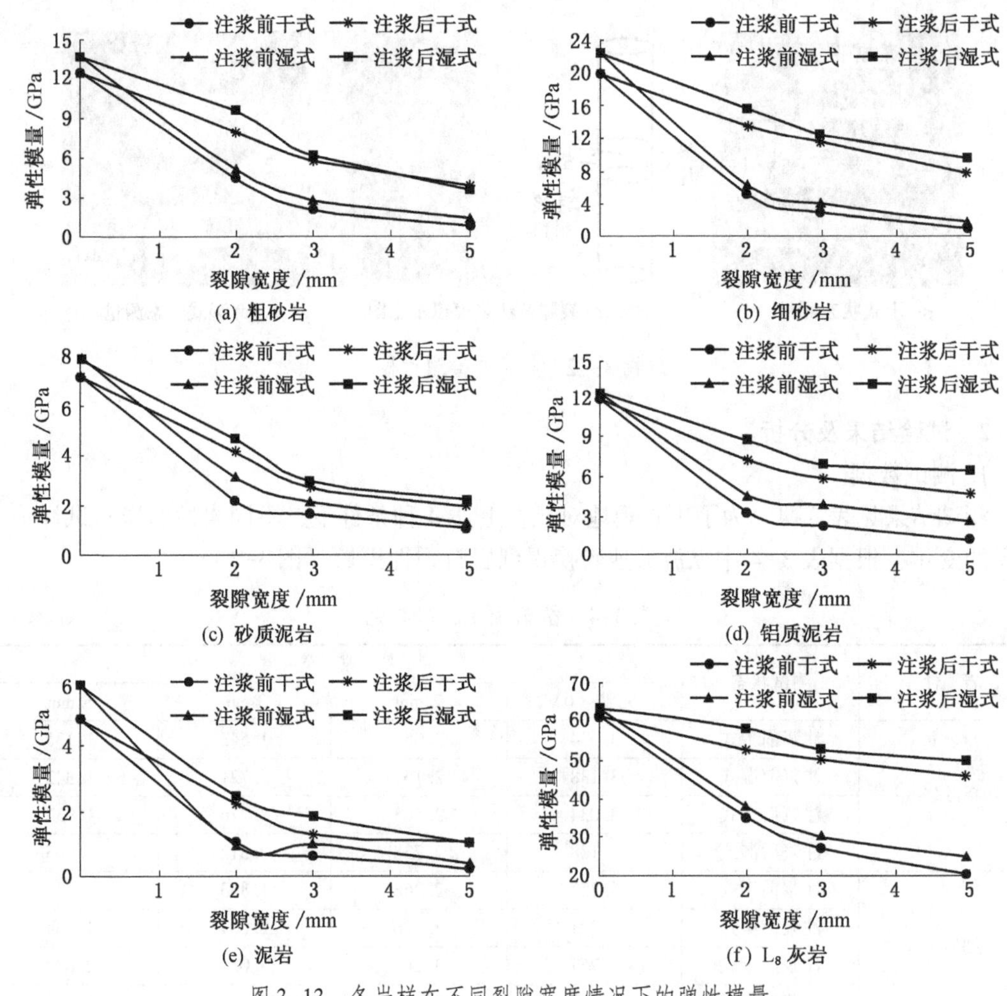

图 3-13　各岩样在不同裂隙宽度情况下的弹性模量

整体对比各类型岩石试样测试结果可以发现：不同岩性的岩石试样，由于密度、泊松比等因素不同，其内部纵波波速及弹性模量有很大差异，且相互之间存在一定范围的交叉；即使是同一岩性的岩石，由于取样地点的不同，岩石受本身赋存环境的影响，其内部纵波波速及弹性模量也不完全相同。在试样完整（即裂隙宽度为 0）时，灰岩弹性模量最大，达到 63.6 GPa；其次是砂岩，为 13.7~22.3 GPa，且细砂岩弹性模量高于粗砂岩；泥岩弹性模量最小，为 5.8 GPa；而砂质泥岩和铝质泥岩，由于受到所含矿物成分的影响，其弹性模量介于砂岩和泥岩之间，为 7.9~12.3 GPa，且铝质泥岩弹性模量高于砂质泥岩。一般来说，岩石密度由泥岩到砂岩到灰岩逐渐增大，试验结果表明，岩石内部纵波波速及弹性模量与其密度之间呈非线性正相关关系。

2. 注浆前后对比分析

由图 3-13 可知，当裂隙宽度由 0 增大至 5 mm 时，注浆前，灰岩弹性模量由 63.6 GPa 减小为 24.7 GPa，减小了 61%；细砂岩弹性模量由 22.3 GPa 减小为 2.7 GPa，减小了 88%；粗砂岩弹性模量由 13.7 GPa 减小为 1.5 GPa，减小了 89%；砂质泥岩弹性模量由 7.9 GPa 减小为 1.3 GPa，减小了 84%；铝质泥岩弹性模量由 12.3 GPa 减小为 2.6 GPa，减小了

79%；泥岩弹性模量由 5.8 GPa 减小为 0.4 GPa，减小了 93%。

注浆后，灰岩弹性模量增大到 50.1 GPa，增大了 103%；细砂岩弹性模量增大到 7.2 GPa，增大了 167%；粗砂岩弹性模量增大到 3.7 GPa，增大了 147%；砂质泥岩弹性模量增大到 2.2 GPa，增大了 69%；铝质泥岩弹性模量增大到 6.4 GPa，增大了 191%；泥岩弹性模量增大到 1.3 GPa，增大了 225%。

在试验 4 种条件下，各种岩性的岩石，其弹性模量均随着裂隙宽度的增大而减小，但减小幅度不同，其中裂隙对泥岩弹性模量损伤度最大，砂岩次之，灰岩最小。说明由于裂隙的存在，破坏了岩体的连续性，严重降低其整体力学强度，导致弹性模量大幅降低。

在同一裂隙宽度下，注浆后岩石弹性模量明显高于注浆前，有较大幅度回升，但增大幅度不同，且均低于完整状态下的初始值，其中注浆对泥岩弹性模量的增强度最大，砂岩次之，灰岩最小。说明注浆能有效改善裂隙岩体连续性，增强其整体力学强度。

3. 干式湿式状态对比分析

从图 3-13 干式状态与湿式状态的对比可以看到，各种岩性的岩石，无论注浆与否，其湿式状态的弹性模量均略高于对应的干式状态弹性模量。在试样完整时，干式弹性模量和湿式弹性模量差异不大；在有裂隙状态下，干式弹性模量和湿式弹性模量差异很大。说明水溶液的存在严重影响着岩石内部纵波波速及弹性模量，随着含水量的增加，岩石弹性模量增大。

但是由于岩性不同，岩石本身的矿物成分、风化程度等因素有很大差异，不同岩性的岩石中节理裂隙、结构弱面的发育情况也就不同，使得其具有不同的孔隙率，完全饱和时，岩石中吸附的水量有着明显不同，这种差异会影响岩石内部声波速度及弹性模量。因此，随着含水量增加，岩石弹性模量增大速率也不完全相同。

水溶液影响岩石内部纵波波速及弹性模量的重要原因是由于水的存在相当于添加润滑剂，减小了分子间的摩擦力，使分子活动能力加强。另外，水溶液作为液体介质，给纵波提供了良好的传播条件，因此随着含水量增加，岩石内部纵波波速及弹性模量增大。

3.3 注浆加固效果的相似模型试验研究

工作面底板突水及注浆加固效果的影响因素有很多，如注浆材料及工艺、底板承压水压力、底板隔水层厚度及其阻隔水性能等，而这些因素对注浆加固的综合作用机理尚不清楚，也没有形成成熟的理论用于指导生产实践。

以 11050 工作面为原型，应用正交设计方法，选取 3 个典型因素，即底板裂隙率、注浆材料配比、隔水层厚度，每个因素设置 3 个水平，共设计 9 台试验模拟注浆后工作面开采过程，以进一步研究多种因素对底板注浆加固的综合作用，探索注浆加固机理，为防治水工程提供借鉴。

3.3.1 正交试验设计

1. 正交试验设计原理

正交试验法是用于多因素试验的一种试验方法。通过对试验进行整体设计、综合比较、统计分析，实现以较少的试验次数找到较好的生产条件，达到最高的生产工艺效果。这种试验设计法是从大量的试验点中挑选适量的、具有代表性的点，利用已有的正交表来安排试验并进行数据分析。正交表能够在因素变化范围内均衡抽样，使每次试验都具有较强的代表性，由于正交表具备均衡分散的特点，保证了全面试验的某些要求，这些试验往往能够较好或更好地达到实验的目的。

试验中把要考察的结果称为指标，把对试验指标可能有影响的因子称为因素，把每个因素要比较的具体条件称为水平。本试验主要考察如下指标：底板最大应力、最大位移（底鼓量）、采动底板最大破坏深度，采动前后底板岩层弹性模量。

2. 正交设计因素与水平

结合地质、采矿条件及注浆工程参数，工作面底板原始裂隙发育情况差异较大，因此本试验取第一个因素为底板裂隙率，表示底板岩体破碎程度，以特制石膏块模拟底板 L_8 灰岩含水层，这样既能有效模拟承压水对底板岩层产生的垂直荷载，又可模拟承压水导升后水压发生局部降低的特征。经简化，石膏块长度（即模型架宽 14 cm）、厚度（2 cm）取定值，宽度取 3 种尺寸（5 cm、7.5 cm、10 cm）作为 3 个水平，宽度越小，则裂隙越多，表示底板裂隙率越大，岩体越破碎。该矿以不同比例的水泥和黏土加入适量水配制成不同比重的浆液作为注浆材料，因此本试验取第二个因素为注浆材料配比，经简化，取水泥时的配比如下：黏土为 0、1/6、1/3 作为 3 个水平。根据地质资料，底板隔水层厚度为 12.5~38.2 m，变化范围大，因此本试验取第三个因素为底板隔水层厚度，经简化，以 11050 工作面实际平均隔水层厚度为 1 单位，分别取其 0.5 倍、1 倍、1.5 倍作为 3 个水平，具体见表 3-5 和表 3-6。

表 3-5 正交设计因素与水平

因素/水平	A 底板裂隙率/cm	B 注浆材料配比	C 隔水层厚度
1	5	0	0.5 单位
2	7.5	1/6	1 单位
3	10	1/3	1.5 单位

表 3-6 正交试验方案

序 号	A 底板裂隙率/cm	B 注浆材料配比	C 隔水层厚度
1	5	0	0.5 单位
2	5	1/6	1 单位
3	5	1/3	1.5 单位
4	7.5	0	1 单位
5	7.5	1/6	1.5 单位
6	7.5	1/3	0.5 单位
7	10	0	1.5 单位
8	10	1/6	0.5 单位
9	10	1/3	1 单位

由于 L_8 灰岩岩溶裂隙发育，为了更好地反映其裂隙率，使其更符合实际，试验前制作若干石膏块，模拟 L_8 灰岩层，层状错位铺设，这样既能有效地模拟承压水对底板岩层产生的垂直荷载，又能清晰地观测试验过程中承压水导升水压局部降低后，含水层的运移

特征，使测量结果更精确。

3. 试验模型的建立

试验以赵固二矿 11050 工作面为原型，工作面主要岩层物理力学性质参数见表 3-7，工作面岩层柱状统计见表 3-8。

表 3-7 11050 工作面主要岩层物理力学性质参数

岩　　性	重力密度/(g · cm^{-3})	抗压强度/MPa
顶板砂岩	2.72	100
顶板泥岩	2.70	62
煤	1.52	10
底板砂岩	2.72	30
底板泥岩	2.70	14

表 3-8 11050 工作面岩层柱状统计表

序号	层厚/m	岩　性	序号	层厚/m	岩　性
1	14.87	砂质泥岩	17	2.32	粉砂岩
2	7.15	泥岩	18	13.98	砂质泥岩
3	3.35	砂质泥岩	19	1.0	炭质泥岩
4	5.38	中粒砂岩	20	6.32	二$_1$煤
5	9.49	砂质泥岩	21	7.21	砂质泥岩
6	3.18	泥岩	22	1.39	细粒砂岩
7	11.49	砂质泥岩	23	3.80	砂质泥岩
8	2.05	泥岩	24	0.94	L_9 灰岩
9	1.49	中粒砂岩	25	2.83	中粒砂岩
10	5.61	砂质泥岩	26	4.36	砂质泥岩
11	3.29	中粒砂岩	27	5.79	泥岩
12	6.37	砂质泥岩	28	8.22	L_8 灰岩
13	2.50	细粒砂岩	29	4.65	砂质泥岩
14	8.74	砂质泥岩	30	0.94	L_7 灰岩
15	1.96	细粒砂岩	31	2.91	砂质泥岩
16	5.97	砂质泥岩			

根据相似模拟准则，结合本试验实际情况，确定相似比为：几何相似比 $\alpha_L = 1:200$，重力密度相似比 $\alpha_\gamma = 1:1.6$，强度和弹性模量相似比 $\alpha_\sigma = \alpha_E = \alpha_L \cdot \alpha_\gamma = 1:320$，时间相似比$\alpha_t = \sqrt{\alpha_L} \approx 14$。根据赵固二矿 11050 工作面煤岩层实际地质资料，选择组成相似模拟材料的成分，主要为细砂、石灰、石膏。为了精确选定与计算参数一致的配比，经过了多次配比试验，做出了各种配比表，最后选择出满足试验要求的一组配比。经简化，模型各分层材料配比见表 3-9。

表 3-9 试验模型各分层材料配比（取隔水层厚度为 1 单位）

层号	岩 性	层厚/cm	分层数及厚度/cm	配比号	每分层细砂/kg	每分层石灰/kg	每分层石膏/kg	每分层水/kg
1	砂质泥岩	15	5×3	973	9.68	0.75	0.32	1.08
2	中粒砂岩	8	4×2	855	6.37	0.4	0.4	0.72
3	砂质泥岩	21	7×3	973	9.68	0.75	0.32	1.08
4	细粒砂岩	6	3×2	873	6.37	0.56	0.24	0.72
5	砂质泥岩	9	3×3	973	9.68	0.75	0.32	1.08
6	粉砂岩	6	2×3	955	9.68	0.54	0.54	1.08
7	砂质泥岩	9	3×3	973	9.68	0.75	0.32	1.08
8	二$_1$煤	3	1×3	1091	9.77	0.88	0.1	1.08
9	砂质泥岩	3	1×3	973	9.68	0.75	0.32	1.08
10	细粒砂岩	2	1×2	873	6.37	0.56	0.24	0.72
11	砂质泥岩	4	2×2	973	6.45	0.5	0.22	0.72
12	中粒砂岩	2	1×2	855	6.37	0.4	0.4	0.72
13	砂质泥岩	6	2×3	973	9.68	0.75	0.32	1.08
14	L_8 灰岩	4	2×2			石膏块		
15	砂质泥岩	4	2×2	973	6.45	0.5	0.22	0.72

如图 3-14 所示，试验台包括 3 个系统：

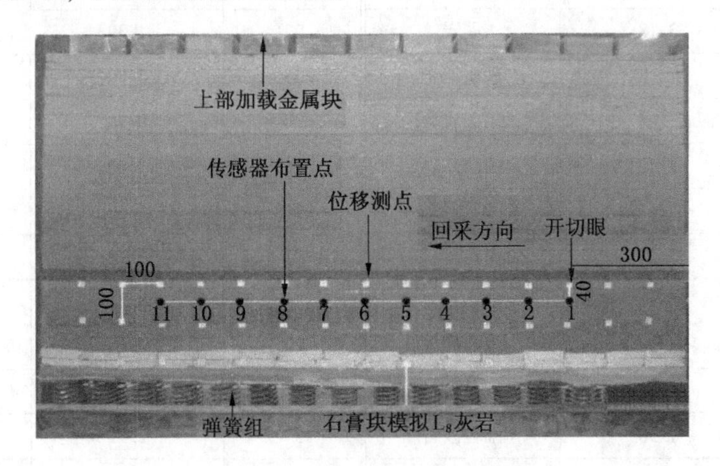

图 3-14 相似模拟试验台布置

（1）框架系统。试验采用华北科技学院二维相似模拟试验台，其尺寸为长×宽×高＝1.6 m×0.14 m×1.3 m，其中有效试验高度为 1.1 m。

（2）加载系统。包括两部分，顶部加载一定重量金属块模拟上覆岩层自重，上覆岩层重力密度为 $\gamma=2.4\times10^4$ N/m^3，400 m 深度岩层产生的压力为

$$\sigma=\gamma H=400\times2.4\times10^4=9.6\times10^6\text{Pa}=9.6\text{ MPa}$$

根据模型尺寸及相似比，上覆岩层顶部加载金属块的重量为

$$F=\frac{\sigma}{a_{\sigma}}s=\frac{9.6\times10^{6}}{320}\times1.6\times0.14=6720\ \text{N}=672\ \text{kg}$$

底部采用自制特定刚度弹簧组模拟 7 MPa 水压力。根据以往试验经验，本试验着重考虑水压力对底板岩层的垂直载荷作用。另外，由于增加了注浆加固环节，底板岩层裂隙间导、储水通道被浆液填充，水的流动性及渗透性大大减弱，因此采用弹簧组模拟水压力是合理可行的。

（3）监测系统。包括 3 部分：应力监测，在煤层下方 40 mm 岩层中水平铺设一排压力传感器，从距边界 300 mm 处每隔 100 mm 布置一个测点，共 11 个；位移监测，从煤层下方至 L_8 灰岩布置 3 条水平测线，每条测线自边界处每隔 100 mm 布置一个测点，共 15 个；超声波探测，与应力监测测点布置相同。模型左右两侧各留出 300 mm 边界效应区，工作面自开切眼从右至左推进，每隔 2 h 推进 50 mm，推进总长度为 1000 mm。对注浆过程的模拟，在岩层铺设的同时，以石膏块宽度为基准，在含水层及其上部岩层裂隙间充填不同配比的注浆材料。

本次试验的主要特点是以石膏块模拟底板灰岩含水层，以及注浆过程的模拟。另外，由于在底部以弹簧组模拟水压力，模型铺设中，特别是底板岩层的铺设相对常规情况有一定难度。

3.3.2　试验结果及分析

1. 试验过程呈现

试验重点观察工作面推进过程中底板岩层破坏情况，对 9 种不同组合分别模拟。现以试验 2 为例，即试验条件为石膏块宽度 5 cm，注浆材料水泥/黏土 = 1/6，隔水层厚度为 1 单位（即实际隔水层厚度），分析试验过程中顶底板破坏特征。为便于和实际情况对比，试验结果中数据均按相似比转换为实际数据，结果如图 3-15 所示。

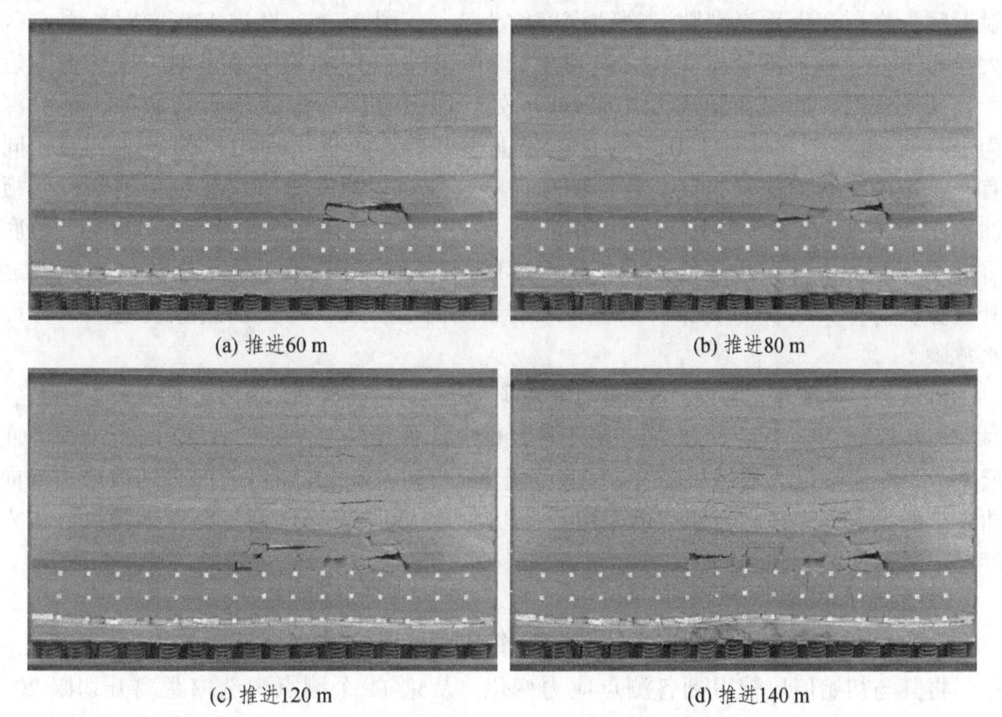

(a) 推进60 m　　(b) 推进80 m

(c) 推进120 m　　(d) 推进140 m

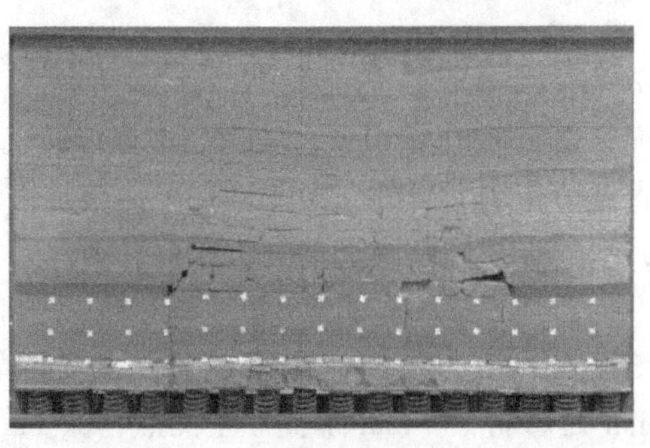

(e) 推进180 m

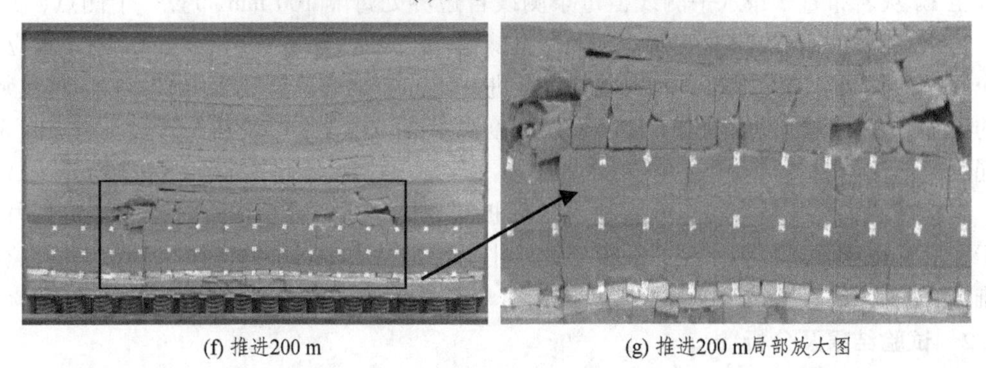

(f) 推进200 m　　(g) 推进200 m局部放大图

图 3-15　试验 2 过程呈现

从图 3-15a 可以看出：工作面推进 60 m 时，直接顶初次垮落，基本顶出现离层裂隙，底板轻微鼓起。图 3-15b 推进 80 m 时，基本顶初次垮落，底鼓量明显增大，同时在开切眼附近底板岩层产生垂直裂隙，裂隙深度约为 8 m。图 3-15c 推进 120 m 时，采空区顶板大量垮落，底板被部分压实，底鼓现象缓和。图 3-15d 推进 140 m 时，工作面附近区域产生新的底鼓，同时在距离开切眼 60 m 处，底板岩层产生新的垂直裂隙，裂隙深度约为 16 m。图 3-15e 推进 180 m 时，工作面煤壁处，底板出现明显的破坏裂隙，同时原有垂直裂隙继续向深部扩展，岩层中横向小裂隙也逐渐发育，裂隙数目增加，底板破坏加剧。图 3-15f、图 3-15g 推进 200 m 时，工作面煤壁附近底鼓量明显增大，顶底板严重破坏，底板出现大范围的不同扩展深度的裂隙，同时在承压含水层位置出现明显的导升裂隙，有一条较长的裂隙从承压含水层不断向上扩展，与上部裂隙贯通，工作面有突水危险。

分析认为：底板裂隙产生的时间通常在顶板岩层有较大位态变化之时或其后不久，这个时间段也是矿山压力最大之时。裂隙产生的位置通常在工作面后方 20 m 范围内的底板岩层中，且与底鼓量大的区域吻合。底板岩层在煤体边缘受升降错动产生的剪应力、向上弯曲产生的拉应力和压应力的三重作用，且以剪应力为主，当这种复合作用超过底板岩体强度极限时，即产生破坏。

2. 底板应力分析

开挖前记录各测点应力作为初始值，工作面每推进 100 mm（即实际 20 m）记录一次数据，将其与初始值比较得到各测点应力变化。从这 11 个测点中选取距离开切眼 20 m、

80 m、140 m、200 m 的 4 个有代表性测点（记为测点 2、5、8、11）进行分析，结果如图 3-16 所示。

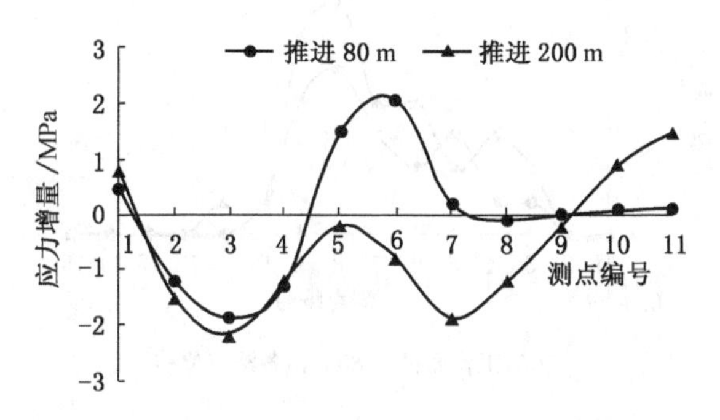

(a) 推进 80 m 和 200 m 时，各测点应力增量

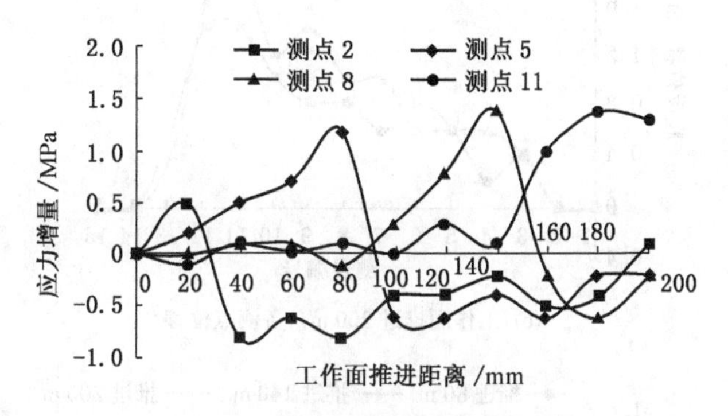

(b) 4 个有代表性测点应力增量

图 3-16 底板应力分析

由图 3-16 可知：随着工作面推进，底板各测点应力变化趋势一致，都经历了“增大→减小→恢复→稳定”的过程，在宏观上表现为底板的扰动。测点 2 和 5 距离开切眼较近，工作面开挖，应力逐渐增加，在工作面经过测点之后，采空区底鼓，底板应力减小。可以发现，各测点应力极大值位置都在工作面推进至该测点之时。分析原因，在工作面推进至测点之前，由于受超前支承压力影响，底板岩层产生应力集中，因而应力持续增加。随着工作面推进，采空区跨度增大，顶板岩层大量垮落，能量释放，底板岩层膨胀，应力减小，底板被压实后，裂隙部分闭合，应力恢复但仍小于初始值。

3. 底板位移分析

开挖前记录各测点三维坐标作为初始值，工作面每推进 100 mm（即实际 20 m）记录一次数据，将其与初始值比较得到各测点位移值（即底鼓量），结果如图 3-17 所示。

由图 3-17 可知：随着工作面推进，底板整体向上鼓起，推进距离越大，底鼓量越大。工作面推进 80 m 时，测点 5 底鼓量达到极大值，此时该测点处底板岩层产生明显的垂直裂隙。推进 140 m 时，测点 8 底鼓量达到极大值。推进 200 m 时，测点 12 底鼓量达到最大值 1.6 m。可以发现，底鼓量极大值位置都在工作面后方 10~20 m 范围内。这是因为在这些测点处，顶板岩层垮落层数多，能量释放大，因而诱发底鼓量大。通过 1 号、3 号测线对比可以发现：两排测线各测点位移变化趋势一致，都随着工作面推进向上移动，底鼓量

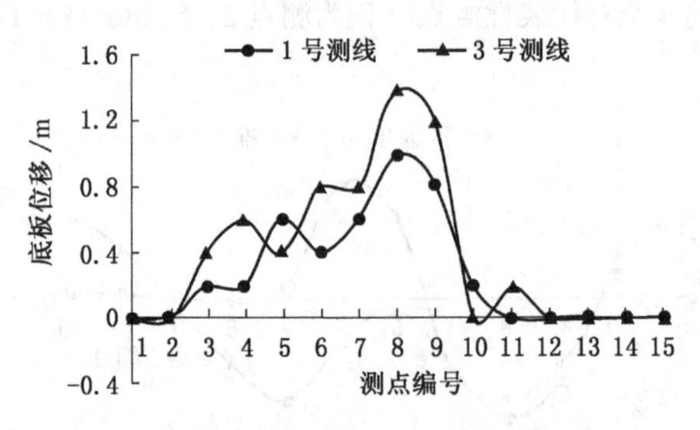

(a) 工作面推进 80 m，各测点位移

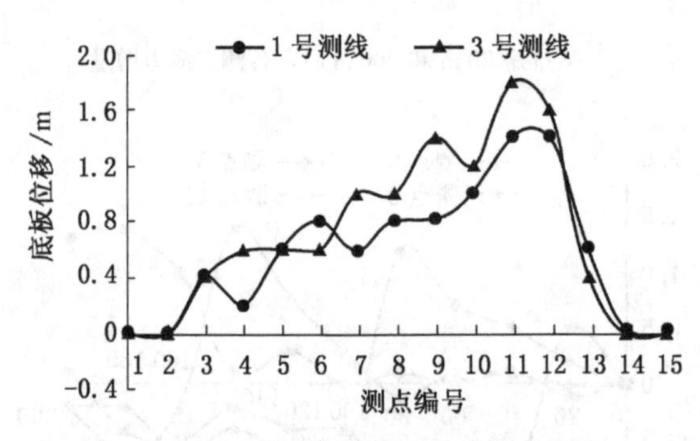

(b) 工作面推进 200 m，各测点位移

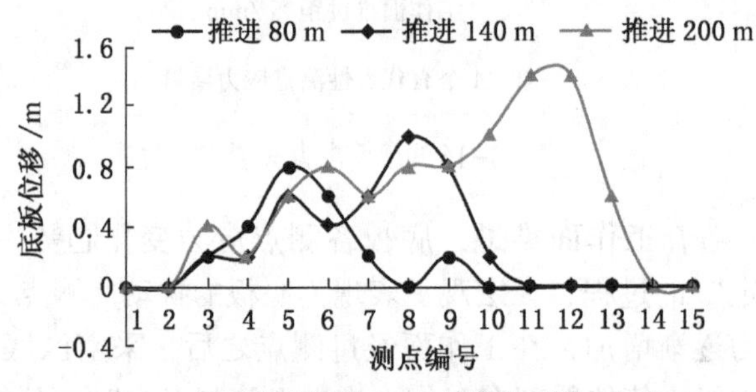

(c) 不同推进距离时，1 号测线各测点位移

图 3-17　底板位移分析

增大，但 3 号测线各测点底鼓量明显大于 1 号测线，说明底板距采空区垂直距离越远，越接近承压含水层的区域，受采动影响变形量越大。对比底板应力曲线与位移曲线可知，底板位移极大值位置滞后于应力极大值位置，但整体趋势一致，说明底板岩层膨胀，应力释放，而当采空区顶板大量垮落，底板被压实后，应力又有所恢复。

4. 底板破坏深度分析

本试验采用 ZBL-U520 型非金属超声波检测仪探测底板破坏深度。在煤层下方40 mm、80 mm、140 mm、160 mm 处布置 1 号、2 号、3 号、4 号 4 条水平测线，每条测线从距左右边界各 300 mm 处每隔 100 mm 布置一个测点，共 11 个，从右至左依次编号 1~11。由于采用对测方式，模型前后两个面上的测点布置必须一一精确对应。开挖前，测量各测点波速作为初始值，工作面每推进 100 mm（即实际 20 m）测量一次数据，将其与初始值比较可以得到各测点波速变化，分析底板岩层物性变化，进而判定底板裂隙发育情况及破坏深度。超声波探测与位移监测、应力监测同时进行，结果如图 3-18 所示。

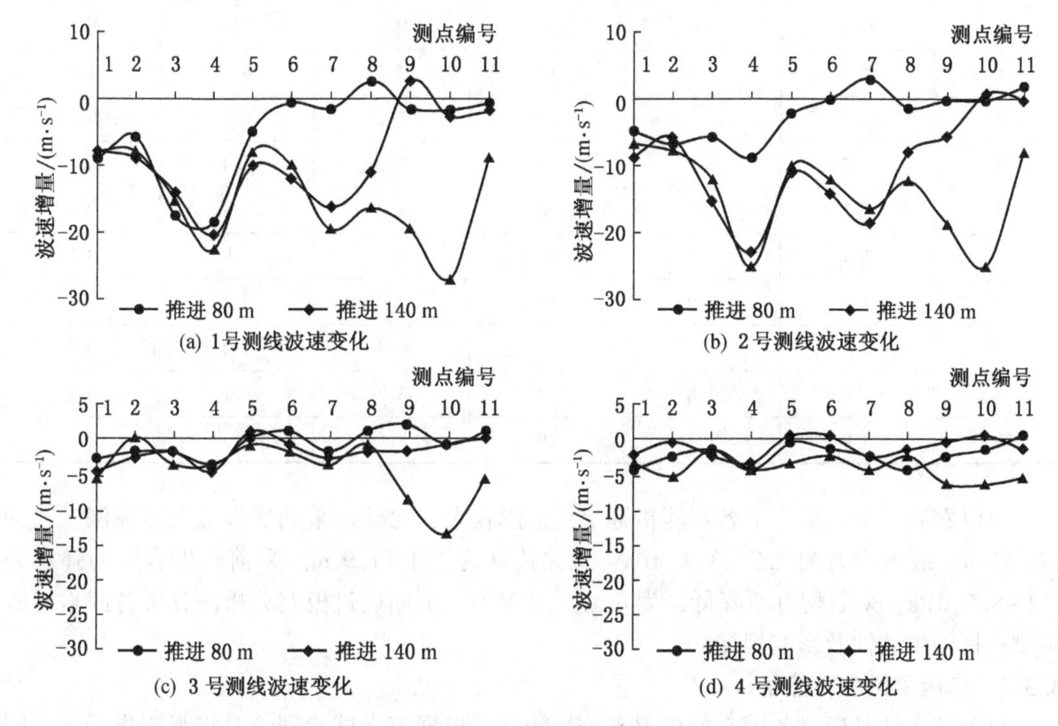

图 3-18 波速测量结果

图 3-18a 中，在工作面推进 80 m 时，1 号测线测点 4 波速明显降低，出现谷点，分析是因为此时顶板岩层初次垮落，能量场发生变化，底板应力释放，裂隙产生，底鼓量达到最大。波速减小说明超声波在传播过程中能量损耗增加，用裂隙的观点可以判断此时测点 4 处裂隙发育至 8 m。继续推进，该测点波速持续降低，推进 140 m 时，测点 7 出现谷点，说明该位置底板岩层产生了新的裂隙。推进 200 m 时，采空区跨度达到最大，顶板岩层周期性垮落，底板被部分压实，裂隙闭合，因而测点 5、6 波速有所恢复，但仍小于初始值，测点 10 波速明显降低，说明底板破坏加剧。可以认为测点 4 处裂隙在工作面推进 140 m 时发育到最大。图 3-18b 中，在工作面推进 80 m 时，2 号测线各测点波速有所波动，但变化量不大，说明此时 2 号测线底板岩层受开采影响较小。推进 200 m 时，对比 1 号测线可以发现，测点 4、7、10 3 个谷点波速继续降低，且测点 10 波速降低幅度大于 10%，认为底板破坏深度达到 16 m。图 3-18c 中，只在工作面推进 200 m 时，3 号测线测点 10 出现谷点，且相对 1 号、2 号测线降低幅度减小，3 号测线其他测点无明显变化，说明测点 10 处底板破坏深度达到 28 m，而测点 4、7 处裂隙未发育至此。图 3-18d 中，4 号测线各测点在整个开挖过程中，波速均没有明显变化，说明 32 m 以下底板未产生明显裂隙。综合以上分析，工作面推进 200 m 时，认为在测点 10 位置（即工作面后方 20 m）底板破坏深度达到最大值，为 28~32 m。

其他 8 台试验分析过程类似上述试验 2，得到底板应力、位移、采动底板破坏深度，及底板岩层注浆前后弹性模量，汇总结果见表 3-10。

表 3-10　正交试验结果

序　号	最大应力/MPa	最大位移/m	最大破坏深度/m	采前弹模 E_1/MPa	采后弹模 E_2/MPa	弹模差值/MPa
1	2.9	1.9	17	7.2	6.1	1.1
2	2.9	1.6	32	7.1	6.2	0.9
3	2.7	1.1	33	7.2	6.4	0.8
4	3.2	1.5	30	7.4	6.8	0.6
5	3.3	1.2	31	7.4	6.9	0.5
6	3.5	1.9	17	7.7	7.1	0.6
7	3.7	1.1	30	8.3	8.2	0.1
8	3.9	1.8	17	8.3	8.1	0.2
9	3.8	1.4	29	8.5	8.3	0.2

可以看到：不同组合下各观测指标变化范围较大，尤其是采动底板最大破坏深度，为17~33 m；最大应力为2.7~3.9 MPa；最大位移为1.1~1.9 m。采前底板岩层动弹模为7.1~8.5 MPa，采后均有所降低，为6.1~8.3 MPa。下面通过极差分析法分析各因素对各观测指标的敏感性及影响规律。

3.3.3　各因素敏感性分析

极差分析法是通过各因素的极差来分析问题。根据正交试验理论，将观测指标在各因素各水平分别求平均值，极差是各水平平均值中最大值减去最小值。极差大小反映了该因素在不同水平变动对观测指标的影响大小。极差越大，说明该因素在不同水平变动导致观测指标产生的差异越大，所以极差最大的那一列，对观测指标影响最明显，为主控因素。

1. 应力影响因素敏感性分析

试验结果中对底板应力影响的各因素各水平求平均值和极差，结果见表3-11。可以看到，A因素极差最大，其次为C，最后为B，且A极差远大于B、C，说明对应力的影响，A为主控因素，且各因素对应力的敏感性由大到小依次为A-C-B。

表 3-11　底板应力极差分析

水平\因素	A 底板裂隙率	B 注浆材料配比	C 隔水层厚度
1	2.8	3.3	3.4
2	3.3	3.4	3.3
3	3.8	3.3	3.2
极差	1.0	0.1	0.2

为了更直观地分析各因素对应力的影响，根据表3-11做出直观分析图，如图3-19所示。可以看到，底板裂隙率（A）对应力的影响最明显，底板裂隙率越小（即模型石膏块宽度越大），则注浆后底板岩层完整性越好，底板应力就越大，而底板隔水层厚度及注浆材料配比对底板应力的影响并不明显。

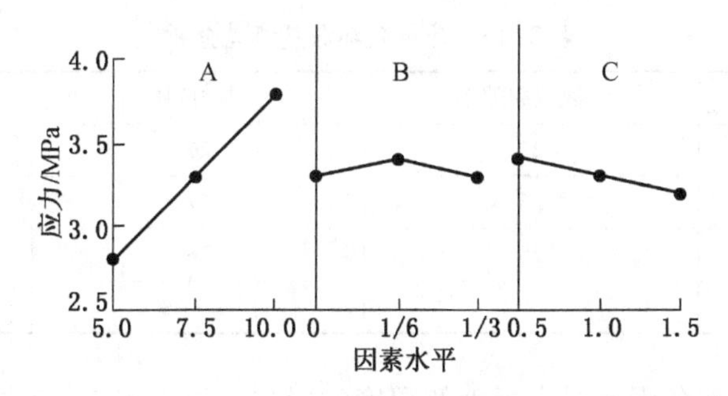

图 3-19 底板应力敏感性分析

2. 位移影响因素敏感性分析

试验结果中对底板位移影响的各因素各水平求平均值和极差，结果见表 3-12。可以看到，C 因素极差最大，其次为 A，最后为 B，且 C 极差远大于 A、B，说明对位移的影响，C 为主控因素，且各因素对位移的敏感性由大到小依次为 C-A-B。

表 3-12 底板位移极差分析

水平\因素	A 底板裂隙率	B 注浆材料配比	C 隔水层厚度
1	1.5	1.5	1.9
2	1.5	1.5	1.5
3	1.4	1.5	1.1
极差	0.1	0.0	0.8

为了更直观地分析各因素对位移的影响，根据表 3-12 做出直观分析图，如图 3-20 所示。可以看到，底板隔水层厚度（C）对底板位移的影响最明显，隔水层厚度越小，在模型开挖后，底板最大位移（即底鼓量）越大，而底板裂隙率及注浆材料配比对底板位移的影响并不明显。

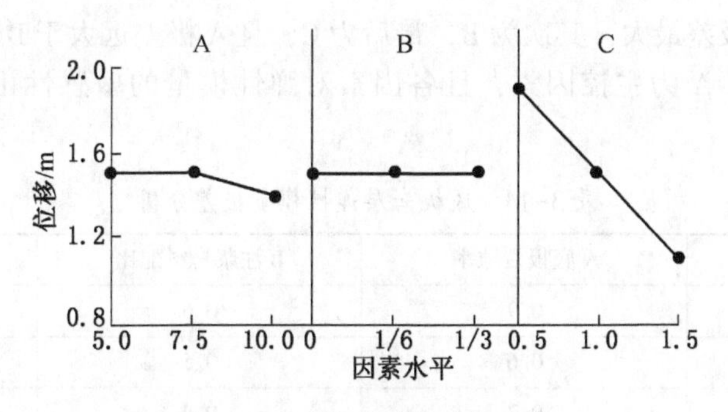

图 3-20 底板位移敏感性分析

3. 破坏深度影响因素敏感性分析

试验结果中对采动底板最大破坏深度影响的各因素各水平求平均值和极差，结果见表 3-13。可以看到，C 因素极差最大，其次为 A，最后为 B，且 C 极差远大于 A、B，说明对底板破坏深度的影响，C 为主控因素，且各因素对底板破坏深度的敏感性由大到小依次为 C-A-B。

表 3-13 底板破坏深度极差分析

水平 \ 因素	A 底板裂隙率	B 注浆材料配比	C 隔水层厚度
1	27	26	17
2	26	27	30
3	25	26	31
极差	2	1	14

为了更直观地分析各因素对底板破坏深度的影响，根据表 3-13 做出直观分析图，如图 3-21 所示。可以看到，底板隔水层厚度（C）对底板破坏深度的影响最明显，当隔水层厚度为 0.5 单位时，底板破坏深度为 17 m；当隔水层厚度为 1 单位时，底板破坏深度为 30 m；当隔水层厚度为 1.5 单位时，底板破坏深度为 31 m。说明随着隔水层厚度的增大，在试验条件下，底板最大破坏深度为 31 m，波及至 L_8 灰岩含水层，而底板裂隙率及注浆材料配比对底板破坏深度的影响并不明显。

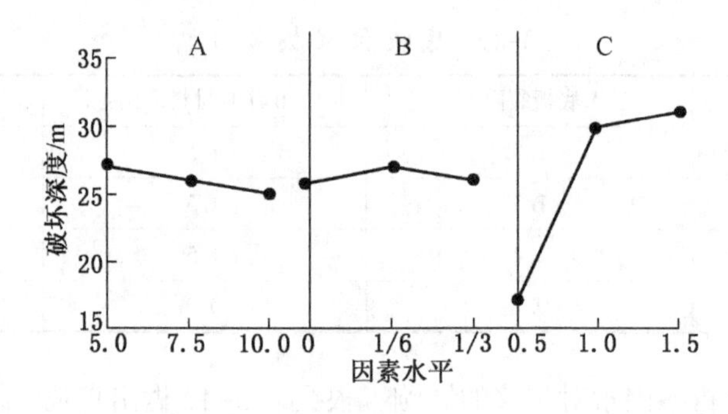

图 3-21 底板破坏深度敏感性分析

4. 弹性模量影响因素敏感性分析

试验结果中对岩层弹性模量影响的各因素各水平求平均值和极差，结果见表 3-14。可以看到，A 因素极差最大，其次为 B，最后为 C，且 A 极差远大于 B、C，说明对底板岩层弹性模量的影响，A 为主控因素，且各因素对弹性模量的敏感性由大到小依次为 A-B-C。

表 3-14 底板岩层弹性模量极差分析

因　　素	A 底板裂隙率	B 注浆材料配比	C 隔水层厚度
1	0.9	0.6	0.6
2	0.6	0.5	0.6
3	0.2	0.4	0.5
极差	0.7	0.2	0.1

为了更直观地分析各因素对底板岩层弹性模量的影响，根据表 3-14 做出直观分析图，如图 3-22 所示。可以看到，底板裂隙率（A）对底板岩层弹性模量的影响最明显。开采前，经过注浆加固，底板岩层完整性好、裂隙少，所测纵波波速接近，弹性模量差异不大。开采后，底板裂隙率越大（即石膏块宽度越小），受采动影响底板岩层就越容易破碎，

裂隙越发育，导致所测纵波波速越小，弹性模量越小，且采动前后弹性模量差值越大，说明采动对底板的破坏越严重，在裂隙发育区域，注浆后仍属低强度区，是突水危险区域。另外注浆后的岩体加固体是一种复合材料，其混合弹性模量与两相材料均有关，因此注浆材料对底板岩层弹模也有一定影响，而底板隔水层厚度对底板岩层弹性模量的影响并不明显。

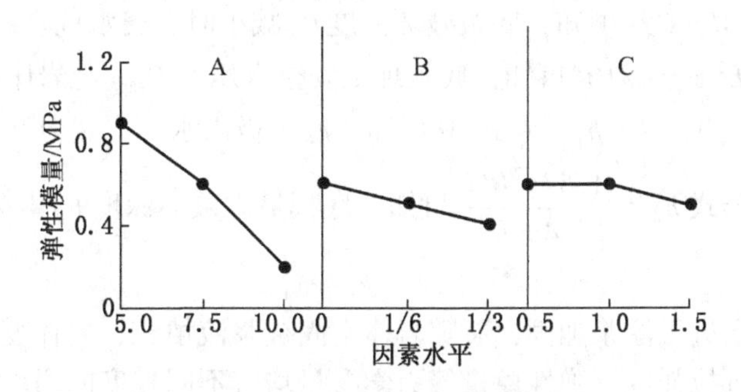

图 3-22 底板岩层弹性模量敏感性分析

3.4 注浆加固效果评价

1. L_8 灰岩突水可能性评价

11050 工作面底板破坏深度（采高 5.8 m）经现场实测为 34.8 m，二$_1$ 煤层至 L_8 灰岩间的隔水层平均厚度为 26.5 m，水压可达 6.38 MPa。若考虑底板破坏深度，则受采动影响，11050 工作面底板与 L_8 灰岩间已完全导通，底板隔水能力为零。因此必须对 11050 工作面及其周围煤层底板 L_8 灰岩进行注浆加固，才能保证工作面安全回采。

2. L_2 灰岩和奥灰突水可能性评价

对 L_8 灰岩进行注浆加固（注浆深度为 85 m），将其改造为隔水层，则工作面底板主要含水层为太原组 L_2 灰岩和奥灰。计算突水系数，结果见表 3-15、表 3-16。

表 3-15 不考虑底板破坏时 L_2 灰岩和奥灰突水系数

含 水 层	水压/MPa	隔水层厚/m	突水系数/($MPa \cdot m^{-1}$)
L_2 灰岩	7.00	88.88	0.079
奥灰	7.04	117.56	0.059

表 3-16 考虑底板破坏时 L_2 灰岩和奥灰突水系数（采高 5.8 m）

含 水 层	水压/MPa	隔水层厚/m	突水系数/($MPa \cdot m^{-1}$)
L_2 灰岩	7.00	54.08	0.129
奥灰	7.04	82.76	0.085

对工作面底板突水危险性分析如下：

（1）当 L_8 灰岩进行注浆加固后，L_2 灰岩含水层的突水系数仍然大于 0.06 MPa/m，在有构造影响时具有突水可能性，因此矿井仍然需要做好防治水工作。

（2）奥灰水的突水系数在 0.059~0.085 MPa/m 之间，因此认为尤其要防止奥灰水通过导水断层、封闭不良钻孔和陷落柱等异常导水体导入工作面。

（3）由于突水系数在考虑和不考虑底板破坏两种情况下处于 0.059～0.129 MPa/m 之间，而焦作矿区突水临界突水系数为 0.060～0.100 MPa/m，因此评价底板注浆强度及效果就显得极为重要。

3. 注浆前、注浆后结果比较

根据式 $T=P/(M-C_p)$ 可知，底板破坏深度 C_p 减小时，突水危险系数 T 也减小；根据公式 $P_{理安}=2\sigma_t M^2/L^2+\gamma M/10^6$ 可知，底板理论安全水压值 $P_{理安}$ 与岩体抗拉强度 σ_t 正线性相关；根据公式 $P_2=A_2(M-h_1)^2 S_t+\gamma M$ 可知，底板极限水压承载力 P_2 与岩体抗拉强度 S_t 正线性相关；根据公式 $h_m=\dfrac{1.57\gamma^2 H^2 L}{4\sigma_c^2}$ 可知，底板最大破坏深度 h_m 与岩体抗压强度 σ_c 的平方成反比关系。

通过对底板岩层进行注浆加固，裂隙岩体空间被浆液填充，岩体变得致密，连续性变好，其抗压强度、抗拉强度、弹性模量等力学参量均有不同程度的增大，从而底板理论安全水压值、底板极限水压承载力增大，而底板破坏深度减小，突水系数减小。

根据相关统计资料和工程经验，得到岩石单轴抗压强度和弹性模量之间存在如下经验关系式：

$$\sigma_c=E/k \tag{3-4}$$

式中 E——岩石弹性模量，GPa；

σ_c——岩石单轴抗压强度，MPa；

k——系数，根据岩性的不同，系数 k 取值范围为 0.3～0.5。

当工作面回采进入周期来压阶段时，可以认为工作面的超前支承压力以恒定形态随工作面的推进而前移，采空区一侧随着覆岩的垮落和破碎岩石的压密，自煤壁开始向采空区方向应力逐步增大，并在一定距离范围内恢复原岩应力状态。此外，根据工作面实际情况，采场底板是非均质的，由不同岩性、不同厚度的岩层构成。采场支撑压力可拆分成原岩应力和应力增量，原岩应力为 γh_0，而底板中的应力增量是一个无自重的应力场，如图 3-23 所示。

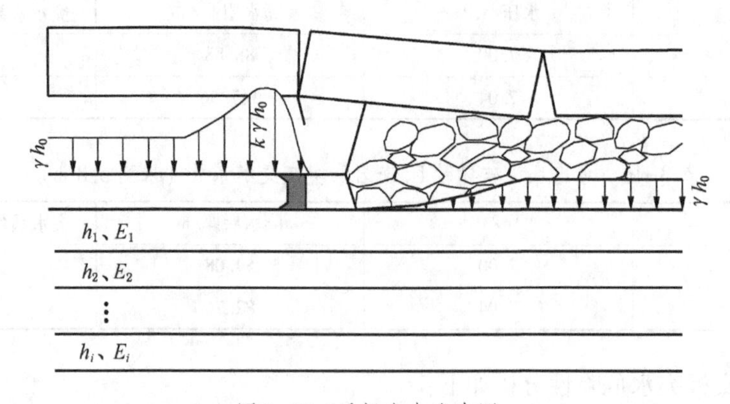

图 3-23 采场应力分布图

由于煤层底板隔水层的岩层层数较多，通过平均模量法，将底板各岩层转换为岩性相似的似均质体，而不是将其统一视为半无限均质弹性体，可更精确地求解底板岩层岩石力学参数的加权平均值。视底板各岩层的厚度为权值，按照式（3-5）求出底板岩层弹性模量的加权平均值，依据同样的方法可分别求出其他力学参量的加权平均值。

$$\overline{E} = \frac{h_1E_1 + h_2E_2 + \cdots + h_iE_i + \cdots + h_nE_n}{h_1 + h_2 + \cdots + h_i + \cdots + h_n} = \frac{\sum_1^n h_iE_i}{\sum_1^n h_i} \tag{3-5}$$

式中　$\overline{E}$——底板岩层弹性模量加权平均值，GPa；

h_i——第 i 层岩层的厚度，m；

E_i——第 i 层岩层的弹性模量，GPa。

由上述实测及试验结果可知，注浆后不同岩性的岩石弹性模量增量见表 3-17。

表 3-17　注浆后不同岩性的岩石弹性模量增量（比例）　%

岩　性	赵固矿区实测结果		室内试验结果
	无断层区域	断层带	
泥岩	640	733	225
砂岩	241~247	277~300	147~167
灰岩	159~176	146~216	103

可以看到，现场实测结果中岩体弹性模量增量远大于室内试验结果，分析其原因是实测条件复杂，干扰因素多，且岩体裂隙发育，导致注浆前初始值较低。而注浆后，岩体裂隙空间被浆液填充，岩体变得致密，所以岩体弹性模量增量较大。

根据上述分析，代入相关参数：开采深度 $H=700$ m，工作面斜长 $L=180$ m，将 L_8 灰岩含水层注浆改造为隔水层，则主要含水层为 L_2 灰岩，其水压力 $P=7$ MPa，隔水层厚度 $M=89$ m，底板岩体权重平均容重 $\gamma=2.4\times10^4$ N/m^3。注浆加固前，灰岩抗压强度 $\sigma_{c1}=50$ MPa，砂岩抗压强度 $\sigma_{c2}=35$ MPa，泥岩抗压强度 $\sigma_{c3}=10$ MPa，则底板岩石权重平均抗压强度 $\sigma_c=30$ MPa，取抗拉强度 $\sigma_t=0.2\sigma_c=6$ MPa，实际工程中，考虑折减系数，则底板岩体权重平均抗压强度 $S_c=\sigma_c/f=25$ MPa，抗拉强度 $S_t=\sigma_t/f=5$ MPa。注浆加固后，底板岩体权重平均抗压强度 $S'_c=\sigma'_c/f=25$ MPa，抗拉强度 $S'_t=\sigma'_t/f=5$ MPa。

据此可以计算注浆加固前后，底板理论安全水压值、底板极限水压承载力、底板破坏深度以及底板突水系数变化量，结果见表 3-18。

表 3-18　注浆加固前后各评价指标变化量

参　　量	注浆前	注浆后	变化量/%
底板理论安全水压值/MPa	5.9	7.4	增大 25
底板极限水压承载力/MPa	6.1	7.5	增大 23
采动底板破坏深度/m	31.6	20.2	减小 36
底板突水危险系数/(MPa·m^{-1})	0.122	0.102	减小 16

由此可见，如果不进行底板注浆加固，采用上述各评价方法计算，工作面底板突水危险性极大。注浆改造后，L_8 灰岩含水层注浆改造为隔水层，底板所能承受的极限水压力增大 23%~25%，而底板破坏深度减小 36%，底板突水系数也有所减小，但仍大于 0.1 MPa/m 的临界值，在遇到断层等构造影响时具有突水可能性，因此矿井仍然需要做好防治水工作。

4　底板超长套管加固机理

国内大水矿区，像肥城、邯邢矿区、峰峰和淮北等亦广泛应用底板注浆加固技术解决煤层底板的防治水问题。而焦作煤田作为传统的大水矿区，水文地质条件非常典型，其防治水工作一直是重中之重，深部开采埋深达到 800~1000 m，水压高达 10 MPa。近年来，该矿区经过反复探索研究了“分散制浆、细管输浆、双重固管防喷和反复透孔注浆”的新方法。注浆工艺多以浆液扩散半径为指导，以全面注浆改造含水层为目的，为安全起见甚至采用钻孔交叉注浆，钻孔非常密集，而且很长。在大力度注浆工作的支撑下，工作面开采正常进行。在开采过程中，一是出水量明显减少；二是与注浆前底板变形相比较，底鼓量明显减小。注浆使得裂隙得到充填从而降低了出水量，然而在分析底鼓量的变化原因时，由于套管密集、数量很大，忽略其作用已不再合适，但是套管的作用有多大却不清楚。以往研究通常将套管仅作为注浆工具，在钻孔施工过程中出水时起到及时封堵钻孔的作用。

现场调研分析发现，由于大水矿区的注浆套管长度大、密度高、分布参数差异大，而且套管具有很高的轴向和法向强度及抗弯能力，此类套管对煤层底板变形有很大影响，有必要分析加固套管对底板变形影响，有利于认清套管的具体作用过程，以便更好地布置钻孔。本章从注浆套管的抗弯性能出发，根据现场注浆工程、煤层底板破坏形态和套管布置方式，建立了底板注浆加固套管作用模型；按照底板破坏形态将套管进行分段，运用传统经典力学理论对注浆套管进行受力分析，阐明底板注浆加固套管对底板变形的影响机理，理论推导出套管容许的煤层底板垂向变形最大位移公式。最后，以典型矿井为例，数值计算套管对底板变形的影响情况。该研究还可为类似大水矿区的注浆加固工作提供理论支持，对现场注浆钻孔布置有一定的指导作用。

4.1　双高煤层底板加固套管布置特点

赵固矿区属于超高水压矿区，水压高达 10 MPa，防治水问题严峻，为保证煤矿安全开采，需要进行大量的注浆加固工作。注浆工作以浆液扩散半径为指导，套管数量相当大，经济成本很高，如果能够对套管布置进行优化，仅从现实经济效益上就很可观。工作面底板注浆孔布置如图 4-1 所示。工作面前 500 m 共设计 12 个钻场，合计 72 个钻孔，每孔平均 170 m，设计进尺 12240 m，属于全覆盖型注浆，钻孔数量多、深度大。在平面上，底板注浆钻孔以放射状展布，以斜孔为主；在剖面上长短结合，呈现“点多、面广、立体”的特点。

注浆过程中，每个注浆钻孔都要布置套管，套管具体布置如图 4-2 所示。其中，二级套管 ϕ127 mm，套管末端下至 L_9 灰岩底板 7 m，长度 40~80 m。以工作面下巷内 17、18 钻窝内注浆钻孔为例，二级套管长度分布如图 4-3 所示，套管长度 50 m 左右。可以看出，工作面注浆套管长度大、密度高，而且分布参数差异大。如此布置的套管对底板变形影响很大，有必要分析加固套管对底板变形影响，认清套管的具体作用过程，以便更好地布置钻孔。

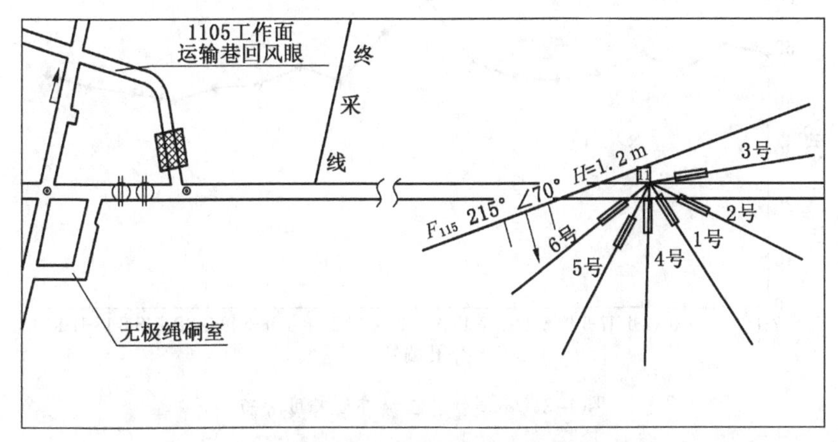

(a) 某钻窝内钻孔布置平面图

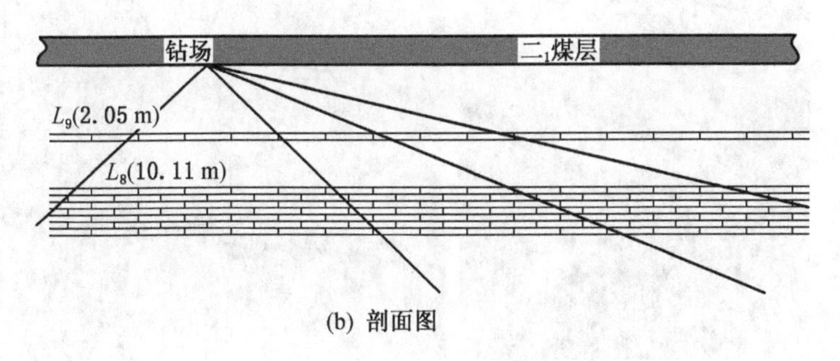

(b) 剖面图

图 4-1　工作面底板注浆改造钻孔布置

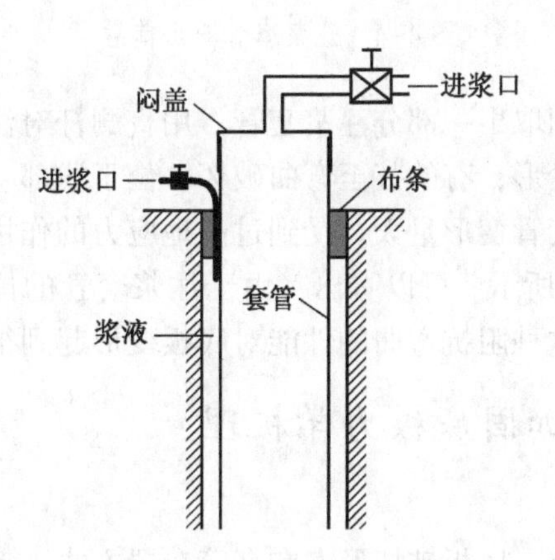

图 4-2　注浆套管布置示意图

4.2　现场注浆加固套管变形分析

为分析套管的作用机理，搜集了井下回收的注浆套管，并进行分析，注浆套管变形前后如图 4-4 所示。

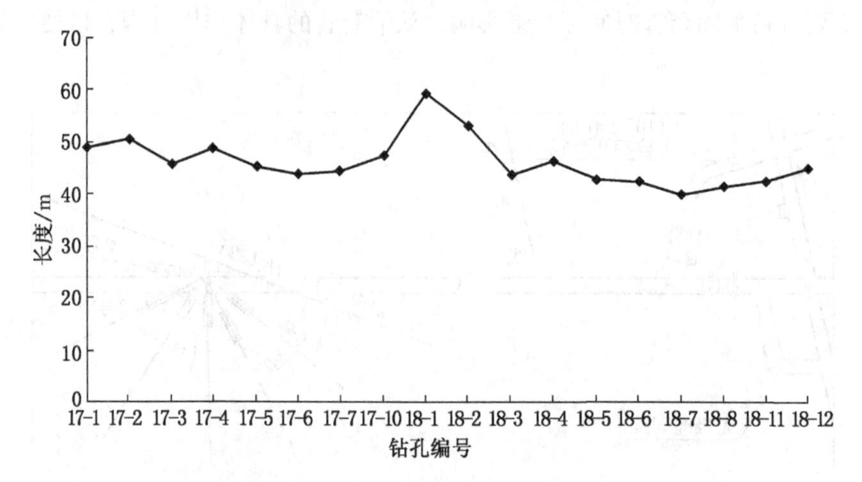

图 4-3　不同钻孔二级套管长度分布

(a) 注浆前套管

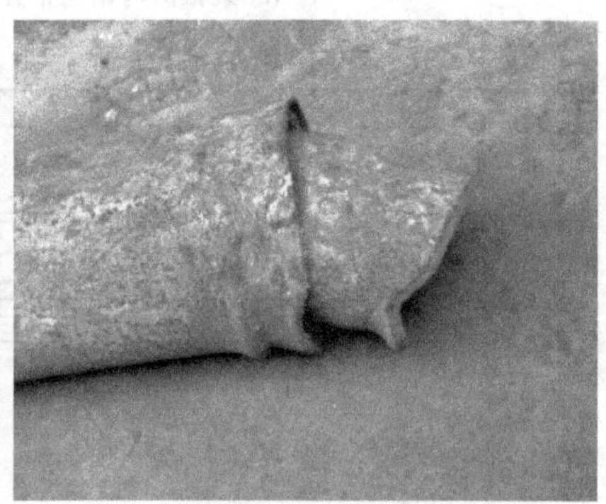

(b) 套管弯曲变形破坏

图 4-4　注浆套管变形前后

在工作面底板返修期间取出一部分注浆套管，用直测杆对注浆套管进行量测，分析发现回收套管大部分发生了变形，有的甚至弯曲破坏。位于浅部、角度小的套管发生变形量小，位于深部、角度大的套管变形量大。受到过高地应力的作用，变形非常明显，该套管发生弯曲破坏，如图 4-4b 所示。可以看出，由于注浆套管的抗弯性能，很多注浆套管受到底板岩体的弯曲作用，这种阻抗弯曲的性能对底板变形起到很大控制作用。

4.3　复杂超长套管加固底板力学机理

4.3.1　套管作用模型

根据现场注浆工程特点、底板破坏形态和套管布置方式，考虑煤层采动时支承压力的影响，建立煤层底板注浆加固套管作用模型，如图 4-5 所示。

分析煤层底板注浆加固套管作用模型，套管具有以下几个特点：

（1）套管一部分处于底板破坏区，一部分处于围岩稳定区，即存在某个边界面将套管分为两段，自由段套管（底板破坏区）和固定段套管（围岩稳定区）。

（2）对某一套管，宏观上可视为杆件。固定段套管受固定端约束，自由段套管受套管

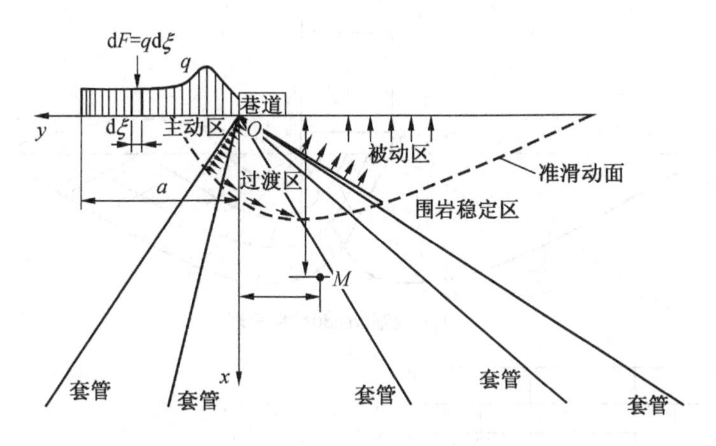

图 4-5 煤层底板注浆加固套管作用模型

下方分布力和套管上方岩体阻力作用。当套管上方阻力小于套管下方分布力时，套管发生向上弯曲变形。由于套管自身具有较高的抗弯性能，会阻止底板变形。套管力学参数是可知的，容易求得套管的变形特征，然后根据作用与反作用的关系推导出底板变形特点，套管的受力变形和破坏特征是衡量底板注浆加固体变形和破坏的重要参数。

4.3.2 套管自由段长度

根据矿山压力和土力学等理论，底板破坏需要满足塑性力学条件，而分布力作用下岩体中应力分布满足弹性力学条件。因此，选取当底板处于弹塑性极限平衡临界状态时刻进行分析。此时，既可以求得底板准破坏区，又可以获得底板岩体中任一点的应力分布状态。

根据上文分析，要确定自由段套管长度，需要分析煤层底板的破坏特征。

矿压理论中，研究底板破坏时广泛使用 L. Prandtl 理论。因为支承压力作用下底板破坏机理类似于建筑物的基础与地基关系。1920 年，L. Prandtl 根据塑性理论，推导出了介质达到破坏时滑动面形状和极限压应力公式，被人们应用到地基极限承载力课题中，地基底板剪切破坏形式如图 4-6a 所示。而工作面回采中，煤体内形成支承压力区，使得支承压力与底板岩体关系相似于 L. Prandtl 模型，只是支承压力作用下底板破坏发生在采场一侧，如图 4-6b 所示。

通过底板岩体 L. Prandtl 破坏机理可知，当基底压力达到一定数值即相应的极限荷载时，基础两侧微微隆起，然而剪切破坏区仅仅被限制在地基内部的某一区域，未形成延伸至底面的连续滑动面。底板形态分为三态五区：朗肯主动状态区 *ABC*、朗肯被动状态区 *ADF* 和 *BEG*、过渡区 *ACD* 和 *BCE*。

在主动区与被动区之间是由一组对数螺线和一组辐射线组成的过渡区 *ACD* 和 *BCE*。*CD*、*CE* 为对数螺线，原点为 *A* 和 *B*，对数螺线方程为

$$r = r_0 e^{\theta g \tan\varphi} \tag{4-1}$$

式中 r——以 *A*、*B* 为原点与 r_0 成 θ 角处的螺线半径；

r_0——即 *AC* 或 *BC* 的长度；

θ——r 与 r_0 的夹角；

φ——内摩擦角。

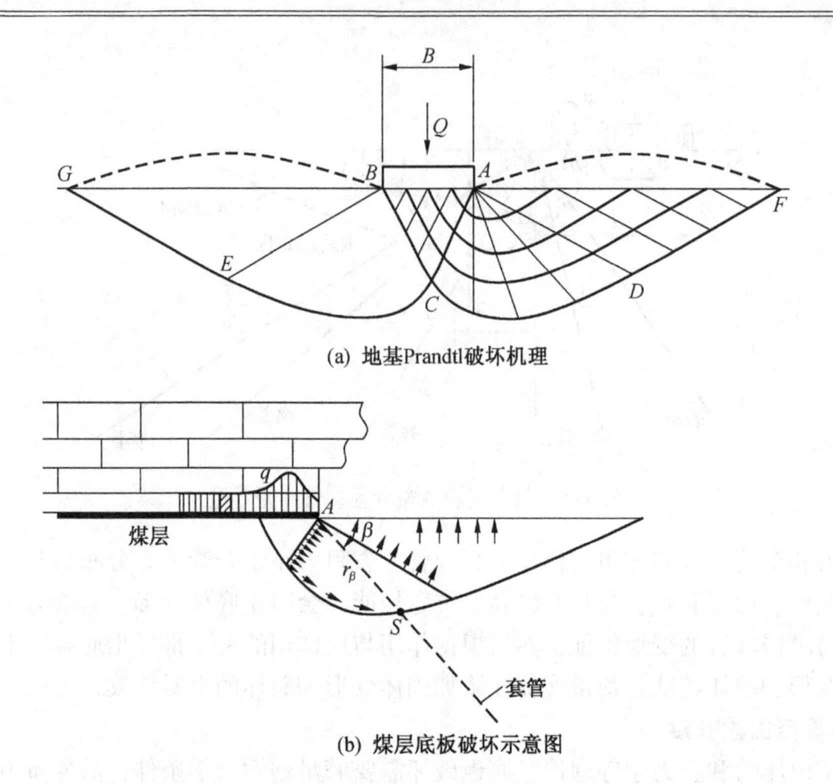

(a) 地基Prandtl破坏机理

(b) 煤层底板破坏示意图

ABC—朗肯主动状态区；ADF、BEG—朗肯被动状态区；ACD、BCE—过渡区

图 4-6 地基与煤层底板破坏图

自由段套管长度按照以下方式求解。设有倾角为 β 的注浆套管布置在此底板岩体中，套管端点与对数螺线原点 A 重合，则套管在底板破坏段的长度可以确定，即底板破坏段套管长度等于夹角为 θ，且与套管共线的对数螺线半径值，记为 r_β。

所以，自由段套管长度满足 $r_\beta = r_0 e^{\theta g\tan\varphi}$，其中 $\theta = \frac{3}{4}\pi - \frac{\varphi}{2} - \beta$。

4.3.3 套管下方分布力

1. 分布推力分析

自由段套管长度确定后，需要求解套管上的分布力。根据套管与围岩的关系，两者任一接触点存在一对作用力与反作用力。如果已知围岩的受力情况（任一点 M），就可以推得套管的受力情况。因此，要求解自由段套管分布力，需要先求解与套管相互作用的底板岩体中任一点的应力分布。

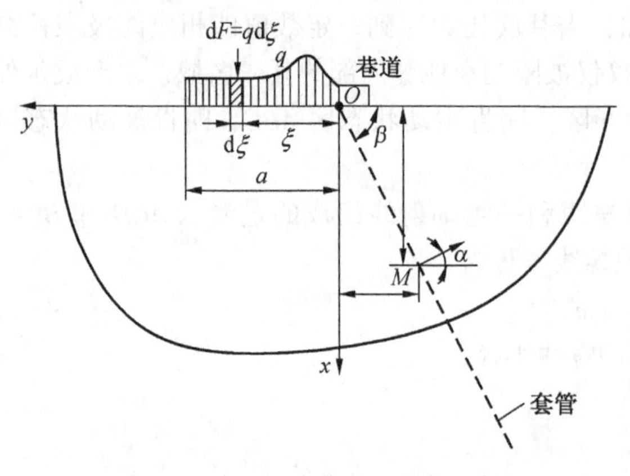

图 4-7 半平面体某点处应力分布图

矿井煤炭回采以后形成采空区，煤体内形成支承压力区（图 4-6b）。支承压力作用在煤层底板的模型相似于弹性力学中半平面体在边界上受分布力模型，如图 4-7 所示。

（1）底板岩体内任一点 $M(x, y)$ 应力分布函数。按照弹性力学理论，支承压力（分布力）在底板岩体引起的应力属于坐标的函数。在支承压力区 $[0, a]$ 上，受支承压力作用，底板岩体内任一点 $M(x, y)$ 应力分布函数为

$$\begin{cases} \sigma_x = -\dfrac{2}{\pi}\displaystyle\int_0^a \dfrac{qx^3 \mathrm{d}\xi}{[x^2 + (y-\xi)^2]^2} \\ \sigma_y = -\dfrac{2}{\pi}\displaystyle\int_0^a \dfrac{qx(y-\xi)^2 \mathrm{d}\xi}{[x^2 + (y-\xi)^2]^2} \\ \tau_{xy} = -\dfrac{2}{\pi}\displaystyle\int_0^a \dfrac{qx^2(y-\xi) \mathrm{d}\xi}{[x^2 + (y-\xi)^2]^2} \end{cases} \tag{4-2}$$

图 4-7 中，设套管的倾角为 β，套管轴线位于该斜截面上，斜面走向与套管轴线垂直，且斜截面外法线 n 与套管轴线垂直，以便保证能将套管抽象概化为斜截面上的一部分。斜截面上点的应力求解可以应用二向应力状态下任意斜截面上应力计算公式。

（2）斜截面上的应力解析法分析。二向应力状态的一般情况是一对横截面和一对纵向截面上既有正应力又有切应力，如图 4-8a 所示，从杆件中取出的单元体，可以用如图 4-8b 所示的简图来表示。假定在一对竖向平面上的正应力 σ_x、切应力 τ_x 和在一对水平平面上的正应力 σ_y、切应力 τ_y 的大小和方向都已经求出，现在要求在这个单元体的任一斜截面 ef 上的应力的大小和方向。由于习惯上常用 α 表示斜截面 ef 的外法线 n 与 x 轴间的夹角，所以有把这个斜截面简称为“截面”，并且用 σ_α 和 τ_α 表示作用在这个截面上的应力。

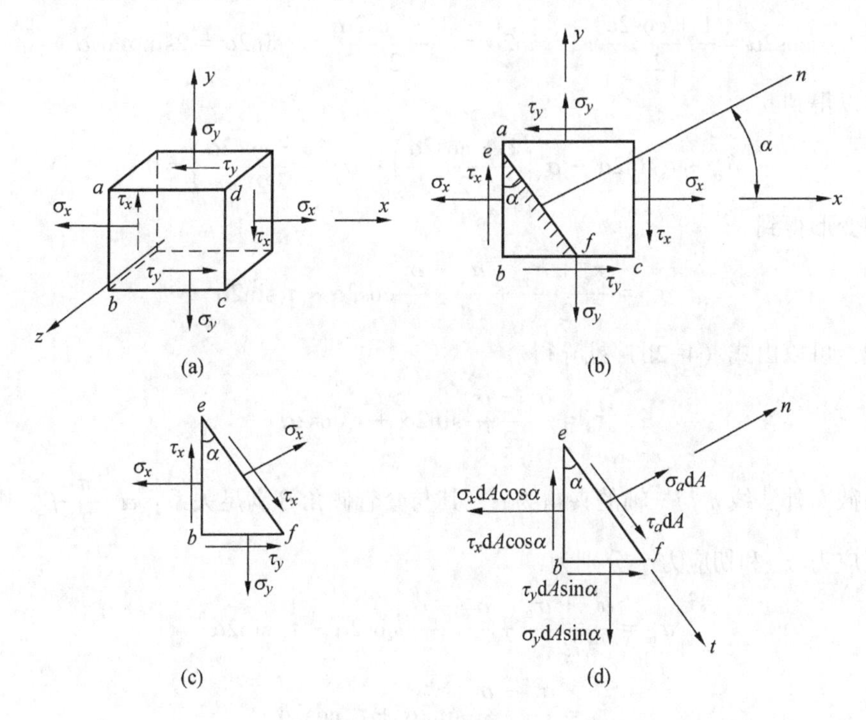

图 4-8　二向应力分析图

对应力 σ、τ 和角度 α 的正负号，作这样的规定：正应力 σ 以拉应力为正，压应力为负；切应力 τ 以对单元体内的任一点作顺时针转向时为正，反时针转向时为负；角度 α 以

从 x 轴出发量到截面的外法线 n 是反时针转时为正，顺时针转时为负。按照上述正负号的规定可以判断，在图 4-8 中的 σ_x、σ_y 是正值，τ_x 是正值，τ_y 是负值，α 是正值。

当杆件处于静力平衡状态时，从其中截取出来的任一单元体也必然处于静力平衡状态。因此，也可以采用截面法来计算单元体任一斜截面 ef 上的应力。取 bef 为脱离体，如图 4-8c 所示。对于斜截面 ef 上的未知应力 σ_α 和 τ_α，可以先假定它们都是正值。设斜截面 ef 的面积为 dA，则截面 eb 和 bf 的面积分别是 $dA\cos\alpha$ 和 $dA\sin\alpha$。脱离体 bef 的受力如图 4-8d 所示。

取 n 轴和 t 轴如图 4-8d 所示，则可以列出脱离体的静力平衡方程如下：

由 $\sum n=0$，得到

$$\sigma_\alpha dA+(\tau_x dA\cos\alpha)\sin\alpha-(\sigma_x dA\cos\alpha)\cos\alpha+(\tau_y dA\sin\alpha)\cos\alpha-(\sigma_y dA\sin\alpha)\sin\alpha=0 \tag{4-2a}$$

由 $\sum t=0$，得到

$$\tau_\alpha dA+(\tau_x dA\cos\alpha)\cos\alpha-(\sigma_x dA\cos\alpha)\sin\alpha+(\tau_y dA\sin\alpha)\sin\alpha-(\sigma_y dA\sin\alpha)\cos\alpha=0 \tag{4-2b}$$

由式（4-2a）和式（4-2b）就可以分别推导出 σ_α 和 τ_α 的计算公式。

根据切应力互等定理 $\tau_x=\tau_y$，将式（4-2a）改写为

$$\sigma_\alpha+2\tau_x\sin\alpha\cos\alpha-\sigma_x\cos2\alpha-\sigma_y\sin2\alpha=0$$

代入以下的三角函数关系：

$$\cos2\alpha=\frac{1+\cos2\alpha}{2} \qquad \sin2\alpha=\frac{1-\cos2\alpha}{2} \qquad \sin2\alpha=2\sin\alpha\cos\alpha$$

就可以得到

$$\sigma_\alpha+\tau_x\sin2\alpha-\sigma_x\left(\frac{1+\cos2\alpha}{2}\right)-\sigma_y\left(\frac{1-\cos2\alpha}{2}\right)=0$$

整理变形得到

$$\sigma_\alpha=\frac{\sigma_x+\sigma_y}{2}+\frac{\sigma_x-\sigma_y}{2}\cos2\alpha-\tau_x\sin2\alpha \tag{4-2c}$$

同理，可以由式（4-2b）推导得

$$\tau_\alpha=\frac{\sigma_x-\sigma_y}{2}\sin2\alpha+\tau_x\cos2\alpha \tag{4-2d}$$

设斜截面外法线 n 与 y 轴的夹角为 α，其与套管倾角 β 满足关系：$\alpha=\frac{\pi}{2}-\beta$。则该斜截面上的正应力 σ_α 和切应力 τ_α 分别为

$$\sigma_\alpha=\frac{\sigma_x+\sigma_y}{2}+\frac{\sigma_x-\sigma_y}{2}\cos2\alpha-\tau_{xy}\sin2\alpha \tag{4-3}$$

$$\tau_\alpha=\frac{\sigma_x-\sigma_y}{2}\sin2\alpha+\tau_{xy}\cos2\alpha \tag{4-4}$$

其中，正应力和切应力是变化的，属于坐标 x 和 y 的函数。

2. 推力计算

根据矿山压力理论，回采工作面前方支承压力分布力学模型可简化为如图 4-9 所示。

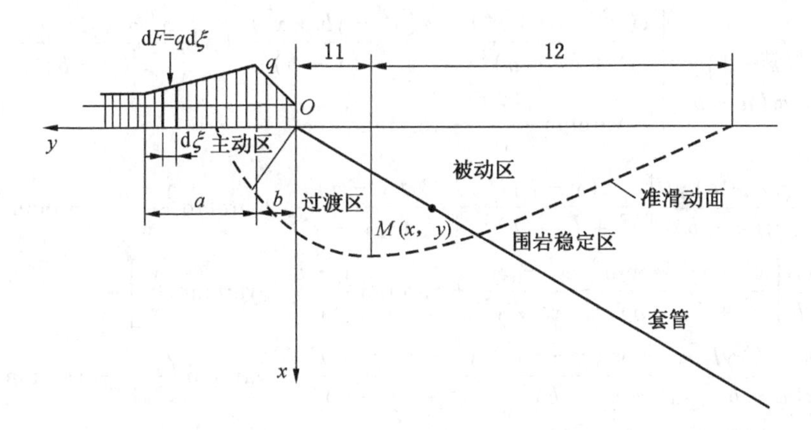

图 4-9 套管与围岩耦合作用模型

为简化计算，假设［0，b］和［b，a］两段支承压力均呈线性变化，分别表示为：

$$q(\eta)=\frac{k\gamma H}{b}\eta\quad(0\leqslant\eta\leqslant b)\tag{4-5}$$

$$q(\eta)=-\frac{(k-1)\gamma H}{a-b}\eta+\frac{(ka-b)\gamma H}{a-b}\quad(b\leqslant\eta\leqslant a)\tag{4-6}$$

该微小集中力 $q\mathrm{d}\xi$ 在 M 点形成的应力状态可用下式来表示：

$$\begin{cases}\mathrm{d}\sigma_x=-\dfrac{2}{\pi}\dfrac{qx^3\mathrm{d}\xi}{[x^2+(y-\xi)^2]^2}\\ \mathrm{d}\sigma_y=-\dfrac{2}{\pi}\dfrac{qx(y-\xi)^2\mathrm{d}\xi}{[x^2+(y-\xi)^2]^2}\\ \mathrm{d}\tau_{xy}=-\dfrac{2}{\pi}\dfrac{qx^2(y-\xi)\mathrm{d}\xi}{[x^2+(y-\xi)^2]^2}\end{cases}\tag{4-7}$$

将所有各个微小集中力引起的应力相叠加，即求式（4-7）从［0，a］上的积分。在支承压力区［0，a］上，受支承压力作用，底板岩体内任一点 $M(x,y)$ 应力分布函数见式（4-2）。

套管布置在采空区一侧时，$y<0$，运用换元法求解值，得到极限平衡状态应力（σ_x，σ_y，τ_{xy}）解析解：

$$\tau_{xy}=\frac{k\gamma H}{\pi b}\left[x\left(\arctan\frac{y}{x}-\arctan\frac{y-b}{x}\right)-\frac{x^2(2y-b)}{x^2+(y-b)^2}+\frac{2yx^2}{(x^2+y^2)}\right]+$$

$$\frac{\gamma H}{\pi(a-b)}\left\{\begin{matrix}(k-1)x\left[\begin{matrix}\arctan\dfrac{y-a}{x}-\arctan\dfrac{y-b}{x}-\dfrac{x(a-y)}{x^2+(y-a)^2}+\\ \dfrac{x(b-y)}{x^2+(y-b)^2}\end{matrix}\right]+\\ [(k-1)y-ka+b]\left[\dfrac{x^2}{x^2+(y-a)^2}-\dfrac{x^2}{x^2+(y-b)^2}\right]\end{matrix}\right\}$$

$$\sigma_y=\frac{k\gamma H}{\pi b}\left[\frac{xb(b-x)}{x^2+(y-b)^2}-x\ln\frac{x^2+(y-b)^2}{x^2+y^2}+y\arctan\frac{y-b}{x}-y\arctan\frac{y}{x}\right]+$$

$$\frac{(k-1)\gamma H}{\pi(a-b)}\left[\begin{array}{l}\dfrac{x(y^2-ya+x^2)}{x^2+(y-a)^2}-\dfrac{x(y^2-yb+x^2)}{x^2+(y-b)^2}+x\ln\dfrac{x^2+(y-a)^2}{x^2(y-b)^2}+\\ y\arctan\dfrac{y-b}{x}-y\arctan\dfrac{y-a}{x}\end{array}\right]+$$

$$\frac{(ka-b)\gamma H}{\pi(a-b)}\left[\frac{x(y-b)}{x^2+(y-b)^2}-\frac{x(y-a)}{x^2+(y-a)^2}+\arctan\frac{y-a}{x}-\arctan\frac{y-b}{x}\right]$$

$$\sigma_x=\frac{k\gamma H}{\pi b}\left[\frac{x^3-xy^2+xyb}{x^2+(y-b)^2}-\frac{x^3-xy^2}{x^2+y^2}+y\arctan\frac{y-b}{x}-y\arctan\frac{y}{x}\right]+$$

$$\frac{(k-1)\gamma H}{\pi(a-b)}\left[\frac{x^3-xy(y-b)}{x^2+(y-b)^2}-\frac{x^3-xy(y-a)}{x^2+(y-a)^2}+y\arctan\frac{y-b}{x}-y\arctan\frac{y-a}{x}\right]+$$

$$\frac{(ka-b)\gamma H}{\pi(a-b)}\left[\frac{x(y-b)}{x^2+(y-b)^2}-\frac{x(y-a)}{x^2+(y-a)^2}+\arctan\frac{y-a}{x}-\arctan\frac{y-b}{x}\right]$$

参考现场地质条件，选取 $a=70$ m，$b=20$ m，$k=3$，套管倾角 $\beta=45°$，岩体平均内摩擦角 $\varphi=36°$，$\theta=77°$，煤的抗压强度 20 MPa，计算极限平衡区宽度 $L_{jx}=4$ m，$r_0=4.4$ m。所以，自由段套管长度 $r_{\beta=40°}=r_0 e^{\theta g\tan\varphi}=[L_{jx}/2\cos(\pi/4+\varphi/2)]e^{\theta g\tan\varphi}=12$（m）。

沿自由套管段长度区 6 个特征点 A、B、C、D、E 和 F。根据极限平衡应力解析解和式（4-3）分别计算 6 个点的 3 个应力和正应力大小，见表 4-1。

表 4-1　自由段套管特征点平均应力值

应力/MPa	A	B	C	D	E	F
	(1，-1)	(3，-3)	(5，-5)	(7，-7)	(9，-9)	(11，-11)
σ_x	-0.97	-2.8	-4.4	-5.73	-6.8	-7.64
σ_y	-4.63	-10	-14.18	-17.9	-21.4	-24.8
τ_{xy}	-0.15	-0.19	0.0087	0.34	0.74	1.16
σ_α	-1.40	-3.85	-5.83	-7.51	-8.94	-10.15

将套管特征点正应力 σ_α 绘制成曲线如图 4-10 所示，正应力沿套管自由段分布近似为一条直线。

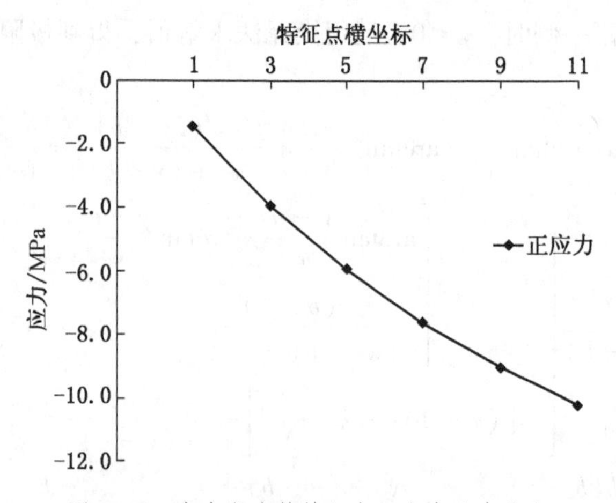

图 4-10　自由段套管特征点正应力分布曲线

4.3.4 套管上方岩体阻力

因为套管上方岩体阻力小于套管下方应力时，底板发生底鼓变形，反之底鼓不会发生。将问题简化，被动区岩体处在采空区，套管的变形移动需要克服岩体自重产生的阻力。

设套管上方底板破坏岩体的重力为 γh，h 为底板岩体的深度。对于倾角为 β 套管，在图 4-8 坐标系中，其所在直线为 $x=-y\tan\beta$，而 $h=x$。所以，套管上方任一点的自重力为 $-\gamma y\tan\beta$。因此，垂直套管方向上的阻力 Z_α 为

$$Z_\alpha=-\gamma y\tan\beta\cdot\cos\beta=-\gamma y\sin\beta \tag{4-8}$$

4.4 套管弯矩、挠度和截面转角(单一套管抗弯性能理论分析)

以套管为研究对象，进行受力分析，套管受力分析如图 4-11 所示。

将注浆套管视为受分布力作用的一端固定的梁（S 点为界），围岩稳定区内套管受固定端约束。而按照上文分析，在弹塑性极限平衡条件下，套管的底板破坏段长度和套管下方的分布力以及套管上方岩体阻力可以求得。

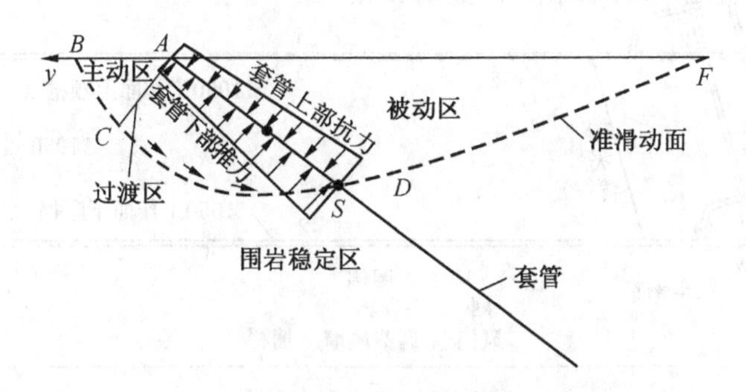

图 4-11 底板注浆加固体中套管受力分析

（1）S 点处产生的套管弯矩 $M_\beta(x, y)$。弹塑性极限平衡临界状态下，根据式（4-3）和式（4-8）可以求得倾角为 β 套管上任一点的正应力 $\sigma_\alpha-Z_\alpha$。在套管轴向点（x，y）处取宽度为 dr 微分单元，该微分单元段套管上分布着正应力，该部分正应力对 S 点的弯矩记为

$$\mathrm{d}M_\beta(x, y)=(\sigma_\alpha-Z_\alpha)g d g[r_\beta-r]\mathrm{d}r \tag{4-9}$$

其中，$r=\sqrt{x^2+y^2}$，d 为套管直径，m；r_β 为与倾角为 β 的套管共线的对数螺线半径，参数 $\theta=\dfrac{3}{4}\pi-\dfrac{\varphi}{2}-\beta$。

所以，在套管作用段 $[0, r_\beta]$ 上，倾角为 β 的套管上分布的正应力在 S 点产生的弯矩为

$$M_\beta(x, y)=\int_0^{r_\beta}(\sigma_\alpha-Z_\alpha)g d g[r_\beta-r]\mathrm{d}r \tag{4-10}$$

（2）套管顶端最大挠度 ω_A。按照悬臂梁在分布力作用下的情形计算套管顶端点 A 最大挠度，求得注浆套管顶端最大挠度 ω_A 为

$$\omega_A=\int_0^{r_\beta}\frac{(\sigma_\alpha-Z_\alpha)g d g(r_\beta-r)^2}{6EI}g(2r_\beta+r)\mathrm{d}r \tag{4-11}$$

（3）套管顶端截面转角 θ_A。与（2）同理，求得套管顶端截面转角 θ_A 为

$$\theta_A = \int_0^{r_\beta} \frac{(\sigma_\alpha - Z_\alpha) g d g (r_\beta - r)^2}{2EI} dr \tag{4-12}$$

所以，套管承受的底板垂向的最大变形量为：$\omega_t = \omega_A \cos\beta$。

综上所述，弯曲许用应力强度条件下套管可以控制底板变形，而且底板变形量为 $\omega_t = \omega_A \cos\beta$。

4.5　套管组合对底板岩体变形影响的数值模拟分析

4.5.1　数值模型

以现场开采工作面为例建立数值模型。11050 工作面位于-682 m 水平Ⅰ盘区，开采二$_1$ 煤层。地面标高为+76～+77 m，井下标高为-557.08～-629.16 m，埋深 700 m。煤层厚度平均 6.32 m，煤层倾角 0°～11°，平均 5.5°，开采煤厚 6 m。工作面布置情况如图 4-12 所示。

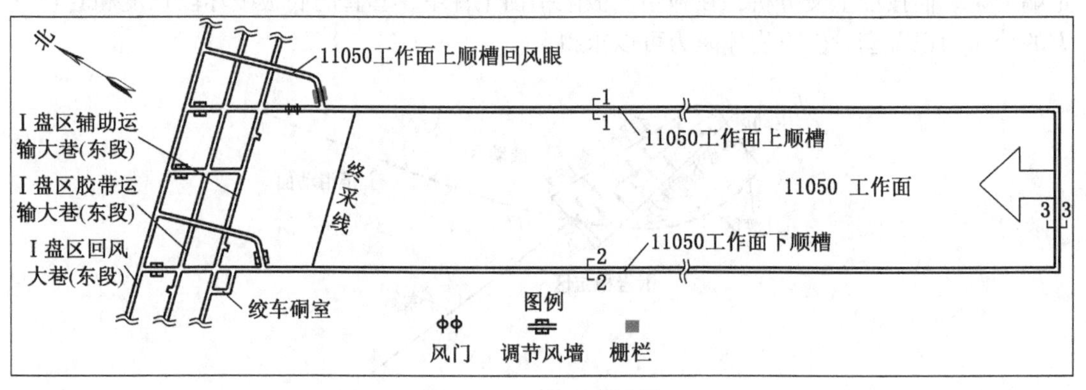

图 4-12　工作面布置图

工作面 11050 前 500 m 共设计 12 个钻场，72 个钻孔，每孔平均 170 m，设计进尺 12240 m。根据现场条件，建立模型长 700 m，宽 180 m，高 210 m，数值模型如图 4-13 所示。

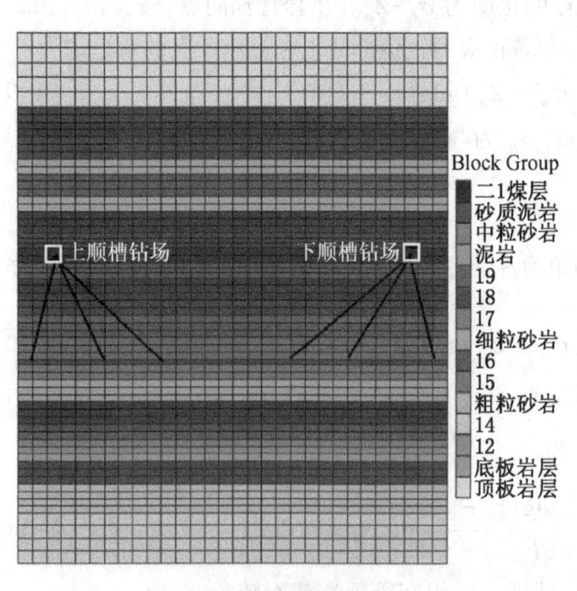

图 4-13　数值模型

根据赵固矿区现场的基本条件，已知赵固矿区属于 σ_{HV} 型，水平应力大于垂直应力。选取工作面层位一组地应力数据作为应力初始条件，取最大水平应力 30 MPa，垂直主应力 20 MPa 和最小水平主应力 17 MPa。

模拟的地层初始垂直应力和开挖 100 m 时二次垂直应力分布如图 4-14 所示。

套管主要作用有抗挤、抗弯、抗拉等。二级套管选用 ϕ127 无缝钢管，横截面积为 3403 mm^2；抗拉强度为 245 MPa，抗挤强度为 95 MPa，抗内压强度为 98 MPa。顶底板岩体力学参数见表 4-2。数值计算分为有、无套管两种方案。

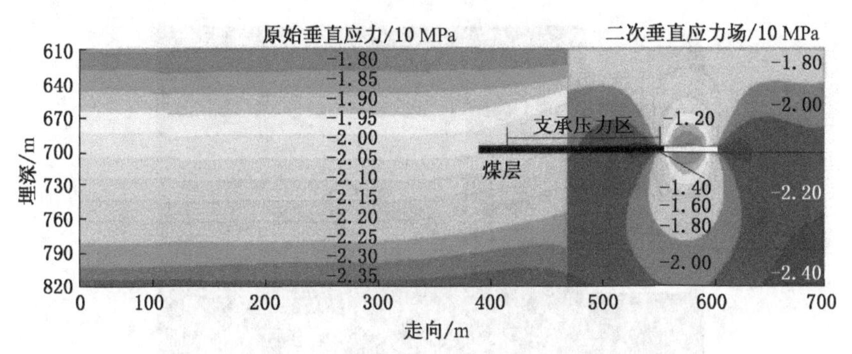

图 4-14　初始垂直应力和开挖 100 m 时二次垂直应力分布

表 4-2　顶底板岩体力学参数

岩　层	泊松比	弹性模量/GPa	内摩擦角/(°)	内聚力/MPa	抗拉强度/MPa
二煤	0.25	4.0	20	1.25	1.3
泥岩	0.24	26.0	32	8.5	1.4
灰岩	0.30	50.0	40	36	5.3
砂质泥岩	0.28	31.0	36	8.2	2.1
中粒砂岩	0.26	28.5	35	8.5	1.7
黏土	0.23	25.0	31	8.0	1.3
煤泥岩	0.24	26.0	32	8.5	1.4

4.5.2　模拟结果分析

1. 套管施加前后围岩塑性破坏区分析

随着工作面开挖，套管施加前后工作面顶底板围岩破坏情况如图 4-15 所示。

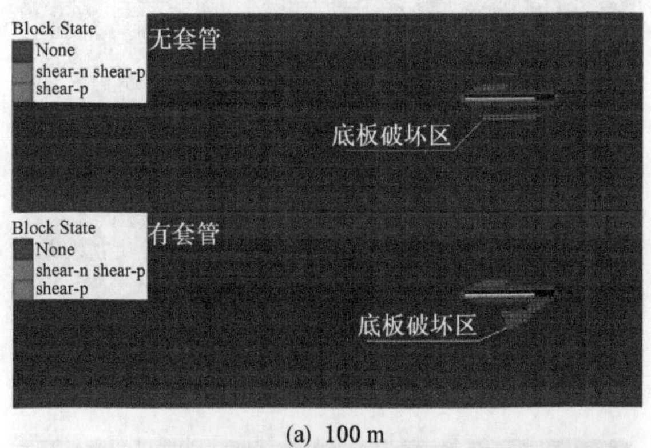

(a) 100 m

(b) 150 m

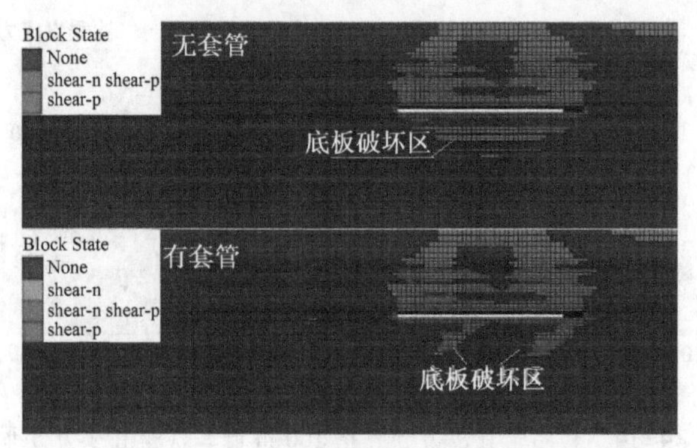

(c) 200 m

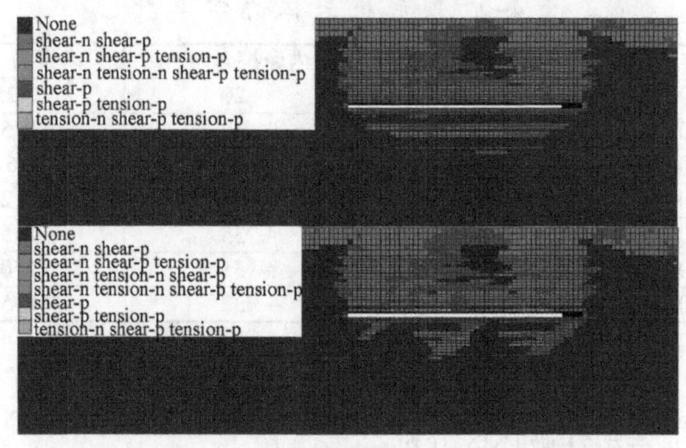

(d) 250 m

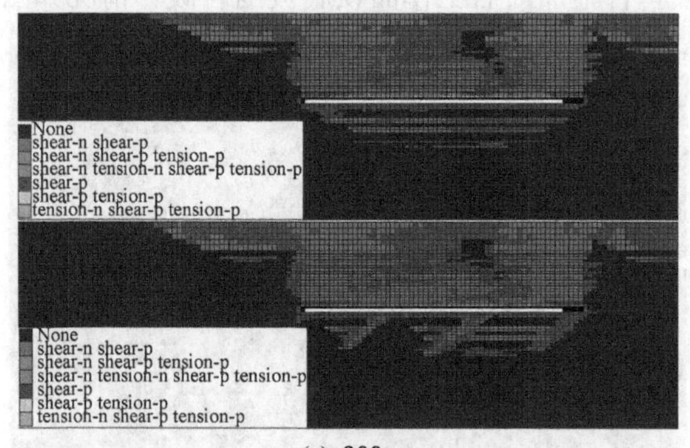

(e) 300 m

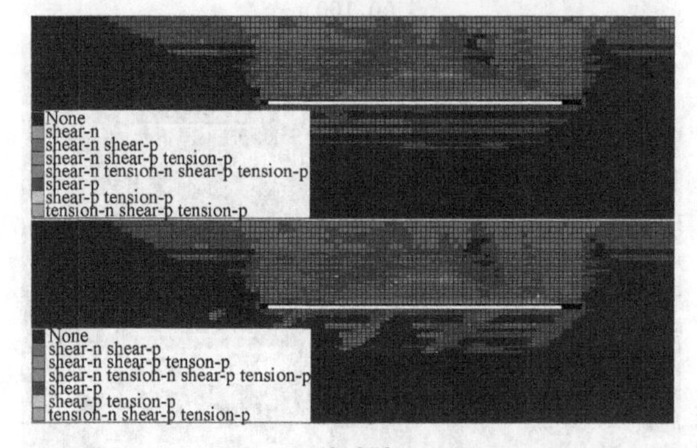

(f) 350 m

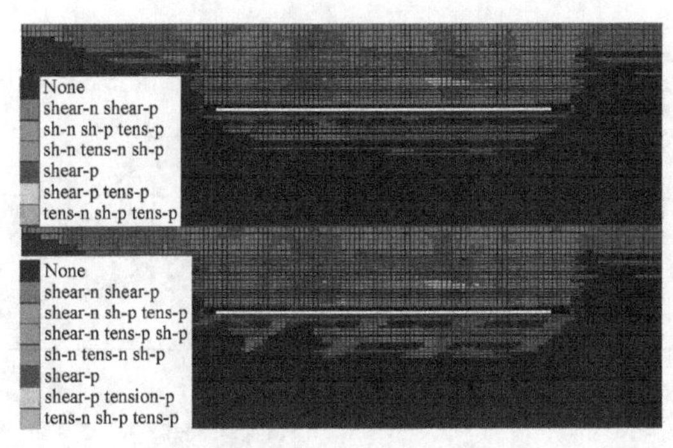

(g) 400 m

图 4-15 工作面开挖不同距离时围岩塑性破坏区云图

数值模拟分别计算施加套管前、后底板破坏情况。无套管时，底板破坏形态符合常规数值计算结果；施加套管后，底板破坏区变得不连续。通过分析围岩塑性破坏区云图可以看出，随着工作面推进塑性破坏区范围不断变大，底板破坏深度不断增大，然后趋于稳定。比较施加套管前后塑性破坏区云图，无套管时底板破坏区比较均匀，而有套管时，底板破坏区间断出现，套管为中心周边小部分围岩发生破坏，底板破坏区范围减小；但是套管与围岩连接处存在弱面，剪切作用下容易发生局部破坏。底板最大破坏深度上，在给定的相同岩体条件下，两者均能达到 40 m 左右。

塑性破坏区的不连续性特点表明工作面大部分区域破坏深度降低，从而大大降低了底板突水的可能性，使得防止底鼓出水成为可能。施加套管前后两次模拟因为在相同的力学边界条件、参数，具有很好的可比性。

2. 施加套管前后围岩应力分析

随着工作面开挖，套管施加前后工作面顶底板围岩应力变化如图 4-16 所示。

通过分析围岩垂直应力云图可以看出，工作面端部有明显的应力集中现象，随着工作面推进塑性破坏区范围，底板一定范围存在拉应力区。比较施加套管前后围岩应力分布变化，无注浆套管时围岩应力分布非常对称，施加套管后应力场在套管作用下发生变化，不

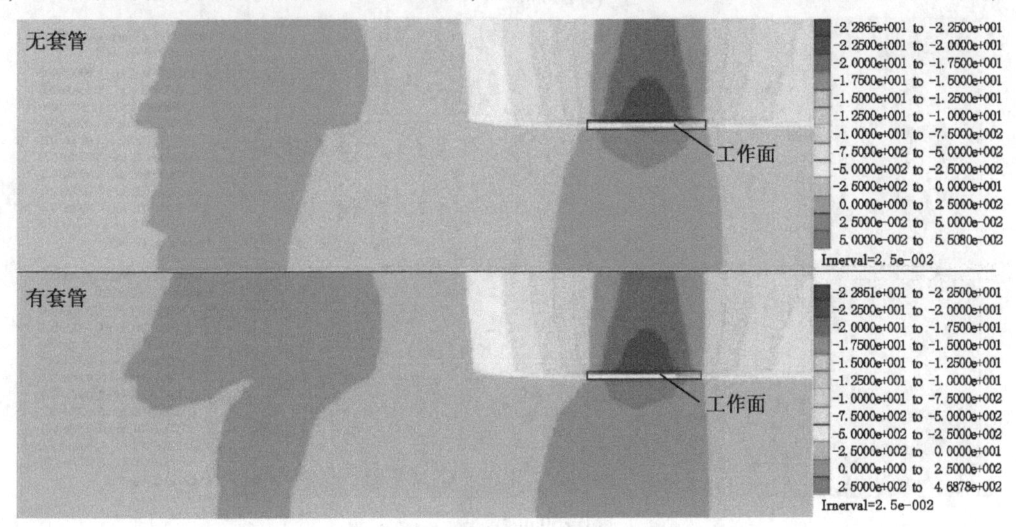

(a) 100 m

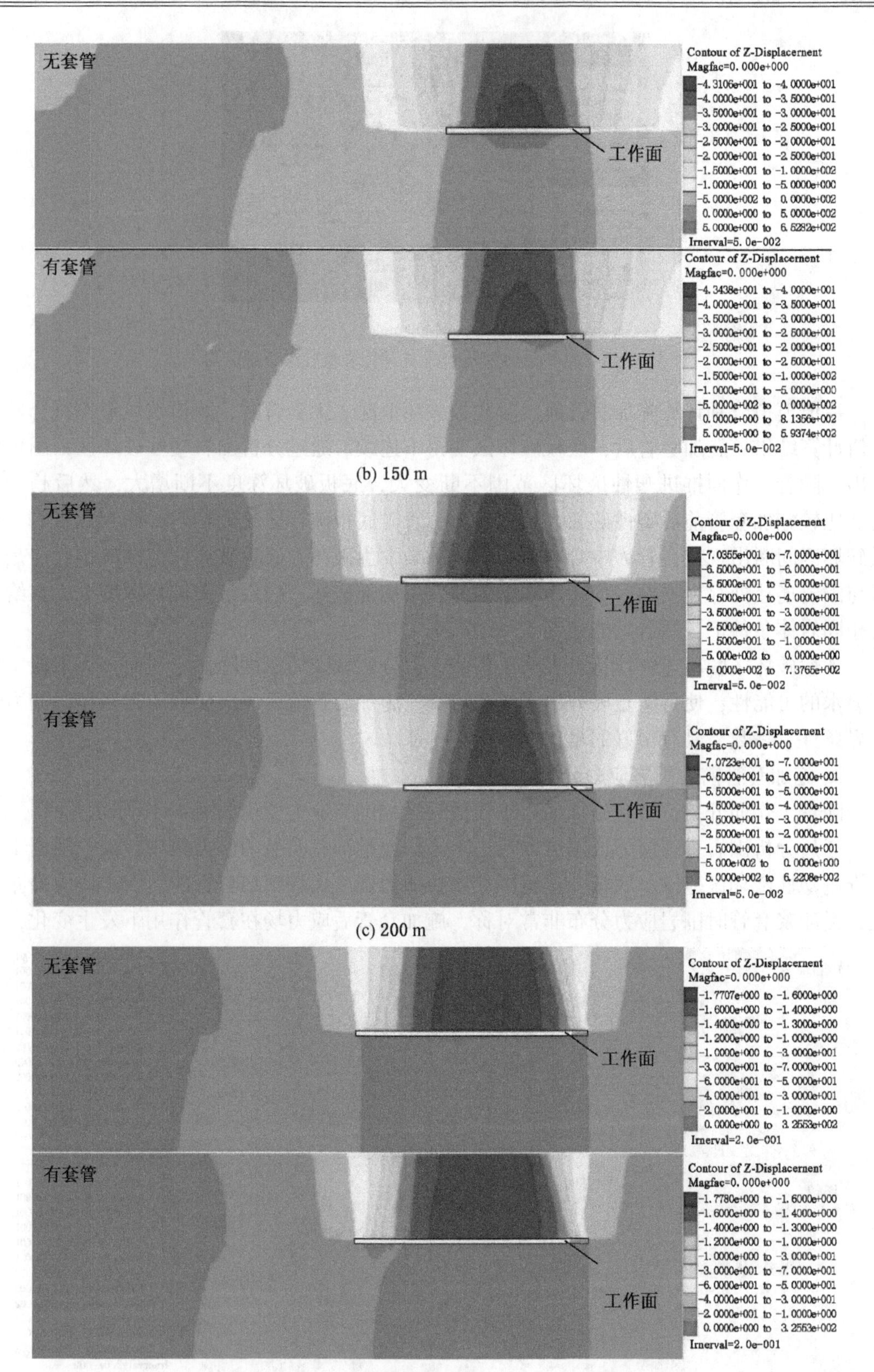

(b) 150 m

(c) 200 m

(d) 250 m

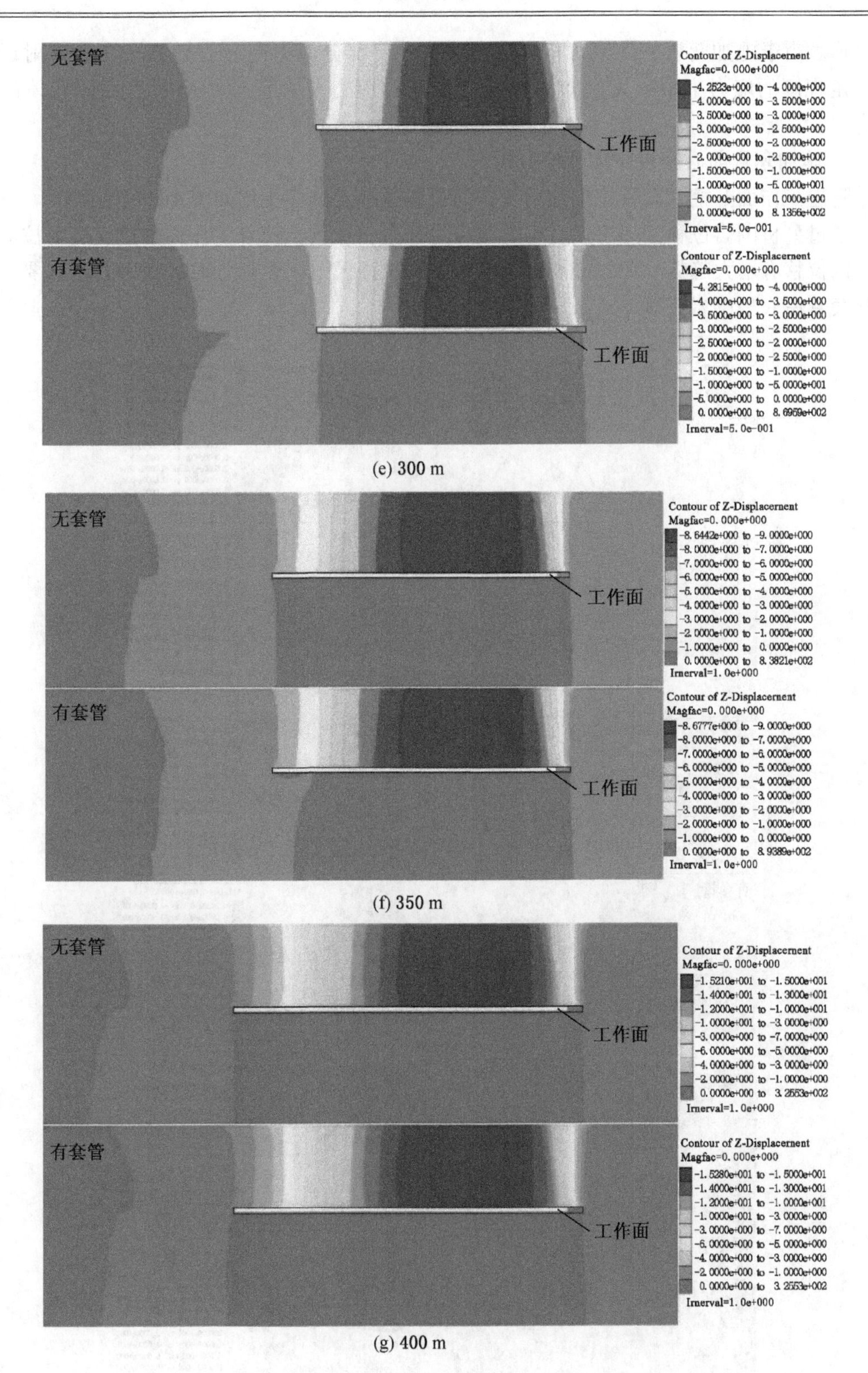

(e) 300 m

(f) 350 m

(g) 400 m

图 4-16　工作面开挖不同距离时围岩应力分布云图

再对称。由于施加套管，注浆加固体强度增大，一部分应力向套管转移，在套管附近产生一定程度的应力集中。无套管时底板岩体的拉应力要大于施加套管后底板岩体的拉应力。

3. 施加套管前后底板岩体变形分析

随着工作面开挖，套管施加前后工作面顶底板围岩位移变化如图 4-17 所示。

通过分析围岩位移云图可以看出，与应力分布相一致，随着工作面推进，底板拉应力破坏区位移有增大趋势。比较施加套管前后围岩位移云图，无套管时底板围岩位移要大于施加套管后底板围岩位移。

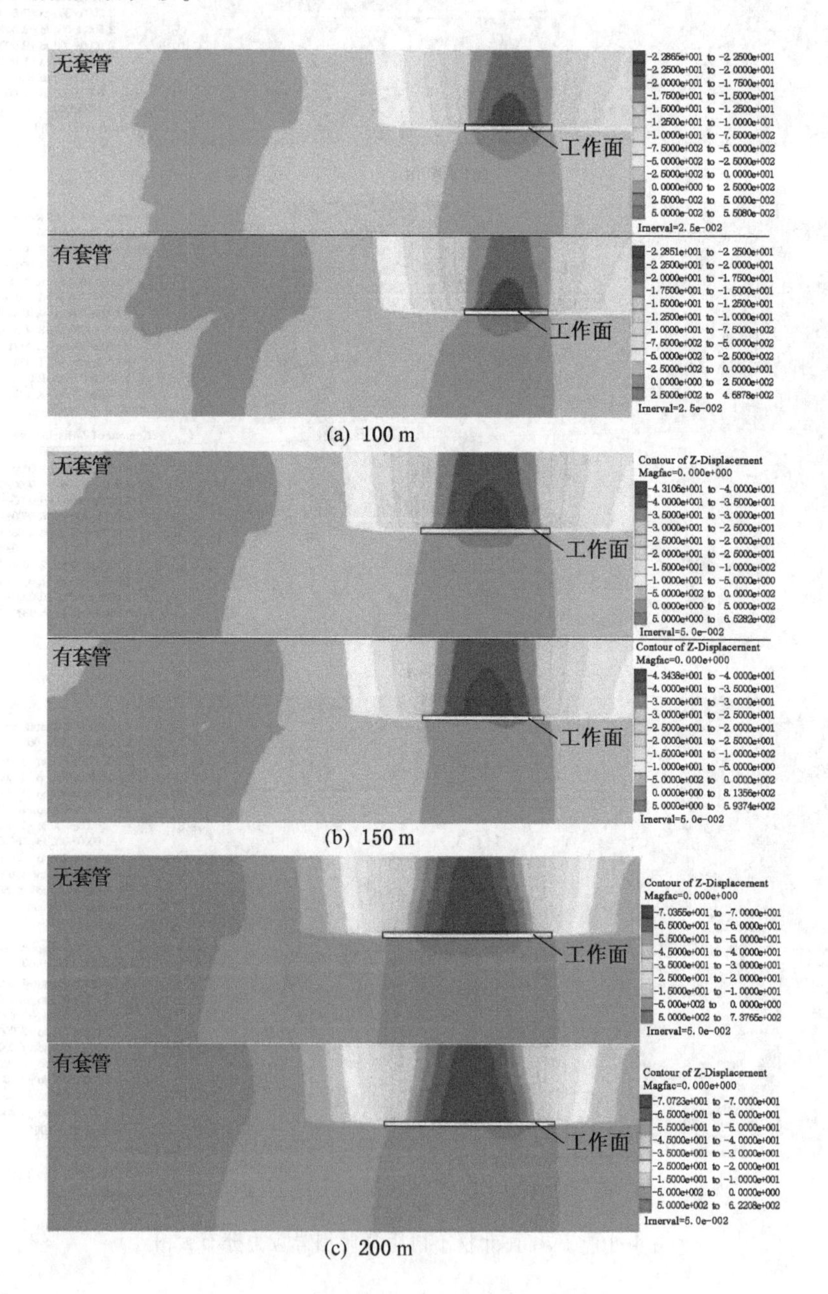

(a) 100 m

(b) 150 m

(c) 200 m

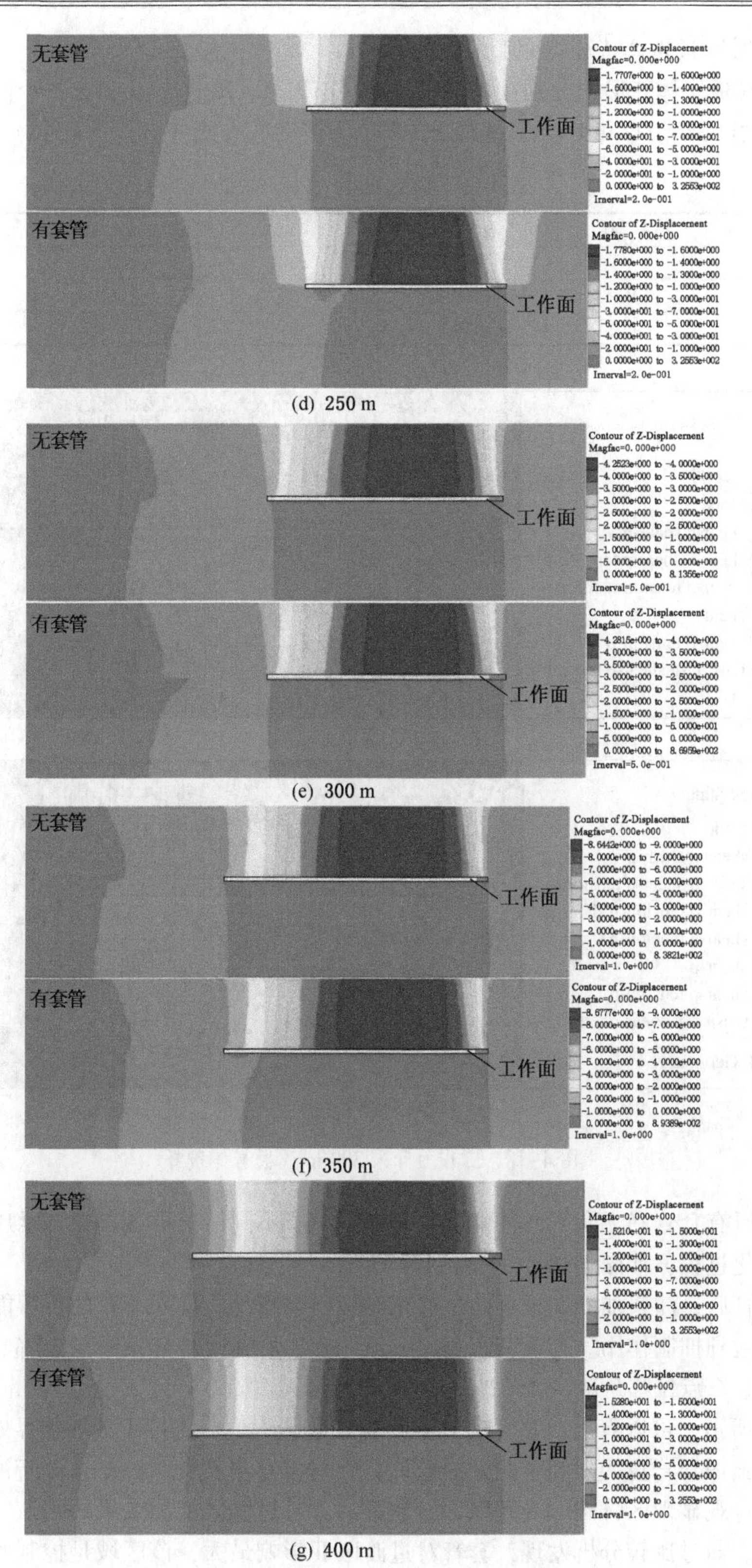

(d) 250 m

(e) 300 m

(f) 350 m

(g) 400 m

图 4-17 工作面开挖不同距离时围岩位移云图

4. 套管对底板岩体特征点变形影响分析

为监测底板岩体变形，分别在煤层底板岩层布置 *A*、*B*、*C*、*D* 和 *E* 5 个监测点，其中 *A* 点位于主动区，*B*、*C* 和 *D* 位于过渡区，*E* 位于被动区（表 4-3、图 4-18）。

表 4-3　模型中监测点位置

id	点　名	破坏区域	id	点　名	破坏区域
11	A	主动区	14	D	过渡区
12	B	过渡区	15	E	被动区
13	C	过渡区			

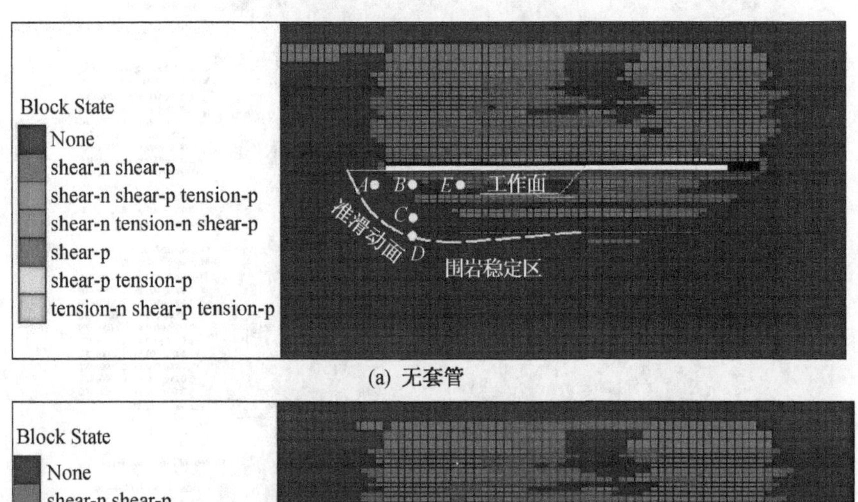

(a) 无套管

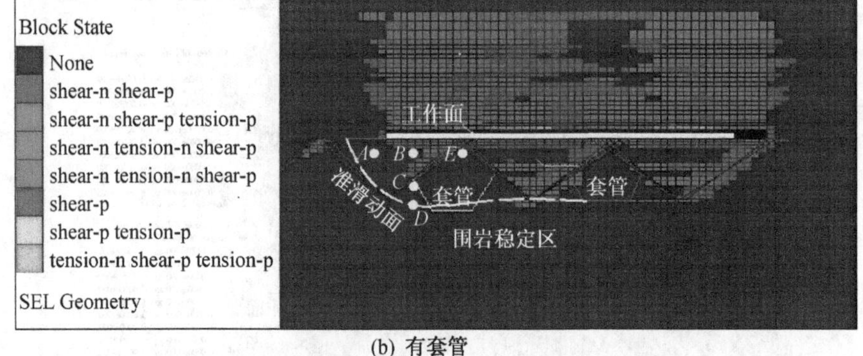

(b) 有套管

图 4-18　工作面开采 300 m 底板岩体破坏

模拟分析有套管和无套管两种情况，分别记录了不同情况下各点在支承压力作用下的垂向位移变化过程，如图 4-19a、图 4-19b 所示。

施加套管后，注浆加固底板垂向位移相对加固前减小，说明套管的抗弯能力对底板岩体变形破坏起到抑制作用。与无套管相比，施加套管后 *A* 点位移量减少 14%，*B* 点位移量减少 19.5%，*C* 点位移量减少 16.2%，*D* 点位移量减少 32.4%，*E* 点位移量减少 21.4%。如图 4-19c 所示。可以看出，套管对 *D* 点位移影响最大，*D* 点位于破坏临界处，深度相对较大，由于施加套管直接限制了此处的变形，绝对位移量变化大。*E* 点位于被动区，该区为底板破坏直观显现区，同时受到深部岩体影响，若过渡区加固效果好则该区域的变形改变非常明显。通过比较分析发现，套管对过渡区Ⅱ影响最大，该区域是控制底板破坏的关键区域，将套管施加在该区域能够更好地提升底板岩体抵抗变形破坏能力。虽然底板破坏显现不可避免，但由于套管的作用，强化了过渡区Ⅱ，从而可以控制底板破坏变化。根据此结论可以更好地布置注浆钻孔。

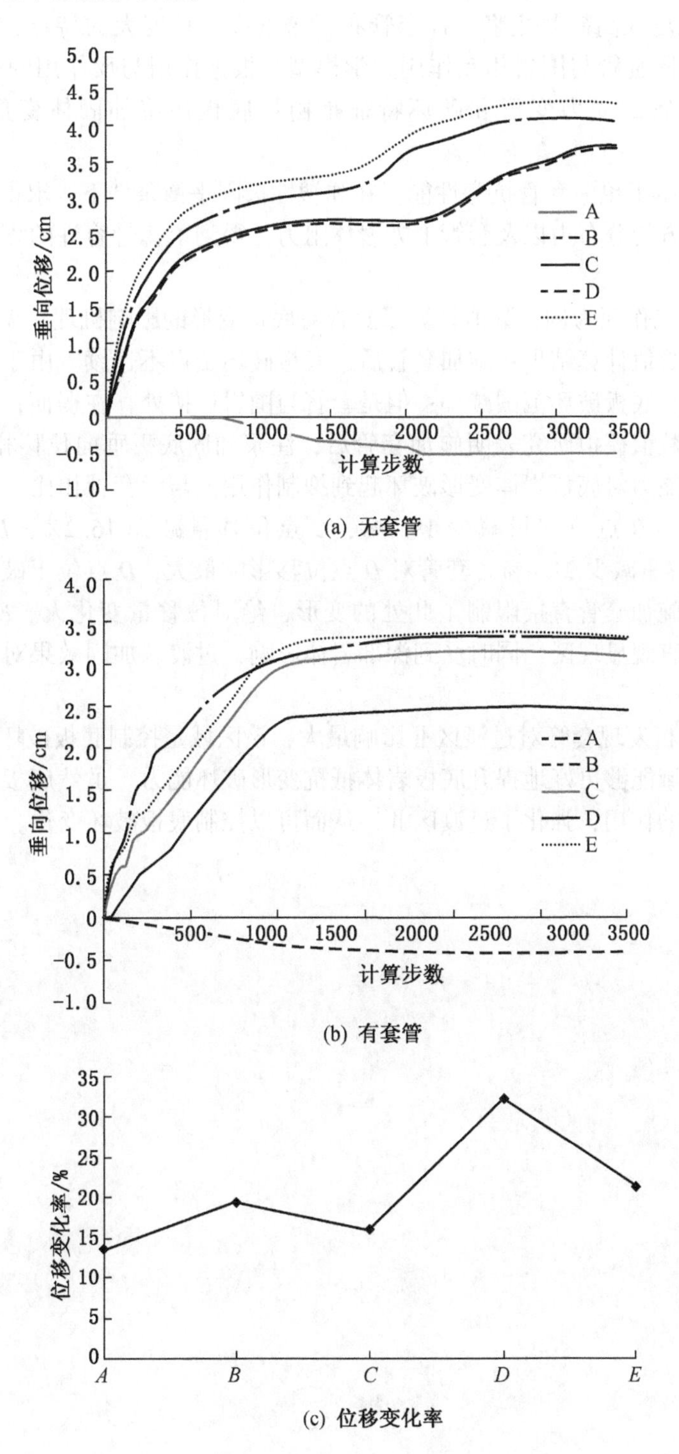

图 4-19　套管施加前、后监测点垂向位移变化

4.6 小结

（1）根据现场双高矿井注浆工程套管布置密度高、长度大的特点，建立了“双高”煤层底板注浆加固套管与围岩相互作用力学模型。根据作用与反作用的关系分析底板变形特点，确定套管的受力变形和破坏特征是衡量底板注浆加固体变形和破坏的重要参数。

（2）理论分析了单一套管抗弯性能。在弹塑性极限平衡条件下，求得套管的底板破坏段长度和套管下方的分布力以及套管上方岩体阻力，得到了套管容许的煤层底板垂向变形最大位移公式。

（3）以现场工作面为例，数值计算了套管对底板变形的影响机理。无套管时，底板破坏形态符合常规数值计算结果；施加套管后，底板破坏变得不连续。由于施加套管，注浆加固体强度增大，底板破坏范围减小；但是套管与围岩连接处存在弱面，剪切作用下容易发生局部破坏。数值模拟研究表明施加套管后，注浆加固底板垂向位移相对加固前减小，说明套管的抗弯能力对底板岩体变形破坏起到抑制作用。与无套管相比，施加套管后 *A* 点位移量减少 14%，*B* 点位移量减少 19.5%，*C* 点位移量减少 16.2%，*D* 点位移量减少 32.4%，*E* 点位移量减少 21.4%。套管对 *D* 点位移影响最大，*D* 点位于破坏临界处，深度相对较大，由于施加套管直接限制了此处的变形，绝对位移量变化大。*E* 点位于被动区，该区为底板破坏直观显现区，同时受到深部岩体影响，过渡区加固效果对该区域的变形影响很大。

（4）比较分析发现套管对过渡区Ⅱ影响最大，该区域是控制底板破坏的关键区域，将套管施加在该区域能够更好地提升底板岩体抵抗变形破坏能力。虽然底板破坏显现不可避免，但由于套管的作用，强化了过渡区Ⅱ，从而可以控制底板破坏变化。

5 注浆加固工作面突水原因及特征

5.1 注浆改造工作面底板突水事故的原因分析

5.1.1 焦作矿区突水原因分析

通过对焦作矿区注浆改造工作面典型突水事故的分析，认为导致工作面突水的原因主要有：断层及其伴生裂隙带是工作面突水的主要原因，工作面突水事故基本都位于断层带或接近较大断层。在断层破碎带，由于高承压水压力的作用，易发生掘进和工作面突水事故。有6起工作面突水事故是由于工作面位于断层带或接近较大断层，断层直接或间接影响了出水。

1. 采动影响

从突水情况可看出4次事故是工作面处于初次来压期间。另外，赵固一矿11111工作面突水时，工作面周期来压明显。工作面来压期间底板破坏深度增加，因此易出水。

由突水事故发生的位置可以看出，突水一般发生在风巷和工作面交接的不远处，该位置为采动底板破坏深度最大的区域。

2. 采动影响实例计算

赵固一矿11011工作面，煤层平均厚度为6.14 m，开采3.5 m，沿顶板开采，采深570 m，在煤层底板下方的26 m处是L_8灰岩含水层，水压最大达到5.8 MPa，工作面长度为180 m，底板岩层主要为泥岩、砂质泥岩和砂岩。

1）基本顶来压时底板的最大破坏深度

将赵固一矿底板岩层平均抗压强度为$\sigma_c=25.3$ MPa。将数据带入基本顶来压期间底板的最大破坏深度计算公式，得出底板最大破坏深度：

$$h_{max}=\frac{1.57\gamma^2H^2L_x}{4\sigma_c^2}=\frac{1.57\times9.8^2\times2600^2\times570^2\times180}{4\times25.3^2\times10^{12}}=23.28\ \text{m}$$

此时，底板最大破坏深度距离工作面的端部距离：

$$L_{max}=\frac{0.42\gamma^2H^2L_x}{4\sigma_c^2}=\frac{0.42\times9.8^2\times2600^2\times570^2\times180}{4\times25.3^2\times10^{12}}=6.2\ \text{m}$$

通过计算可以得出，在基本顶来压阶段，工作面长度为180 m时，底板的最大破坏深度在23.28 m左右，其最大破坏深度位置距离工作面端部6.2 m。

2）正常回采阶段底板破坏深度

根据岩石物理试验结果，对力学参数进行折减，得出需要的参数：煤的内摩擦角$\varphi=28°$，$n=1.6$，内聚力$C_m=1.05$ MPa，采高$m=3.5$ m。将这些参数代入煤层塑性区宽度计算公式：

$$\begin{aligned}L&=\frac{m}{2K\tan\varphi}\ln\frac{n\gamma H+C_m\cot\varphi}{KC_m\cot\varphi}\\&=\frac{3.5}{2\times2.77\times0.53}\ln\frac{1.6\times9.8\times2600\times570\times10^{-3}+1.05\times1.89}{2.77\times1.05\times1.89}=9.95\ \text{m}\end{aligned}$$

将 L 和 $\varphi_0=37°$ 代入底板最大破坏深度计算公式：

$$D_{\max}=\frac{L\cdot\cos\varphi_0}{2\cos\left(\frac{\pi}{4}+\frac{\varphi_0}{2}\right)}e^{\left(\frac{\pi}{4}+\frac{\varphi_0}{2}\right)\tan\varphi_0}=\frac{9.95\times\cos37}{2\cos\left(\frac{\pi}{4}+\frac{37}{2}\times\frac{\pi}{180}\right)}e^{\left(\frac{\pi}{4}+\frac{37}{2}\times\frac{\pi}{180}\right)\times\tan37}=20.75\ \text{m}$$

底板最大破坏深度距工作面端部的距离：

$$l=\frac{L\cdot\sin\varphi_0}{2\cos\left(\frac{\pi}{4}+\frac{\varphi_0}{2}\right)}e^{\left(\frac{\pi}{4}+\frac{\varphi_0}{2}\right)\tan\varphi_0}=20.75\times\tan\varphi_0=15.64\ \text{m}$$

通过计算可以得出，在正常开采阶段，工作面长度为 180 m 时，底板的最大破坏深度在 20.75 m 左右，其最大破坏深度位置距离工作面端部 15.64 m。

通过以上计算表明，工作面来压期间底板破坏深度增加 11.6%。

3. 对高阻异常区防治的疏漏

赵固一矿 11111 和 12041 工作面及九里山 14101 工作面的出水点均表现为电法探测的高阻异常区。

当岩体裂隙发育并且充水时表现为低阻异常，但岩体裂隙发育而没有充水时则表现为高阻异常。物探人员对焦煤各矿高阻异常区的突水可能尚未认清，通常采用电法和电磁法预测突水危险区主要是探测低视电阻率（简称“低阻”）的富水区，划出异常区，导致电法解释突水点的准确率下降。

4. 加固改造技术不足

1）加固工程参数偏小

2010 年之前的出水事例，底板注浆加固改造技术不完善是一个重要原因，主要表现在加固深度偏小，一般为 L_8 灰或 L_8 灰下 10 m；工作面外侧没有加固，工作面外侧的底板移动和破坏易出水；钻孔间距局部较大，钻孔间距达到 60 m。如古汉山矿 13051 工作面采用单侧钻窝钻进，工作面外侧没有加固。2010 年以后，赵固一矿和赵固二矿进行了改进。

2）加固工程效果的检测不到位

2010 年之前没有对注浆工程前后底板的富水性进行系统检测，因此难以掌握加固工程效果。也没有对底板破坏深度进行探测，未能指导加固工程。如古汉山矿 13091 工作面底板注浆加固改造后，开切眼 40~87 m 为低阻异常区，为易出水区域，表明注浆加固工程不完善。

5. 对突水机理的研究不足

焦作矿区水文地质条件极复杂，目前对突水机理、征兆和条件尚有待深入研究和认识。

对初次来压、断层带等突水危险区域的底板破坏深度及演变过程的观测及研究不足，不能充分认识导水通道的形成与发展的动态过程。部分工作面突水是由于“独立、垂直裂隙区”造成的，故应加强探测和研究裂隙区的状态以及注浆、采动影响后其隔水性的变化。对底板岩性结构以及对阻隔水性的影响研究不足。在注浆工艺及注浆材料对底板加固效果的影响方面研究不够。

5.1.2 肥城矿区突水原因分析

1. 肥城矿区概况

肥城矿区属于华北地层区鲁西地层分区，含煤地层为二叠系的山西组和石炭系的太原组，其中山西组厚 103~135 m，岩性主要为灰-灰白色中粒砂岩和砂泥岩互层，共含煤 5 层，3_1 煤为主要可采煤层；太原组厚约 143 ~ 240 m，岩性以灰-灰黑色粉砂岩为主，浅灰-深灰色泥岩、灰-灰绿色中或细粉砂岩或粉砂岩与细砂岩互层等相间出现，共含石灰岩 5 层，含煤 8 层，其中 7 号、8 号、9 号、10_2 号煤为主要可采煤层。煤系地层上部被第四系覆盖，基底为奥陶系石灰岩层。

肥城矿区经过 40 多年的超强度开采，上组煤（山西组中的 3_1 煤）已基本回采结束，现已全面转入下组煤（太原组中的 7 号煤、8 号煤、9 号煤、10_2 号煤）的回采，威胁下组煤回采的主要承压含水层有石炭系的徐家庄灰岩（五灰）含水层和奥陶系灰岩含水层。五灰含水层厚 4. 82~14. 7 m，质纯、致密坚硬，为灰色质纯致密厚层状细粒结晶灰岩，岩溶裂隙发育，q= 16. 12 L/(s · m)。五灰上距 8 煤 22. 5 ~ 43. 18 m；距 9 煤 16. 9 ~ 33. 02 m；上距 10 号煤 14 ~ 37 m，是威胁主采煤层安全开采的直接充水含水层。奥灰含水层位于煤系地层底盘，呈巨厚层状，厚度为 800 m 左右，上距五灰 1. 41 ~ 18. 57 m。奥陶系灰岩在矿区内埋藏深度为+30~-600 m，在盆地周围山区有广泛出露，面积约 260 km²，直接接受大气降水的补给，补给量相当丰富，主要由石灰岩、白云岩组成，是煤系各含水层的补给水源层。

从晚奥陶系开始，肥城煤田处于加里东期隆起阶段，中奥陶灰岩长期裸露于地表遭受剥蚀、夷平和准平原化，致使上奥陶统至下石炭统的地层几乎全部缺失，局部地区中、下奥陶统也缺失。由于长期剥蚀，全区形成古剥蚀面和古岩溶面，图 5-1 所示为肥城煤田奥陶纪碳酸盐岩古喀斯特地貌，可以看出，整个肥城煤田奥灰顶面岩溶都十分发育，其中西部比东部发育，深部（北部）比浅部（南部）发育。

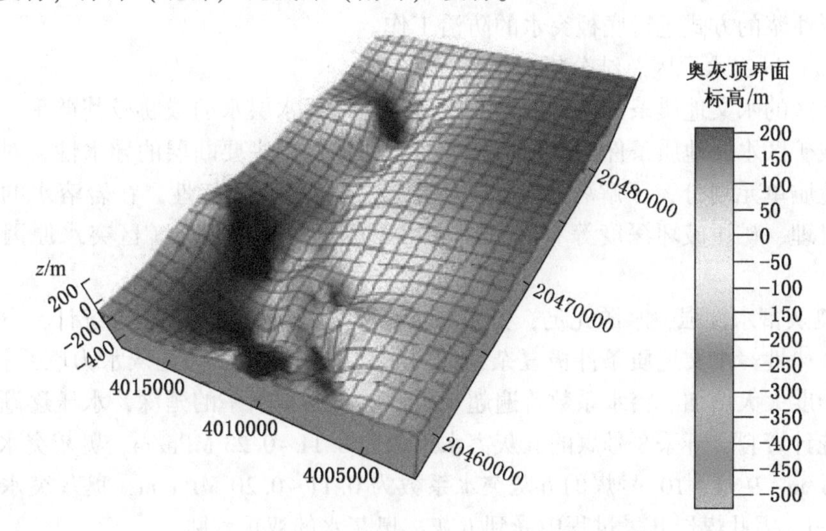

图 5-1 肥城煤田奥陶纪碳酸盐右喀斯特地貌复原图

肥城煤田作为我国新中国成立以来最早开发的重要煤田之一，整个煤田已经进入深部下组煤层的开采，受奥灰突水威胁极其严重。该煤田在下组煤开采以来发生的大于 30 m³/h 的五灰直接突水有 102 次，最大者达 2150 m³/h；奥灰直接突水有 9 次，最大水量达 32970 m³/h。

目前全区60%以上煤炭资源底板奥灰的突水系数大于0.06 MPa/m。由于肥城煤田断裂构造发育，水文地质条件复杂，奥灰不仅岩溶裂隙发育，而且补给条件好、动储量大，全区几乎没有可疏降性。为实现高承压水体上煤层的安全开采，长期以来肥城煤田实施底板注浆改造技术，注浆改造目的层是五灰，通过预注浆对底板及五灰进行加固，增强底板抗压能力，最大限度地实现承压水体上的安全采煤。实践证明，这种技术在浅部和中深部煤层开采时成效显著，但进入深部开采后，由于断裂构造和滑动构造影响，底板岩层破碎严重，五灰和奥灰水力联系密切，开采9、10煤层时底板突水事故仍时有发生。

2. 兴杨公司突水原因分析

肥城矿区兴杨公司井田位于肥城矿区的东部边缘，为全隐蔽式井田。矿井为立井多水平开拓，主开采水平受水威胁为-60 m水平和-250 m水平，注浆改造主要针对这两个水平的9、10_2煤层。其中，10_2煤层直接底为灰白色泥岩，厚2~3 m，比较松软，遇水极易膨胀变化。由于开采活动，矿压造成煤层底板破坏，在一定深度内岩体的抗张强度降低，呈裂隙张开，致使地下水克服岩体结构面的阻力，使水压集中于煤层直接底板泥岩，产生裂隙而出水。实测表明，开采8、9、10_2煤层扰动破坏厚度分别为12 m、10 m和8 m。五灰和奥灰是威胁煤层安全开采的主要含水层，五灰含水层上距10_2煤层底板约21 m，下距奥灰约12.08 m，在井田-100 m以上水平，溶洞裂隙发育较强，含水丰富。

由于矿井内断裂构造的存在，使五灰与奥灰多处发生对口接触，其水质及水动态与奥灰相同，与奥灰水力联系极为密切。随着开采深度的增加，注浆压力与开采深度之间的矛盾开始呈现出来。开采深度越大，煤层受水压越大，为保证注浆效果，相对注浆压力就要加大。但工作面底板当受到注浆压力大于4 MPa时，其完整性被破坏，造成突水灾害，使注浆煤层底板注浆改造失败。注浆压力与底板能承受的压力之间的矛盾显现出来，因而需要采用低压注浆的方式进行底板突水的防治工作。

3. 肥城矿区突水原因总结分析

肥城矿区的水文地质条件极为复杂，煤层受岩溶含水层水的威胁极其严重，前人在深入研究肥城矿区水文地质条件的基础上，通过查明矿区内主要断层的导水性，对整个矿区进行水文地质单元划分，了解各水文地质块段含水层的富水特性，在岩溶水的形成、运移、突水机理、矿压破坏深度等有关方面取得了成果，并将肥城矿区突水原因总结分析如下：

（1）奥灰富水性强，水源充足，突水系数高。根据矿区奥灰孔资料统计，奥灰富水性无明显的规律性，水文地质条件极复杂，而且补给水源充足，与五灰水力联系极为密切，使防治水难度大大增加。突水系数普遍超规定。随着开采水平的延深，水压逐渐增大，根据矿区的统计资料，开采8号煤的五灰突水系数为0.11~0.23 MPa/m，奥灰突水系数已超过0.1 MPa/m；9号、10_2号煤的五灰突水系数为0.11~0.20 MPa/m，奥灰突水系数大于0.06 MPa/m，因此煤层开采过程中受到五灰、奥灰水的双重威胁。

（2）断裂等构造发育。一方面使奥灰含水层以垂向或水平侧向等多种方式补给五灰含水层，造成奥灰含水层与五灰含水层水力联系极为密切，局部地段成为一个含水体；另一方面破坏了工作面底板岩层的完整性，造成局部地段底板破碎，在矿压、水压的作用下，易发生底板突水。

（3）富水区段差异较大，规律不太明显，给防治水带来难题。如有的井田五灰富水性存在浅强深弱的规律；有的井田则五灰普遍富水，规律性不明显。

(4) 隔水层厚度小。10_2 号煤下距五灰仅 18 m 左右，五灰和奥灰的间距一般在 18 m 左右。

(5) 局部地段导高比较发育。如陶阳矿 9 层煤工作面普遍有导高，个别块段有导高的钻孔占钻孔总数的 90%，导高发育，减少了煤层底板的有效隔水层厚度。

(6) 采动影响。矿压对底板的破坏深度增加。随着开采标高的降低，采动矿压对底板的破坏深度加大，据查庄矿 8 号煤的开采资料，-350 m 水平 8 号煤的开采矿压破坏深度已超过 30 m，曹庄矿-300 m 水平 8 号煤的损伤底板破坏深度为 36.5 m，9 号煤的底板扰动破坏深度为 14.3 m。

(7) 深部开采区勘探程度不高。水文地质条件不清，岩溶裂隙网络发育不均一，且构造探明程度相对较低，遇导水构造出水的可能性较大。

5.1.3 峰峰矿区突水原因分析

峰峰矿区位于邯邢水文地质单元南单元，属于大水矿区，矿井地质、水文地质条件复杂，受水害威胁程度大，在生产过程中受到各类水害的威胁。经过几十年的高强度开采，峰峰矿区内浅部煤层已开采殆尽，矿井将面临向深部延伸的现实问题。例如，羊东矿开采的煤层底板标高已达-700 m，九龙矿开采的煤层底板标高达-850 m。随着煤层开采深度的延伸，矿井水文地质条件越来越复杂，地质构造发育，煤层底板承受奥灰水压增大，提高了煤层底板奥灰突水的概率，防治水形势严峻。

峰峰矿区内的孙庄矿、牛儿庄矿、黄沙矿和九龙矿均发生了重特大奥灰突水淹井事故，造成了重大的经济损失和社会影响。近年来，峰峰矿区内的奥灰突水频率和突水量具有增大的趋势，奥灰承压水已成为威胁峰峰矿区内各矿井安全生产的一个重大隐患。矿井防治水工作已成为制约矿井安全生产的关键问题之一。峰峰矿区各矿井亟待解决的现实问题是依据峰峰矿区具体的地质和水文地质条件，制定一套经济合理、技术可行的矿井防治水技术与对策，实现矿井安全生产和经济效益的和谐统一。

1. 峰峰矿区概况

峰峰煤田位于河北省邯郸市西南部，太行山东麓，煤田以东为华北平原，以西为太行山地。矿区水文地质条件极其复杂，并且随着各矿开采水平的延深，承压含水层的水压越来越高，突水威胁加大。峰峰矿区按地层及含水层特征以及对煤层开采的影响，共划分为 10 个含水层，其中，对煤层开采影响大的含水层为石炭系大青灰岩含水层、奥陶系巨厚灰岩含水层。大青灰岩含水层为大青煤层直接顶板，层位和厚度均较稳定，裂隙发育。大青灰岩主要通过断裂构造接受奥陶系灰岩含水层水的补给，与奥陶系灰岩含水层之间水力联系密切。奥陶系灰岩含水层为本区煤系地层基底，总厚度约 600 m，根据岩性划分为 3 组 8 段，由于其赋水性强、分布面积广、厚度大、水压高、储存量丰富，加之导水通道的导水作用，同时也是煤系地层其他含水层的主要补给源，对煤矿安全生产构成严重威胁。受大青、奥灰含水层水的威胁，峰峰煤矿深部山青煤及下组煤层一直未能正式开采。随着浅部上组煤层的煤炭资源逐渐枯竭，多数煤矿不得不向深部开拓延深，进入高承压水上开采状态，使原来不存在或不明显的带压开采问题变得越来越突出。例如，九龙矿开采野青煤层多次发生底板裂隙带突水灾害，水源为下伏大青灰岩含水层水；梧桐庄矿受到下伏高承压水的严重威胁，虽然积极采取综合防治水措施，目前也仅能开采大煤煤层。

峰峰矿区水文地质条件复杂多样，水害威胁严重，是煤矿发展的重要制约因素。影响煤矿生产的水害因素主要有老窑积水、地表水、小煤矿水害、煤层底板承压含水层水等。

2. 峰峰突水原因分析

1978年6月，峰峰四矿井田-100 m水平，完成了野青煤层南十大巷透山青煤层石门后，于10月23日距拐弯处23 m巷道发生底鼓，造成伏青灰岩水突水，淹没采空区巷道1524 m，损失较大。1995年12月3日，梧桐庄矿，在建井过程中，由副井向主井方向掘进的巷道中，遇一条落差8 m的小断层，断层带与奥灰水产生沟通，煤系灰岩水和奥灰水沿断层上升，形成突水，突水时引起强烈破碎，形成较大的破碎带，造成最大出水量34000 m^3/h的严重突水事故。1995年，孙庄矿在开采-45 m一水平时发生突水，突水时初始水量为150 m^3/h，逐渐水量增大，至29日淹井，水量达5400 m^3/h。此次突水事故是断层引起的，突水点离断层留设煤柱60 m处，由于断层沟通了邻近的小窑水，奥灰水通过小窑涌入大巷，引起突水。

根据矿区水文地质特征、构造特征和开采情况等综合分析研究，造成突水的主要原因有以下几种：

（1）水文地质补充勘探程度不够。

（2）防水煤柱留设不足。

（3）对断层的性质、落差、上下盘煤层含水层空间关系不清，盲目掘进，不重视突水预防而造成突水。井田与其周围的钻孔质量或管理不善造成突水。井田内各类小煤矿乱采乱掘造成突水。井下防治水设施工程质量差或布设不合理造成突水。

（4）废弃的小煤窑井筒、塌陷、地表扒缝等因素影响。结合雨季三防工作，针对具体情况积极进行充填治理，使大气降水形成地表径流而自然排泄。

（5）灰岩岩溶极为发育。区内中奥陶统灰岩具有较多的溶孔、溶隙、溶洞和陷落柱，含水层的导水性与富水性好，煤层底板水压较大，一般为2～5 MPa，有些矿井已超过5 MPa。

（6）断裂构造极为发育。当工作面揭露或接近具有较强导水性的断裂或构造破碎带时，岩溶水或煤系灰岩水便沿断层上升溃入矿井。

（7）隔水层厚度不均。平均厚度为29 m，个别地段仅有10 m，较薄部位不能满足安全条件，在矿压、水压作用下易发生突水。不同岩石的隔水层所能承受的矿压、水压也不同，不能一概而论。

3. 峰峰矿区防治水对策

超前预注浆治理是峰峰矿区内矿井防治水的重要手段。超前注浆治理模式是以注浆加固扩散半径确定合理的超前钻探距离和煤层底板加固厚度。在掘前超前底板注浆加固范围、掩护本煤层所掘巷道，钻探是兼验证和注浆加固的功能，对巷道前方的底板及侧向一定范围内予以注浆加固，以实现“不掘突水头，不采突水面”。

一般来说煤层底板存在大量的裂隙和地质构造，这些裂隙和地质构造不仅破坏了底板隔水层的完整性，还降低了底板隔水层的强度，减小了有效隔水层的厚度，缩短了煤层与含水层的间距，导致底板隔水层整体隔水能力削弱，从而导致底板突水事故的发生。峰峰矿区内的岩溶裂隙及其发育，这点可以从九龙矿和黄沙矿的突水事故中验证。底板高承压水容易从构造裂隙发育和底板薄弱带进入工作面。这时为了工作面的安全回采，可以对底板进行注浆加固，阻止底板高承压水进入工作面。

煤层底板注浆加固是通过采前注浆手段，充填和胶结底板岩层中的节理、裂隙，加固煤层底板构造破碎区和薄弱区的强度，将煤层底板改造为真正意义的隔水层，从而减小采动矿压和含水层水压对底板隔水层的破坏程度，使采动矿压破坏的底板岩层裂隙与承压水压破坏的裂隙不会相沟通。注浆加固方法的使用是有前提条件的，首先必须查清井田内各含水层的水力联系，其次煤层底板要有适合改造的“中间层”。峰峰矿区内各矿井主要开采2号和4号煤，野青灰岩含水层和伏青灰岩含水层厚分别为1~3.5 m和2.5 m，岩溶裂隙发育。防治底板大青水和奥灰水时，可以野青灰岩含水层和伏青灰岩含水层作为目的层。峰峰矿区内的梧桐庄矿主要开采2号煤，经水温和水质分析，野青灰岩含水层和奥灰含水层发生了水力联系，采取以野青灰岩含水层为目的层进行底板注浆加固的防治水技术。

（1）辛安矿定向水平钻进区域防治实例。

辛安矿目前开采2号煤，在开采过程中，大青和奥灰水对矿井安全的影响较大。前人根据邯邢矿区大采深矿井开采和下组煤开采面临的严重水患，提出了“区域超前治理”防治水理念，即“超前主动、区域治理、全面改造、带压开采”的技术指导原则；由一面一治理改为以采区、水平或由地质构造所分割的单元为单位进行区域治理，主要总结了井下定向钻进关键技术首次应用于煤层底板岩层区域超前治理防治水技术研究，先治后掘，先治后采，从而实现“不掘突水头，不采突水面”的目标，为今后大采深和开采下组煤矿井防治水提供了很好的借鉴经验，创新了大采深矿井和开采下组煤奥灰水害防治方法，安全地开采受承压水威胁的煤炭资源，取得了很好的经济和社会效益。

井下定向水平钻进技术一般是井下巷道底板倾斜开孔进入设计注浆改造目的层位后以水平或近水平状态延伸，使原在水平层面无联系的断层及裂隙等渗流通道互相连通，扩大了钻孔控制范围，提高了目的层的注浆改造效果，为“不掘突水头，不采突水面”防治水目标的实现创造了条件。该技术目前正在峰峰集团辛安矿进行推广应用。

2号煤底板向下采用复合定向钻进施工，进入目标层位后的钻孔间距控制在55~75 m，定向钻孔层位控制在2号煤底板以下78~87 m范围内沿设计轨迹延伸，钻孔延伸地层以伏青灰岩为主，并采用边施工边注浆的方法，达到2号煤底板注浆加固的目的。

掘前“条带”（超前钻孔探测区域为条带状）超前治理。在大采深高承压矿井和采下组煤条件下，底板超前定向钻探的目的是探测巷道前方及侧前方的导（含）水构造及裂隙带，同时兼作超前注浆治理钻孔，一般是每组布置3个孔，即掘进正前方布置1个钻孔，两侧布置2个钻孔。为“不掘突水头”，超前掩护煤巷安全掘进，以注浆扩散半径20~30 m考虑，确定合理的超前钻探注浆距离和底板加固深度，封堵潜在的出水通道。大采深矿井2号煤底板超前钻终孔层位是煤层底板以下60 m以深，野青煤层底板超前钻终孔层位是大青灰岩，9号煤底板超前钻终孔层位是奥陶系灰岩顶面。实体煤掘进前方的底板及侧向一定范围内超前注浆加固，这就为相邻沿空掘巷或留设小煤柱掘巷超前进行了区域条带加固煤层底板岩层。

（2）葛泉矿区域超前补强防治实例。

葛泉矿东井试采下组9号煤，现开采水平为-150 m，井田地质条件复杂，断层、陷落柱发育，经钻探及井巷工程揭露69个灰岩含水层和底板下20 m的本溪灰岩（平均厚7 m）

含水层，9 号煤底板下平均 40 m 为奥陶系灰岩含水层顶面，为下组煤开采的间接充水水源。

9 号煤底板以下至奥灰含水层隔水岩层结构见表 5-1。

表 5-1　9 号煤底板以下至奥灰含水层隔水岩层结构

岩石名称	平均层厚/m	岩性特征
9 号煤	5.3	由镜煤、亮煤组成，硬度中等
铝土质粉砂岩	5.0	灰色、细腻、性脆，含黄铁矿
9a 下煤	0.29	区内发育不稳定，时有尖灭
中细砂岩	9.0	分选好，泥硅质胶结，沿层面含铁质
粉砂岩	4.0	结构致密、块状构造、性脆
本溪灰岩	9.0	隐晶和细晶结构，致密，中上部夹 10 号煤溶隙发育且不均匀，偶见小溶洞
铝土质粉砂岩	5	块状构造、质较纯、细腻
细砂岩	3.5	泥质胶结、夹薄层粉砂岩
粉砂岩	4.5	块状无层理、偶见菱铁质成分、结构致密、坚硬

采用井上、下结合全方位、多层次的勘探手段，确定了“井下为主、地面为辅、物探为主、钻探验证”的技术思路。物探方法的选择主要考虑对“探查体识别与定位”的“敏感性”：地面进行三维地震和瞬变电磁勘探断层及底板富水性；井下采用直流电法、坑透等探测掘进头前方富水构造、工作面底板隔水层富水区及煤层构造等。钻探钻孔尽量考虑一孔多用：探查孔、试验孔兼做注浆孔；后期补充注浆孔兼做前期注浆效果验证孔。底板注浆改造技术主要是通过注浆技术，全面改造本溪灰岩含水层，补强其阻水性能，封堵底板垂向导水裂隙和构造，切断奥灰水的突水通道，从而防止煤层底板突水。

煤层底板和奥灰顶部局部注浆加固同样是实现深部煤层安全回采的必要条件，即利用勘探孔或专门注浆孔采前对煤层底板裂隙、导水构造和奥灰顶部局部岩溶裂隙实施有效封堵，以增大底板隔水层的强度，提高底板隔水层的阻水能力，以及阻断煤系各含水层与奥灰含水层之间的水力联系，最终达到降低煤层底板突水风险，实现安全开采的目的。

随着煤层开采深度的增大，峰峰矿区内各矿井面临着煤层底板承受奥灰水压增大、地质构造复杂等实际开采问题。在开采受奥灰水威胁大、构造复杂的局部地段，可以预先在地面施工一定数量的钻孔对奥灰顶部实施预注浆，最大限度地消除奥灰对采煤的影响。钻孔深度应穿过奥灰第七段，为增大封堵范围可以采用分支孔与垂直孔相结合的方式，钻孔位置宜通过综合物探结果确定。

目前，井下底板注浆加固技术已在多个矿区成功应用，取得了良好的经济效益和社会效益，其关键是确定加固深度和层位。根据相邻矿区底板注浆加固实践，进行底板注浆加固的关键是底板应具有一定厚度且裂隙或岩溶较发育的含水层。根据峰峰矿区实际情况，野青灰岩、山伏青灰岩和大青灰岩含水层均可以作为注浆加固的目的层，加固部位依据综合探测和试验确定。

5.2　工作面底板富水性分布及注浆加固效果分析

为了更好地研究注浆工程对工作面底板加固的作用，并且更直观地反映底板破坏带、富水性和注浆加固的关系，对焦煤集团发生突水事故的底板注浆工作面进行了富水性划分、注浆影响范围分析、底板剪切破坏带影响区范围划定等工作。

5.2.1　工作面底板富水性的划分

根据各底板注浆钻孔的出水量，将工作面底板富水性分3类：富水区（钻孔涌水量$>$10 m^3/h）、中等富水区（5 m^3/h $<$钻孔涌水量$<$ 10 m^3/h）和低富水区（钻孔涌水量$<$5 m^3/h）。分别用深色填充区域、浅色填充区域表示富水区和中等富水区，剩余部分则为低富水区，灰色圆圈区域为突水点位置。将工作面划分为不同富水区。

1. 划分原则

（1）先划出工作面的富水区，影响半径为15 m，即钻孔出水点附近15 m内均划为富水区；再划分中等富水区，影响半径10 m，剩余部分为低富水区。

（2）工作面外部出水点距工作面距离，若富水区小于15 m，中等富水区为小于10 m时，认为该出水点影响工作面富水性。

（3）当工作面同一走向上同时出现大于10 m^3/h、小于10 m^3/h及小于5 m^3/h的出水点中的两种或三种时，按较大值出水点划分。

对工作面富水性的划分有助于我们直观地分析判断工作面推进方向上各个位置的富水情况，从而更好地研究富水性与工作面突水的关系。

2. 工作面富水区特征

（1）赵固一矿11111工作面底板富水情况如图5-2所示。距开切眼0~50 m、90~175 m、420~480 m、530~595 m等4个区域为富水区，占工作面总面积的26.7%；距开切眼70~90 m、190~270 m、300~370 m、510~530 m、665~685 m等5个区域为中等富水区，占工作面总面积的29.4%；剩余部分为低富水区。

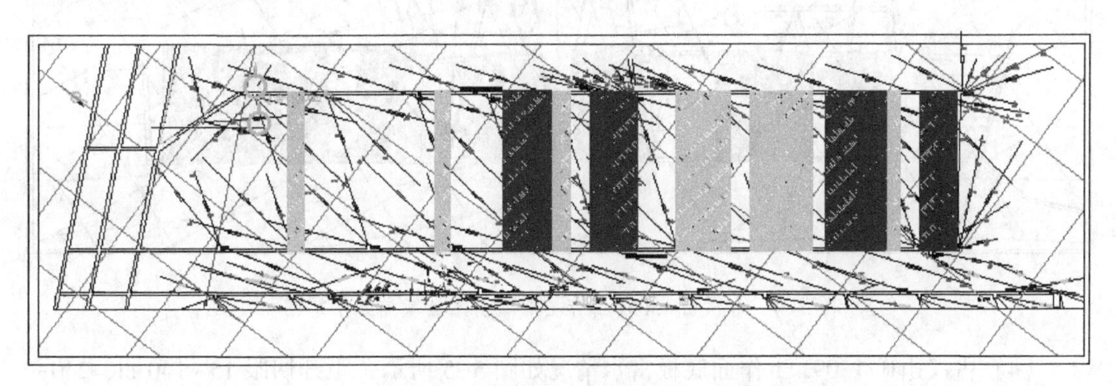

图5-2　赵固一矿11111工作面底板富水区域划分示意图

该工作面突水发生轨道巷与回撤通道交叉口东帮巷道，此处属于低富水区。该区域不充水裂隙发育，对该区域注浆加固未达到封闭不充水裂隙的效果。

（2）赵固一矿12041工作面底板富水情况如图5-3所示，距开切眼25~210 m、310~340 m、465~495 m等3个区域为富水区，占工作面总面积的35.7%；距开切眼0~25 m、210~265 m、340~380 m等3个区域为中等富水区，占工作面总面积的17.8%；剩余部分为低富水区。工作面突水点位于富水区，接近DF68断层。受断层影响，底板裂隙发育。

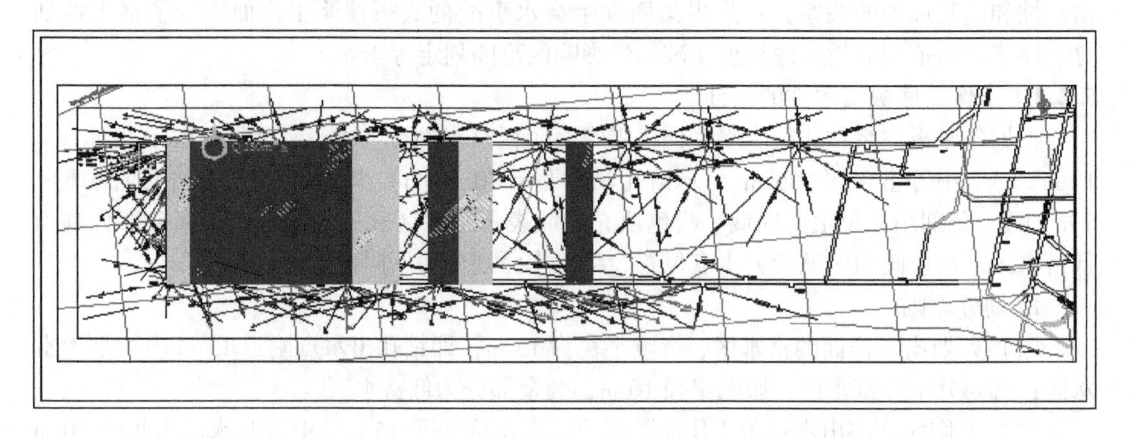

图 5-3　赵固一矿 12041 工作面底板富水区域划分示意图

（3）古汉山矿 13051 工作面底板富水情况如图 5-4 所示，距开切眼 10~130 m、150~190 m、230~260 m、315~365 m、420~490 m、510~540 m 等 6 个区域为富水区，占工作面总面积的 58.6%；距开切眼 290~315 m、540~575 m 等 2 个区域为中等富水区，占工作面总面积的 9.1%；剩余部分为低富水区。该工作面发生两次突水，第一次突水发生在工作面推进 40 m 时，下风道及上部断层带附近；第二次突水发生在工作面推进 72 m 时的上风道上帮。两处均属于富水区。

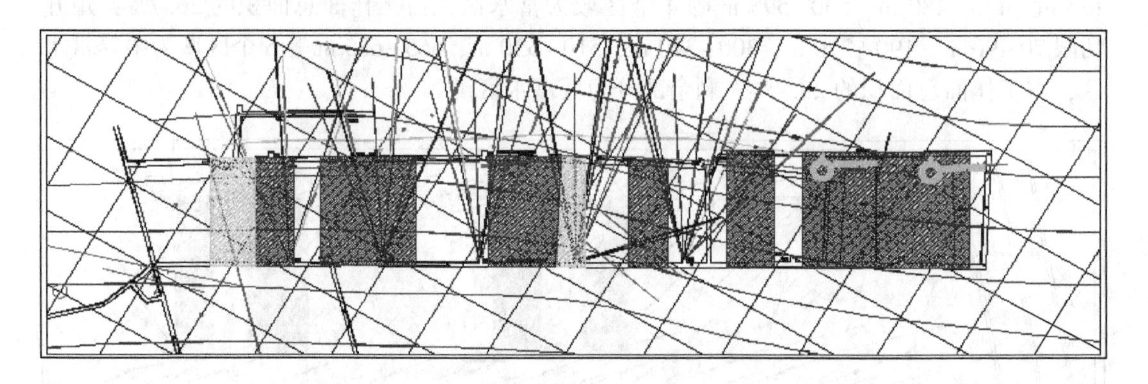

图 5-4　古汉山 13051 工作面底板富水区域划分示意图

（4）古汉山矿 13091 工作面底板富水情况如图 5-5 所示，距开切眼 15~140 m、240~365 m 等 2 个区域为富水区，占工作面总面积的 64%；开切眼前后各 15 m 及距开切眼 140~220 m 等区域为中等富水区，占工作面总面积的 27.4%；剩余部分为低富水区。开切眼范围 100 m 有断层，导致岩体裂隙发育，工作面于回采长度为 49 m 时，工作面开切眼内发生底板突水，突水点位于下风道向上 20 m 处，水量 30 m^3/h；回采长度为 61 m 时，突水点水量增加到 60 m^3/h，稳定水量为 108 m^3/h。突水点位置仍位于下风道向上 20 m 处。两个突水点一个位于富水区，一个位于中等富水区。

（5）古汉山矿 15071 工作面底板富水情况如图 5-6 所示，距开切眼 15~145 m、160~235 m、285~315 m、340~445 m、465~755 m、770~805 m、835~1005 m、1030~1090 m 等 8 个区域为富水区，占工作面总面积的 84.3%；距开切眼 315~340 m、805~835 m 等 2

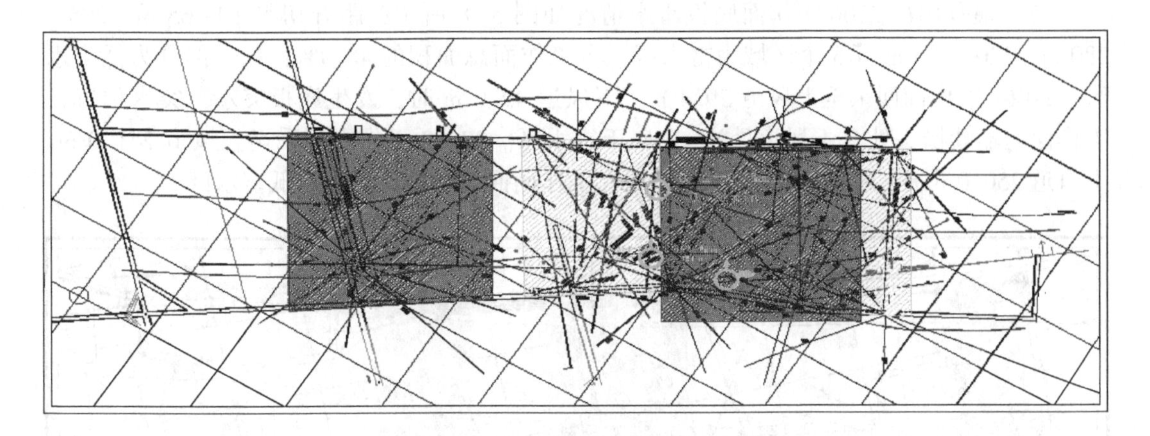

图 5-5　古汉山 13091 工作面底板富水区域划分示意图

个区域为中等富水区，占工作面总面积的 4.9%；剩余部分为低富水区。工作面推进 468 m 时，在工作面开切眼向上 78 m 附近发生突水，突水点位于富水区。

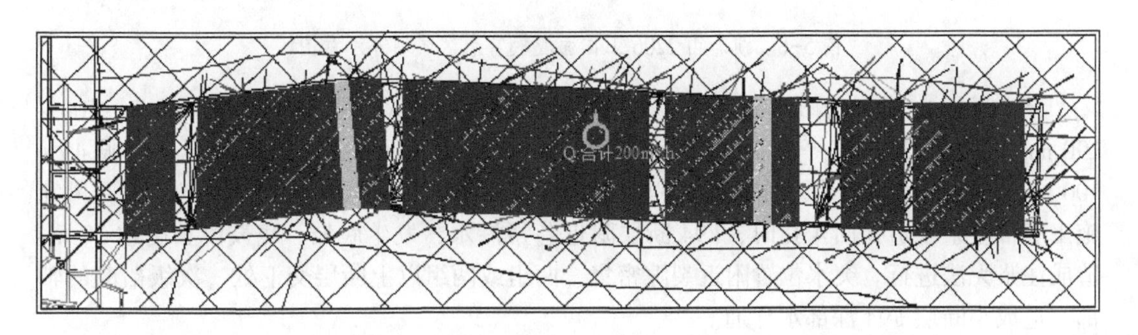

图 5-6　古汉山 15071 工作面底板富水区域划分示意图

(6) 九里山矿 14101 工作面底板富水情况如图 5-7 所示，距开切眼 360~600 m 区域为富水区，占工作面总面积的 43%；距开切眼 205~225 m 区域为中等富水区，占工作面总面积的 4.7%；剩余部分为低富水区。工作面推进 416 m 时，工作面上风道安全口发生第一次突水；第二次突水发生在工作面回采 528 m 时。两处均属于富水区。

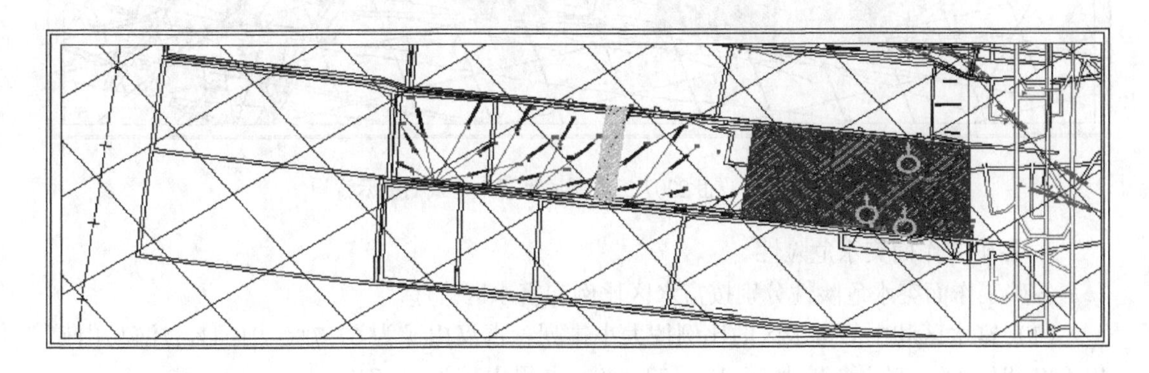

图 5-7　九里山 14101 工作面底板富水区域划分示意图

（7）演马山矿 2206 工作面底板富水情况如图 5-8 所示，距开切眼 10~65 m、205~280 m、320~375 m 等 3 个区域为富水区，占工作面总面积的 48.9%；剩余部分为低富水区。22061 工作面回采至上风道 39.4 m，下风道 42.0 m 时，发生底板突水，突水位置在工作面运输巷槽头处（下风道处），在属于富水区。22062 工作面回采至上风道 241.0 m，下风道 250.0 m 时，发生底鼓突水，位置在工作面回风巷槽尾处，在低富水区。

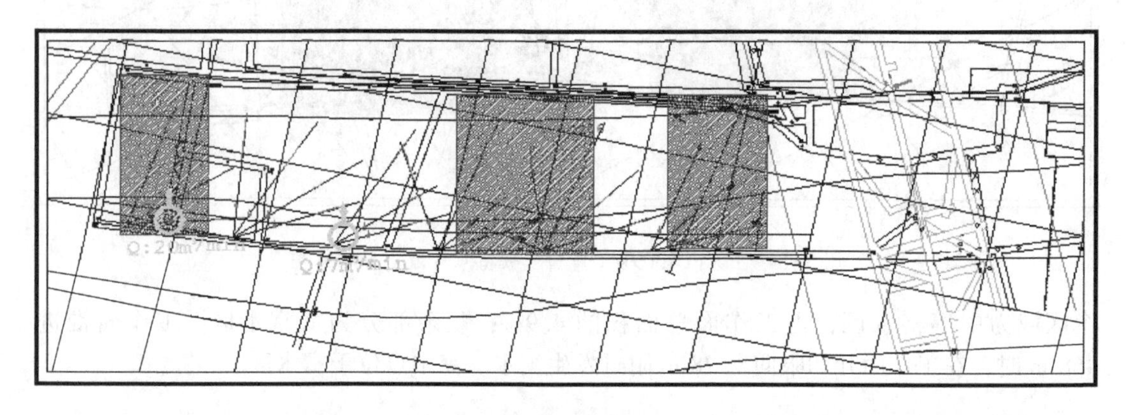

图 5-8　演马山 2206 工作面底板富水区域划分示意图

（8）演马山矿 2207 工作面底板富水情况如图 5-9 所示，距开切眼 15~45 m、100~190 mm、270~335 mm 等 3 个区域为富水区，占工作面总面积的 62.9%；距开切眼 45~100 m 为中等富水区，占工作面总面积的 18.5%；剩余部分为低富水区。在工作面回风巷施工底板注浆改造孔回 4 孔时，F94 断层附近巷帮渗水，发生底鼓，底鼓段长度约 70 m，造成注浆无法进行。突水位置附近裂隙密集、两组或两组以上断层交汇处、次级褶曲的轴部，造成小断层 F94 深部水导通。

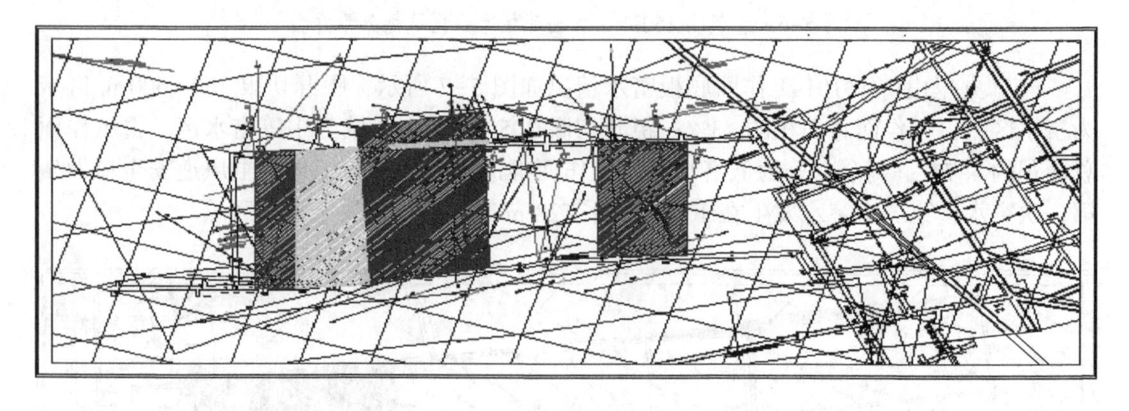

图 5-9　演马山 2207 工作面底板富水区域划分示意图

3. 各矿工作面突水危险性

各矿工作面突水危险性分别按富水区比例和富水区排序。

（1）富水区和中等富水区的比例按大小排列：古汉山矿为 67.7%~91.4%，演马山矿 48.9%~81.4%，赵固一矿为 56.1%~53.5%，九里山矿为 47.7%。

（2）按富水区排序：为古汉山矿、演马山矿、九里山矿和赵固一矿。

5.2.2　注浆加固底板的空间分布及对突水的影响

1. 剪切破坏带的计算

从图5-10中塑性区的形成及发展过程可以解释采动影响下煤层底板破坏的原因及范围。煤层开采后，在采空区四周的底板岩体上产生支承压力，当支承压力作用区域的岩体（图5-10中Ⅰ区，亦即主动区）所承受的压力超过其极限强度时，岩体将产生塑性变形，并且这部分岩体在垂直方向上受压缩，则在水平方向上岩体必然会膨胀，膨胀的岩体挤压过渡区（即图5-10中的Ⅱ区）的岩体，并且将应力传递到这一区，过渡区的岩体继续挤压被动区。采动引起的底板岩体破坏严重的区域位于两个剪切面（即图5-10中 ab、ac）之间，因此确定 b、c 两点到工作面煤壁的水平距离非常重要。其确定方法如下：

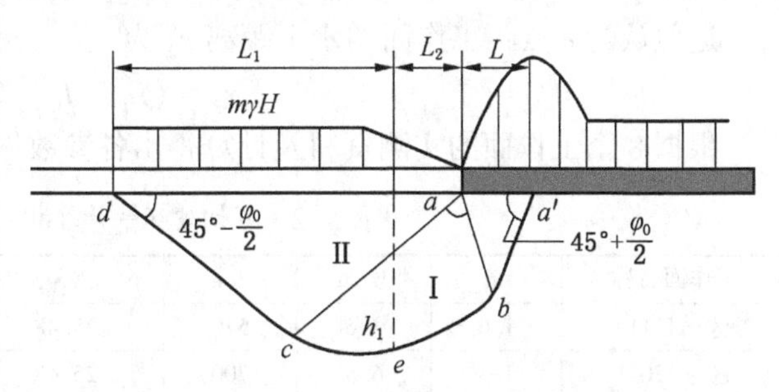

图5-10　极限状态下底板中塑性破坏区的范围

$$
\begin{cases}
L = \dfrac{m}{2K\tan\varphi}\ln\dfrac{n\gamma H + C_{\mathrm{m}}\cot\varphi}{KC_{\mathrm{m}}\cot\varphi} \\[2ex]
D_{\max} = \dfrac{L\cos\varphi_0}{2\cos\left(\dfrac{\pi}{4}+\dfrac{\varphi_0}{2}\right)}\mathrm{e}^{\left(\frac{\pi}{4}+\frac{\varphi_0}{2}\right)\tan\varphi_0}
\end{cases}
\tag{5-1}
$$

式中　L——煤层塑性区宽度，m；

$D_{\max}$——底板最大破坏深度，m；

n——最大应力集中系数，取1.6；

m——煤层开采厚度，m；

H——开采深度，m；

γ——岩体容重，取 $9.8\times2600\times10^{-3}\mathrm{kN/m^3}$；

C_{m}——内聚力，取1.05 MPa；

φ——内摩擦角，取28°；$K=\dfrac{1+\sin\varphi}{1-\sin\varphi}=2.77$；

φ_0——底板岩体权重平均内摩擦角，取37°。

在 $\Delta aba'$ 中

$$ab = r_0 = L/2\cos\left(\frac{\pi}{4}+\frac{\varphi_0}{2}\right) \tag{5-2}$$

由正弦定理 $\dfrac{L}{\sin aba'}=\dfrac{r_0}{\sin\left(\dfrac{\pi}{4}+\dfrac{\varphi_0}{2}\right)}$ 可以求得：

$$\angle baa' = 180° - \angle aba' - \left(45° + \frac{\varphi_0}{2}\right) \tag{5-3}$$

所以点 b 到工作面的水平距离为 x_1 为

$$x_1 = ab\cos\angle baa' \tag{5-4}$$

采空区内底板破坏区沿水平方向的最大长度 L_1 为

$$L_1 = L\tan\left(\frac{\pi}{2} + \frac{\varphi_0}{2}\right) e^{\frac{\pi}{2}\tan\varphi_0} \tag{5-5}$$

底板岩体最大破坏深度距工作面的水平距离 L_2 为

$$L_2 = D_{\max}\tan\varphi_0 \tag{5-6}$$

近似认为 c 点距工作面的水平距离 x_2 为

$$x_2 = (L_1 + L_2)/2 \tag{5-7}$$

根据 8 个工作面的实测资料及计算得出各参数见表 5-2。

表 5-2 剪切破坏带计算相关参数及结果

工作面名称	n	M/m	H/m	γ/(kN·m^{-3})	C_m/MPa	φ/(°)	φ_0/(°)	x_1/m
赵一 11111	1.6	3.5	570	25.48	1.05	28	37	14.8
赵一 12041	1.6	6.5	700	25.48	1.05	28	37	22.3
古汉山 13051	1.6	4.6	510	25.48	1.05	28	37	15.4
古汉山 13091	1.6	5.5	560	25.48	1.05	28	37	18.6
古汉山 15071	1.6	5.1	520	25.48	1.05	28	37	17.1
九里山 14101	1.6	7.4	270	25.48	1.05	28	37	23.4
演马庄 22061	1.6	6.4	260	25.48	1.05	28	37	20.2
演马庄 22071	1.6	5	300	25.48	1.05	28	37	25.3

2. 注浆加固范围参数的确定

根据 8 个底板注浆改造工作面的实际注浆量、钻孔长度和底板岩性裂隙率等参数，按圆柱体计算各个注浆钻孔的加固半径。在平面投影为长方形填充区域，钻孔长度为（L-15）m，即孔深减去 15 m 套管长。其浆液加固半径为

$$R = \frac{1}{\varphi}\sqrt{\frac{V\dfrac{h_1 + h_2}{h_1}}{\pi(L - 15)}} \tag{5-8}$$

式中 R——浆液加固半径，m；

V——黏土水泥浆总体积，m^3；

L——钻孔深度，m；

φ——非泥类岩的充填裂隙率；取 0.1；泥类裂隙充填率为“0”；

h_1——煤层底板结构中砂岩、粉砂岩、石灰岩等非泥岩类厚度之和；

h_2——煤层底板结构中泥岩与砂质泥岩等隔水厚度之和。

因泥岩基本注不进浆液，浆液只在砂岩、粉砂岩、石灰岩等非泥岩中扩散，因此注浆有效长度取 $\dfrac{(L - 15)h_1}{(h_1 + h_2)}$。

3. 注浆加固底板分布特征及分析

在平面图中画出各工作面注浆加固区域和剪切破坏带区域，其特征如下。

（1）11111 工作面埋深 570 m，采高取 3.5 m。参见图 5-10 计算得到破坏带区域点 b 到工作面的水平距离 x_1 为 14.82 m，c 点距工作面的水平距离 x_2 约为 108 m，考虑到工作

面斜长为 170 m，工作面上下顺槽的 x_2 之和大于工作面斜长，因此破坏带贯穿工作面，其余几个工作面情况相同，不再考虑 x_2 的影响。破坏带如图 5-11 灰色斜线区域所示，出水点位置位于破坏带以内。

根据计算结果绘制的 11111 工作面底板注浆加固情况如图 5-11 所示。图中深色填充区域，注浆加固区域面积占破坏带面积的 71%。注浆加固空间三维效果如图 5-12 所示，在 L_8 灰的断面图如图 5-13 所示。可见几个较大出水钻孔的注浆量均较大，注浆量最大的钻孔为带式输送机巷 4 检 1，注浆量为 9189.5 m^3，原因是该钻孔附近裂隙比较发育。富水区加固效果较好。突水点位于低富水区，且无断层，突水点附近注浆加固效果一般，突水点局部被注浆加固区域覆盖。

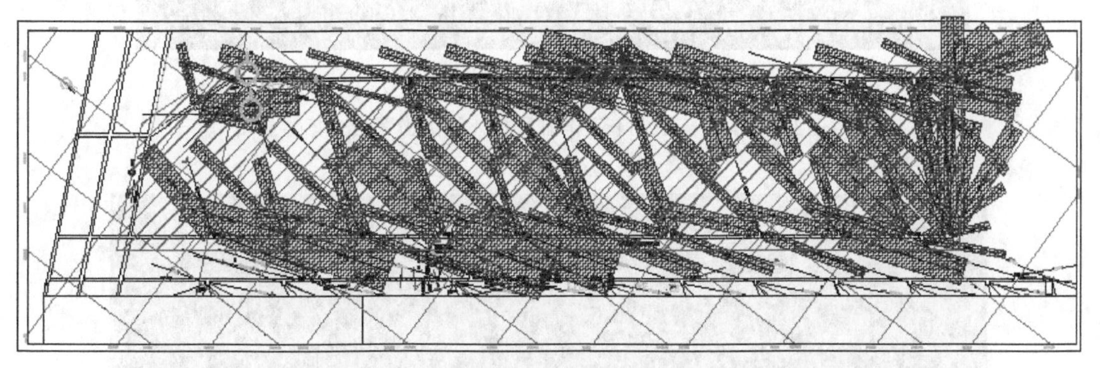

图 5-11 赵固一矿 11111 工作面底板注浆加固及剪切破坏带区域示意图

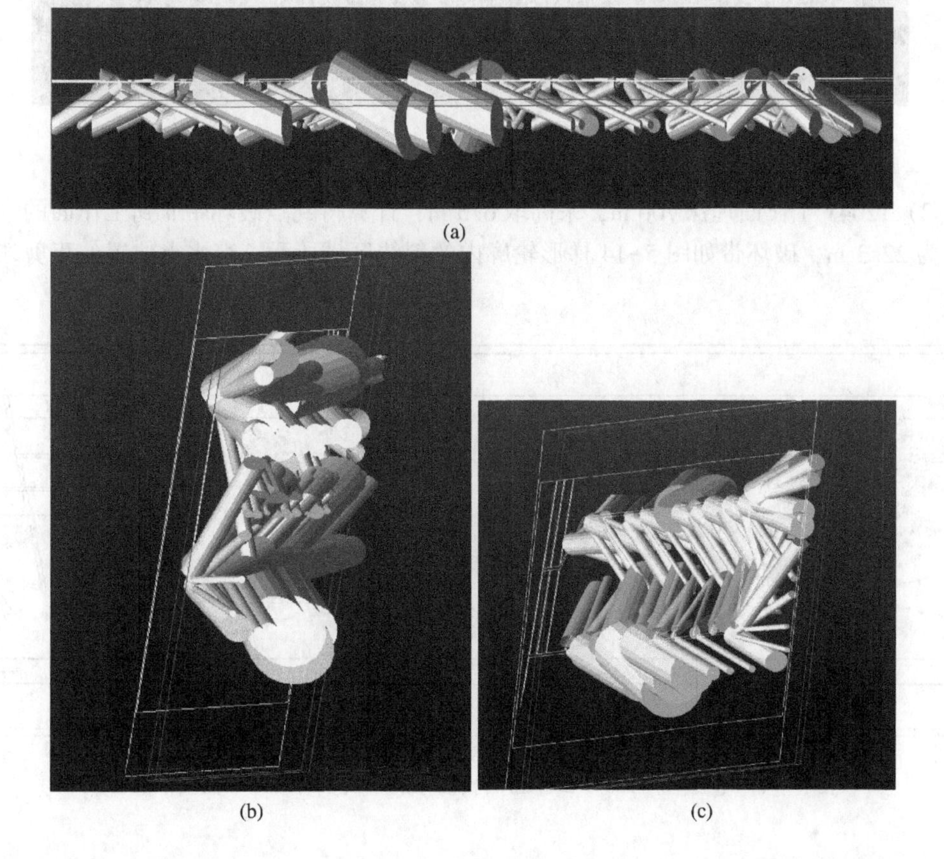

(a)

(b) (c)

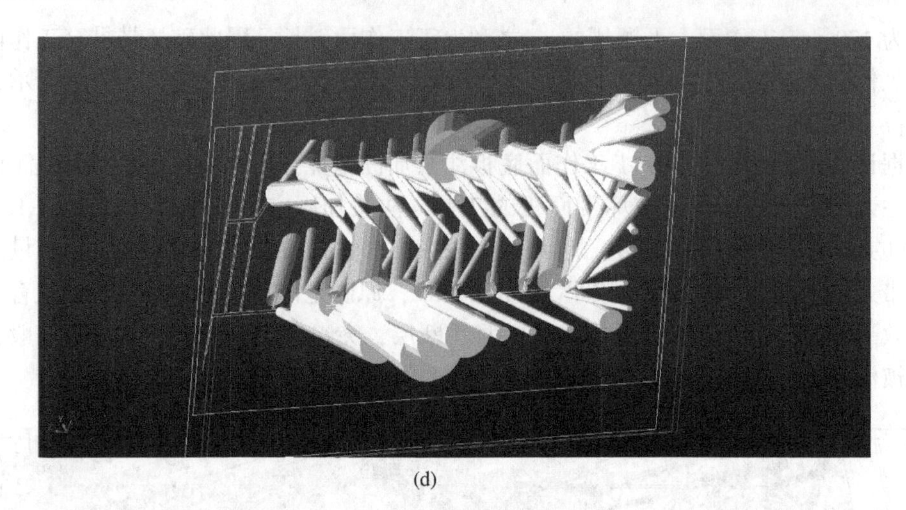

(d)

图 5-12　赵固一矿 11111 工作面底板注浆加固范围立体示意图

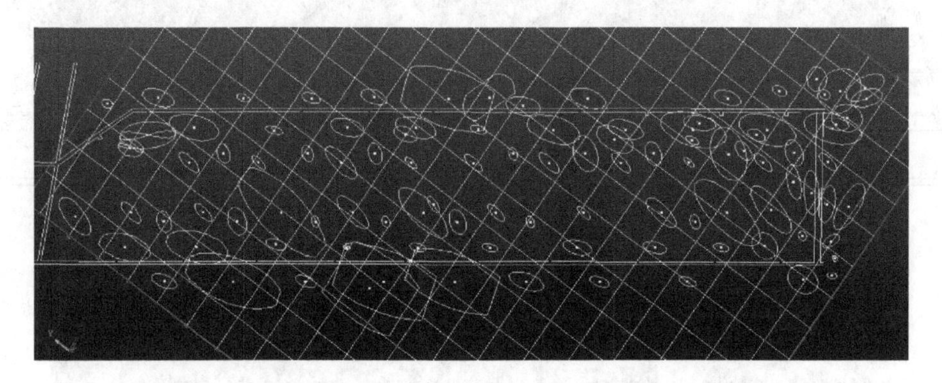

图 5-13　赵固一矿 11111 工作面底板八灰注浆覆盖范围示意图

（2）12041 工作面埋深 700 m，采高取 6.5 m，计算得到点破坏带 b 到工作面的水平距离 x_1 为 22.3 m，破坏带如图 5-14 梯形轮廓内的斜线区域所示，突水点位置位于剪切破坏带以内。

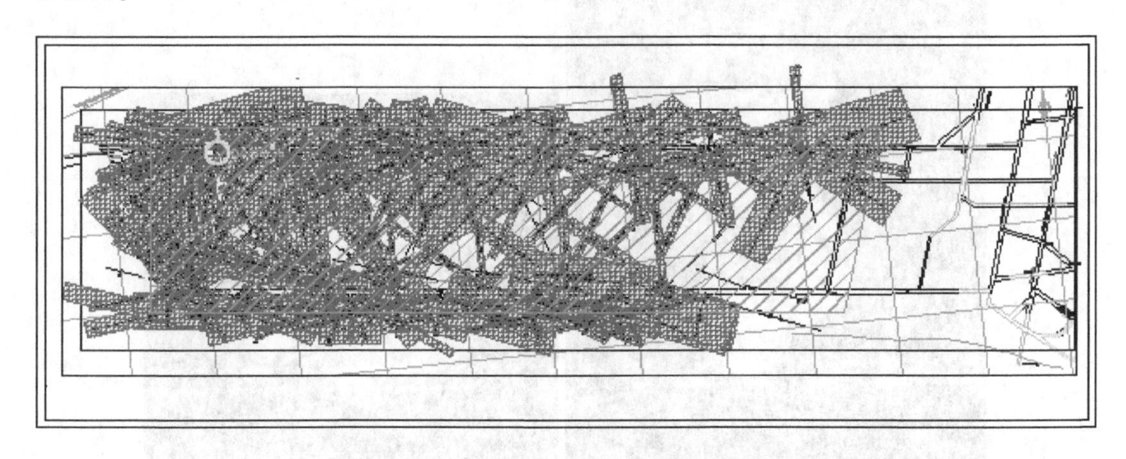

图 5-14　赵固一矿 12041 工作面底板注浆加固及剪切破坏带区域示意图

根据计算结果绘制的底板注浆情况如图 5-14 中深色填充区域所示，注浆区域面积占剪切破坏带面积的 86.6%，几个较大出水钻孔的注浆量均较大，注浆量最大的钻孔为带式输送机巷 6 检 1，注浆量为 4628 m^3，原因是该钻孔发生串浆。突水点位于富水区，认为突水点附近注浆加固效果较好。

（3）13051 工作面埋深 510 m，采高取 4.6 m，计算得到底板破坏带点 b 到工作面的水平距离 x_1 为 15.4 m，破坏带如图 5-15 中灰色斜线区域所示，突水点位置位于剪切破坏带以内。

根据计算结果绘制的底板注浆情况如图 5-15 中深色填充区域所示，注浆区域面积占剪切破坏带面积的 74.4%，几个较大出水钻孔的注浆量均较大。突水点位于富水区，突水点附近注浆加固效果较好。

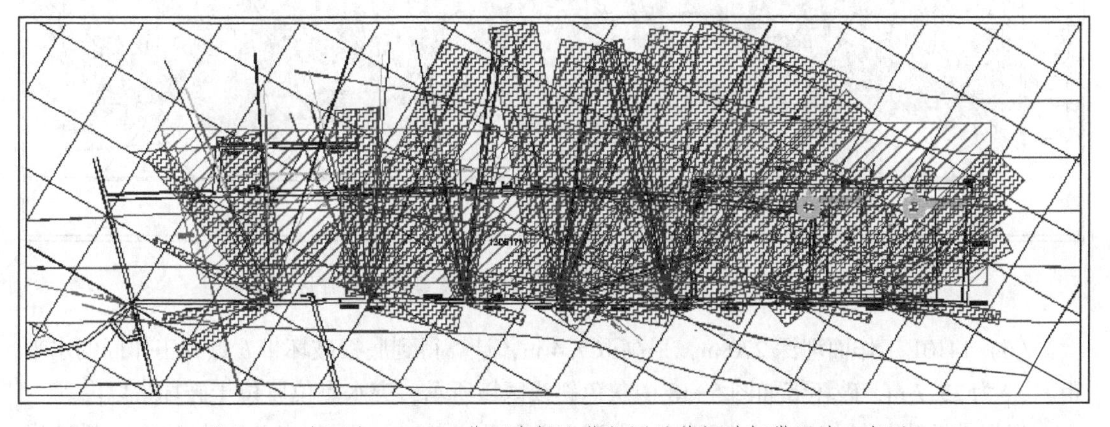

图 5-15　古汉山 13051 工作面底板注浆加固及剪切破坏带区域示意图

（4）13091 工作面埋深 560 m，采高取 5.5 m，计算得到点底板破坏带 b 点到工作面的水平距离 x_1 为 18.6 m，破坏带如图 5-16 灰色斜线区域所示，突水点位置位于破坏带以内。

根据计算结果绘制的底板注浆情况如图 5-16 中深色填充区域所示，注浆区域面积占破坏带面积的 82.8%，几个较大出水钻孔的注浆量均较大。突水点位于中等富水区，突水点附近注浆加固效果一般，突水点被注浆加固区域局部覆盖。

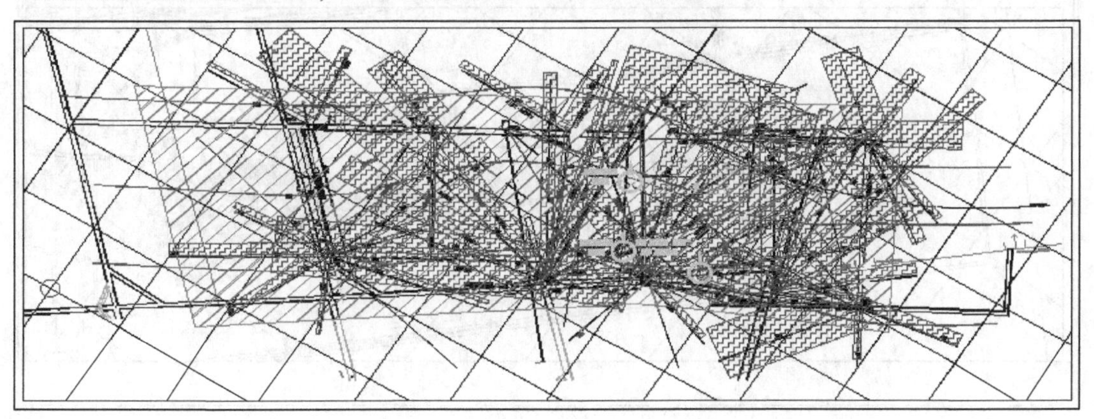

图 5-16　古汉山 13091 工作面底板注浆加固及剪切破坏带区域示意图

（5）15071 工作面埋深 520 m，采高取 5. 1 m，计算得到底板破坏带 b 点到工作面的水平距离 x_1 为 17. 1 m，破坏带如图 5-17 矩形轮廓内灰斜线区域所示，突水点位置位于破坏带以内。

根据计算结果绘制的底板注浆情况如图 5-17 中深色填充区域所示，注浆区域面积占剪切破坏带面积的 89. 6%，几个出水量较大出水钻孔的注浆量均较大。突水点位于富水区，突水点附近有断层存在，岩体破碎、裂隙发育，突水点附近注浆加固效果较好，突水点被注浆加固区域完全覆盖。

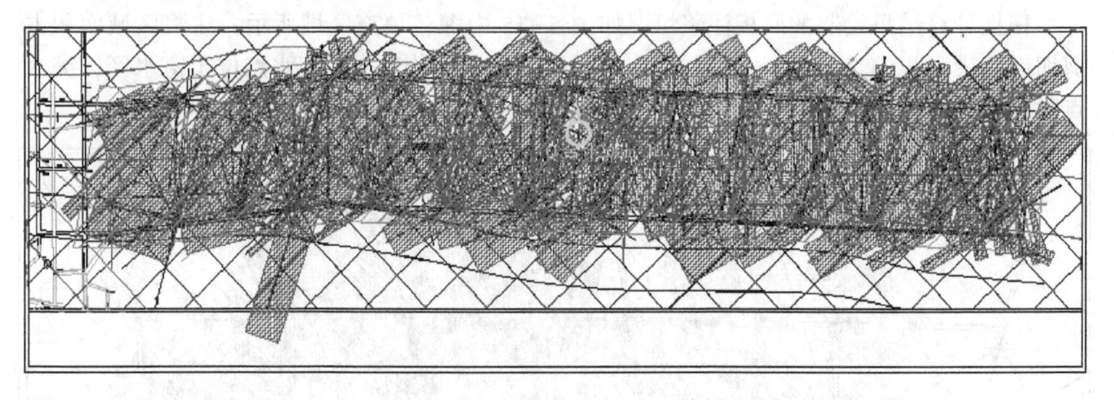

图 5-17　古汉山 15071 工作面底板注浆加固及剪切破坏带区域示意图

（6）14101 工作面埋深 270 m，采高取 7. 4 m，计算得到底板破坏带 b 点到工作面的水平距离 x_1 为 23. 7 m，破坏带如图 5-18 中灰色斜线区域所示，突水点位置位于破坏带以内。

根据钻孔岩性结构，二$_1$ 煤下岩层中泥岩总厚为 9. 74 m，石灰岩总厚为 10 m，粉砂岩总厚为 15. 54 m。煤层底板结构中砂岩、粉砂岩、石灰岩等非泥岩类厚度之和 h_1 等于 25. 54 m，煤层底板结构中泥岩与砂质泥岩等隔水厚度之和 h_2 等于 9. 74 m。根据计算结果绘制的底板注浆情况如图 5-18 中深色填充区域所示，注浆区域面积占剪切破坏带面积的 37. 2%，且加固深度不够，工作面外侧没有布置钻孔，虽然几个较大出水钻孔的注浆量均较大，但整体加固效果较差。

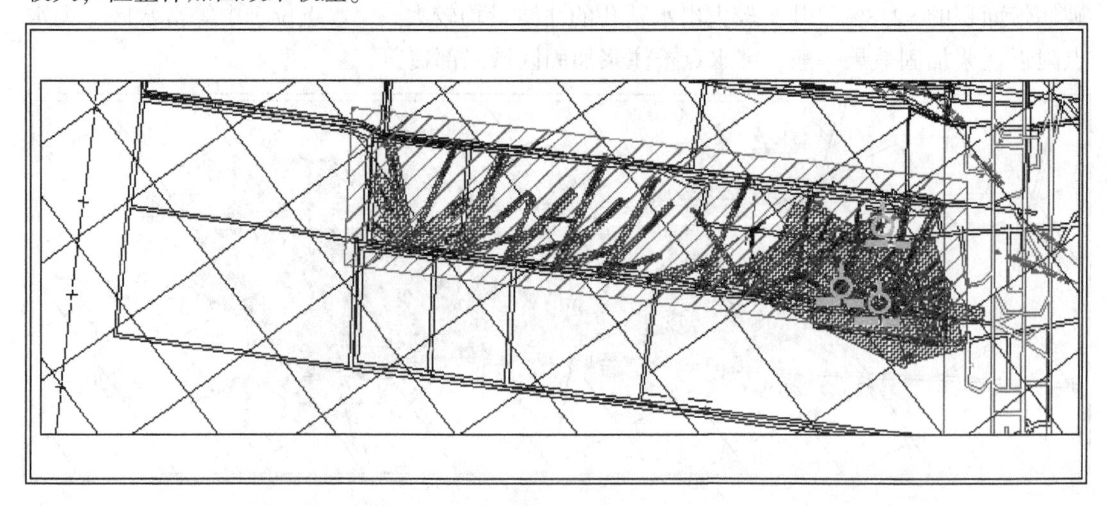

图 5-18　九里山 14101 工作面底板注浆加固及剪切破坏带区域示意图

（7）2206 工作面埋深 260 m，采高取 6.4 m，计算得到底板破坏带 b 点到工作面的水平距离 x_1 为 20.2 m，破坏带如图 5-19 中灰色斜线区域所示，突水点位置位于破坏带以内。

底板注浆情况如图 3-19 中深色填充区域所示，注浆区域面积占破坏带面积的 46.1%，且加固深度不够，工作面外侧没有布置钻孔，对富水区的加固效果也不太明显，几个较大出水钻孔的注浆量均较小，钻孔 7-2 和 2-1 注浆量仅为 55 m³，钻孔 4-1 注浆量为90 m³，且钻孔间距偏大，整体加固效果较差。

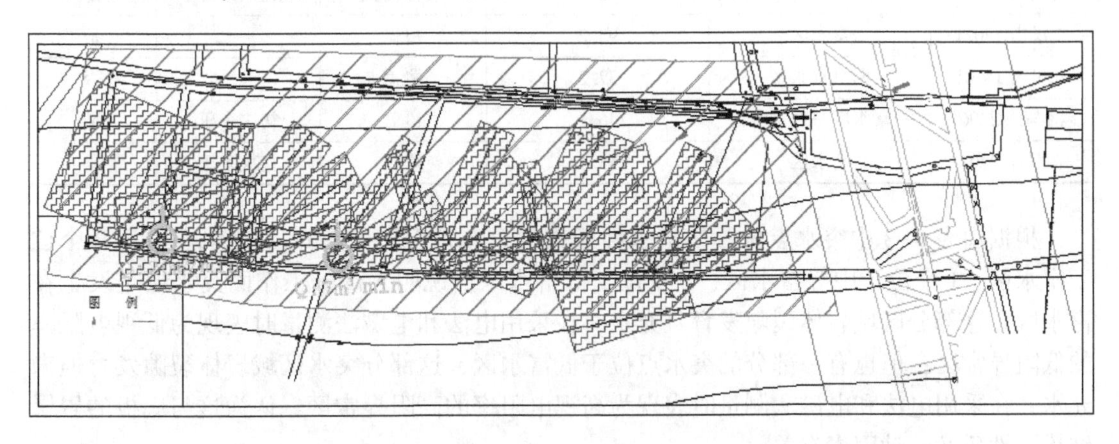

图 5-19 演马庄 2206 工作面底板注浆加固及剪切破坏带区域示意图

（8）2207 工作面埋深 300 m，采高取 5 m，计算得到底板破坏带 b 点到工作面的水平距离 x_1 为 25.3 m，破坏带如图 5-20 梯形轮廓内的灰斜线区域所示，突水点位置位于破坏带以内。

底板注浆情况如图 5-20 中深色填充区域所示，注浆区域面积占破坏带面积的 55.1%，且加固深度不够，工作面外侧没有布置钻孔，对富水区的加固效果也不太明显，注浆加固区域未能全部覆盖整个富水区，虽然对几个较大出水钻孔的注浆较好，但整体加固效果较差。

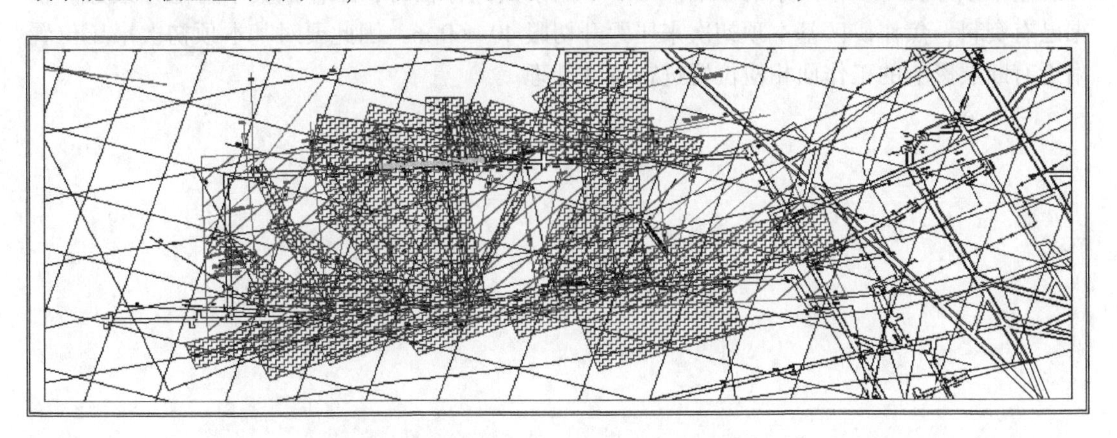

图 5-20 演马庄 2207 工作面底板注浆加固及剪切破坏带区域示意图

5.2.3 底板注浆加固与突水点的关系

8 个发生突水事故的底板注浆改造工作面各突水因素汇总见表 5-3。

表 5-3　突水点位置与开采条件的关系

工作面名称	突水点与富水区关系	注浆区域面积占剪切破坏带面积的比例/%	注浆加固区是否覆盖突水点	突水点与基本顶来压的关系	突水点附近是否有断层
赵一 11111	低富水区	71.0	局部覆盖	周期来压	否
赵一 12041	富水区	86.6	覆盖	初次来压	是
古汉山 13051	两个富水区	74.4	覆盖	—	是
古汉山 13091	一富水区一中等富水区	72.8	局部覆盖	初次来压	是
古汉山 15071	富水区	93.2	覆盖	—	是
九里山 14101	两个富水区	37.2	覆盖	—	否
演马庄 2206	一富水区一低富水区	46.1	覆盖	初次来压	是
演马庄 2207	富水区	55.1	覆盖	初次来压	是

根据由表 5-3 中突水点位置与富水性区域的分布情况可知，12 个突水点中有 9 个位于富水区，1 个位于中等富水区，2 个位于低富水区，说明大部分工作面突水还是发生在富水区。这部分区域岩体裂隙发育且充水，在采用电法和电磁法测量时表现为低视电阻率的低阻异常区；但也有一部分的突水点位于低富水区，这部分突水区域岩体裂隙发育但未充水，在采用电法和电磁法测量时表现为高视电阻率的高阻异常区，认为这与底板的岩层结构、性质及采动因素有关。

从破坏带的分布范围可以看出，注浆加固区域并未完全覆盖破坏带，在采动影响下，可能导通形成突水。通过突水点与注浆加固扩散区域的关系可以看出，在平面区域内几乎所有突水点都已经被注浆区域覆盖，但仍然发生了突水。可能与注浆加固工程量不足、技术不成熟、断层活化和采动的影响有关。

从整个表 5-3 可以看出，4 次发生在基本顶初次来压期间的突水，均位于断层附近，且均在富水区域。这说明工作面底板突水，不是由单一原因造成的，而是受富水性、断层带、基本顶来压等多个因素的影响。当 3 个因素共同存在时，工作面突水可能性最大。根据已有资料，焦作矿区基本顶初次来压距开切眼 40~60 m，因此要对基本顶初次来压位置附近有断层影响的工作面相应位置进行特殊处理。

6 高水压薄隔水层工作面突水危险性分析及治理对策

6.1 底板破坏深度预测与特征分析

6.1.1 工作面底板破坏预测计算

1. 统计公式法

（1）考虑工作面长度、开采深度、煤层倾角等对煤层底板采动破坏深度影响，可采用下述公式计算：

$$h_1 = 0.0085H + 0.1665\alpha + 0.1079L - 4.3579 \tag{6-1}$$

式中 h_1——底板采动破坏深度，m；

H——采深，m；

L——工作面斜长，m；

α——煤层倾角。

（2）只考虑工作面长度影响时有：

$$h_1 = 0.7007 + 0.1079L \tag{6-2}$$

式中 L——工作面长度，取 180 m。

利用上面两个经验公式进行计算，底板的最大破坏深度分别为 22.01 m、20.12 m。

2. 理论计算法

（1）利用断裂力学得到底板破坏最大深度：

$$h_{max} = \frac{1.57\gamma^2 H^2 L_x}{4\sigma_c^2} \tag{6-3}$$

最大深度距工作面煤壁的位置为

$$L_{max} = \frac{0.42\gamma^2 H^2 L_x}{4\sigma_c^2} \tag{6-4}$$

式中 H——开采深度，取 710 m；

γ——岩体容重，取 9.8×2600 N/m^3；

L_x——工作面斜长，取 180 m；

σ_c——单轴抗压强度，取 30.4 MPa。

由公式计算可得：

$$h_{max} = \frac{1.57\gamma^2 H^2 L_x}{4\sigma_c^2} = \frac{1.57 \times 9.8^2 \times 2600^2 \times 710^2 \times 180}{4 \times 30.4^2 \times 10^{12}} = 25.02\ \text{m} \tag{6-5}$$

$$L_{max} = \frac{0.42\gamma^2 H^2 L_x}{4\sigma_c^2} = 6.69\ \text{m} \tag{6-6}$$

（2）塑性力学理论计算：

设煤层塑性区的宽度为 L，底板最大破坏深度为 D_{max}，则 L 和 D_{max} 可根据下式求得：

$$\begin{cases} L = \dfrac{m}{2K\tan\varphi}\ln\dfrac{n\gamma H + C_m\cot\varphi}{KC_m\cot\varphi} \\ D_{max} = \dfrac{L\cos\varphi_0}{2\cos\left(\dfrac{\pi}{4}+\dfrac{\varphi_0}{2}\right)}e^{\left(\frac{\pi}{4}+\frac{\varphi_0}{2}\right)\tan\varphi_0} \end{cases} \tag{6-7}$$

式中 n——最大应力集中系数，取 1.6；

m——煤层开采厚度，m；

H——开采深度，取 710 m；

γ——岩体容重，取 9.8×2600 N/m^3；

C_m——内聚力，取 1.05 MPa；

φ——内摩擦角，取 28°；

φ_0——底板岩体权重平均内摩擦角，取 37°；

$K=\dfrac{1+\sin\varphi}{1-\sin\varphi}=2.77$。

①若分层采，采高为 3.6 m 时，计算结果为

$$L = \frac{m}{2K\mathrm{tg}\varphi}\ln\frac{n\gamma H + C_m\mathrm{ctg}\varphi}{KC_m\mathrm{ctg}\varphi} = 10.51\ \mathrm{m} \tag{6-8}$$

$$D_{max} = \frac{L\cos\varphi_0}{2\cos\left(\dfrac{\pi}{4}+\dfrac{\varphi_0}{2}\right)}e^{\left(\frac{\pi}{4}+\frac{\varphi_0}{2}\right)\tan\varphi_0} = \frac{10.51\cos37°}{2\cos\left(\dfrac{\pi}{4}+\dfrac{37°}{2}\times\dfrac{\pi}{180}\right)}e^{\left(\frac{\pi}{4}+\frac{37°}{2}\times\frac{\pi}{180}\right)\tan37°} = 21.91\ \mathrm{m} \tag{6-9}$$

底板最大破坏深度距工作面端部的距离：

$$l = \frac{L\sin\varphi_0}{2\mathrm{con}\left(\dfrac{\pi}{4}+\dfrac{\varphi_0}{2}\right)}e^{\left(\frac{\pi}{4}+\frac{\varphi_0}{2}\right)\tan\varphi_0} = 16.45\ \mathrm{m} \tag{6-10}$$

这种情况与 L 取经验值 0.015 倍的埋深时的结果接近。取经验值计算时为 $L=10.65$ m，$D_{max}=22.20$ m（表 6-1）。

②11050 工作面一次采全厚，采高按 5.62 m 计算，计算结果为

$$L = \frac{m}{2K\tan\varphi}\ln\frac{n\gamma H + C_m\mathrm{ctg}\varphi}{KC_m\mathrm{ctg}\varphi} = 16.41\ \mathrm{m} \tag{6-11}$$

$$D_{max} = \frac{L\cos\varphi_0}{2\cos\left(\dfrac{\pi}{4}+\dfrac{\varphi_0}{2}\right)}e^{\left(\frac{\pi}{4}+\frac{\varphi_0}{2}\right)\tan\varphi_0} = 34.18\ \mathrm{m} \tag{6-12}$$

底板最大破坏深度距工作面端部的距离：

$$l = \frac{L\sin\varphi_0}{2\mathrm{con}\left(\frac{\pi}{4}+\frac{\varphi_0}{2}\right)} e^{\left(\frac{\pi}{4}+\frac{\varphi_0}{2}\right)\tan\varphi_0} = 25.76\ \mathrm{m} \tag{6-13}$$

表6-1　无断层时底板破坏计算结果表

计算方法	经验公式	断裂力学	塑性力学	
			采高3.6 m	采高5.62 m
破坏深度计算结果/m	22.01	25.02	22.20	22.20
	20.12		21.91	34.18
最大破坏深度距煤壁距离/m		6.69	16.45	25.76
底板破坏进入煤壁的距离/m			10.51	16.41

③有断层情况下底板破坏深度。断层带附近的采动导水破坏带深度比正常岩层中增大约0.5倍。在断层条件影响下，采高为3.6 m时底板破坏深度为

$$D_{\max}=21.91\ \mathrm{m}\times1.5=32.87\ \mathrm{m}$$

底板岩体最大破坏深度距工作面端部的水平距离L为

$$L=D_{\max}\tan\varphi_0=32.87\ \mathrm{m}\times0.75=24.65\ \mathrm{m}$$

采高为5.62 m时底板破坏深度为

$$D_{\max}=34.18\ \mathrm{m}\times1.5=51.27\ \mathrm{m}$$

底板岩体最大破坏深度距工作面端部的水平距离L为

$$L=D_{\max}\tan\varphi_0=51.27\ \mathrm{m}\times0.75=38.45\ \mathrm{m}$$

根据以上理论计算可以得到：工作面采高为3.6 m时，正常情况下预计底板破坏深度范围为20~25 m，底板最大破坏深度距工作面端部的距离为16.45 m，煤层塑性区的宽度为10.51 m（应该也是底板破坏进入煤壁的距离）；断层情况下，预计底板破坏深度范围为30~38 m，底板岩体最大破坏深度距工作面端部的水平距离L为24.65 m。

工作面采高为5.62 m时，正常情况下预计底板破坏深度范围为20~35 m，底板最大破坏深度距工作面端部的距离L为25.76 m，煤层塑性区的宽度为16.41 m（底板破坏进入煤壁的距离）；断层情况下，预计底板破坏深度范围为30~51 m，底板岩体最大破坏深度距工作面端部的水平距离L为38.45 m。

根据大采高工作面的底板破坏深度预测结果，11050工作面底板加固深度扩大到85 m，达到L_2灰的顶界面；加固水平范围扩大到巷道外30 m。赵固二矿分层开采工作面设计注浆加固深度为70 m；加固水平范围扩大到巷道外20 m。

6.1.2　采高对注浆工作面底板破坏深度的影响

1. 同采高下工作面底板破坏形态的比较

影响煤层底板突水的主要因素为地质构造、底板岩层岩性及其组合特征、含水层的富水性、含水层水头压力、采矿条件、矿山压力及地应力等。认为在大埋深、高水压的复杂

地质、水文地质条件下，这些影响底板突水的因素都对底板破坏形态造成不同程度的影响。

根据电法观测结果，在11050大采高工作面采动造成的底板破坏深度为34.8 m，达到八灰底部，当底板破坏深度发展到极大值时，底板破坏的极大值位置与工作面煤壁水平距离为3.4 m；而11011分层开采工作面底板破坏深度为25.8 m，当底板破坏深度发展到极大值时，底板破坏的极大值位置与工作面煤壁水平距离为11 m。两次测量结果显示，工作面底板岩层均是在工作面推进过后进入压缩区。

两次测量条件的主要区别：11011工作面的采高为3.6 m，测量段无构造影响，工作面推进速度为每天6~7 m，测量关键时期无基本顶来压。11050工作面测量段采高为5.8 m，无揭露断层，但测量段在下顺槽通尺1850~1970 m间，受褶曲影响，煤层以8°~11°倾角急剧上扬；测量时，工作面距离钻场30 m之外时推进速度为4~5 m，距钻场30 m后每天推进1~2 m，同时工作面冒顶片帮较严重，甚至有停产的情况；工作面距钻场21 m时基本顶来压。

根据11011工作面和11050工作面底板破坏观测的条件的主要区别，结合现场实测结果认为底板破坏形态的原因如下：

（1）受到褶曲的影响，岩体的受力状态及完整性容易受到破坏，它对煤层底板破坏起着促进作用。

（2）在大埋深、高承压水的复杂条件下，加大采高使得岩层承受较大的支承压力造成底板破坏深度增大。

（3）由于现场测量时遇到基本顶来压，致使煤壁前方受到强大的支承压力，不但导致底板局部破坏深度的增加，而且会使煤层塑性区前移，底板岩层在煤壁前方加速形成剪切破坏，并且塑性区的前移导致底板岩层在煤壁前方就进入膨胀区。

（4）矿压的影响使得底板破坏深度增加，导通了浅部部分含水裂隙，岩体的变形破坏影响到其中水的渗流状态，水又反过来影响岩体变形，如此相互作用，相互影响，加快加大了底板岩层的破坏。

（5）11050工作面推进速度较慢和基本顶来压的共同作用，使得煤层塑性区进入煤壁前方的距离加大，并且基本顶的压力使底板岩层在采后较小距离进入底板马鞍形破坏的压缩区，这解释了11050工作面底板破坏深度发展到极大值时，底板破坏的极大值位置与工作面煤壁水平距离为3.4 m；而11011分层开采工作面底板破坏深度发展到极大值时，底板破坏的极大值位置与工作面煤壁水平距离为11 m，说明底板破坏形态受到时间和煤层开采的共同影响。

2. 底板破坏深度规律分析

1）采深的影响

目前针对采动造成的底板破坏大部分探测和研究主要针对煤层埋藏较浅，采高较小的情况，即常规的采矿条件下。已有的统计和经验公式及参数未能充分反映类似赵固二矿大埋深、大采高条件下煤层开采后的底板破坏，很多时候不能准确预计底板破坏深度。因此在这里对不同矿井的底板破坏深度进行了统计（表6-2），并对不同条件影响下的底板破坏深度的规律进行了分析。

表6-2 实测工作面底板采动导水破坏带深度统计表

序号	工作面地点	地质采矿条件					破坏带深度/m
		采深/m	煤层倾角/(°)	采高/m	工作面斜长/m	有无断层	
1	峰峰四矿 4804 面	110	12.0	1.40	100	无	10.70
2	邯郸王凤矿 1930 面	118	18.0	2.50	80	无	10.00
3	邯郸王凤矿 1830 面	123	15.0	1.10	70	无	7.00
4	邯郸王凤矿 1951 面	123	15.0	1.10	100	无	13.40
5	峰峰三矿 3707 面	130	15.0	1.40	135	无	12.00
6	峰峰二矿 2701 面 1	145	16.0	1.50	120	无	14.00
7	峰峰二矿 2701 面 2	145	15.5	1.50	120	有	18.00
8	肥城曹庄矿 9203 面	148	18.0	1.80	95	无	9.00
9	霍县曹村 11-014 面	200	10.0	1.60	100	无	8.50
10	肥城白庄矿 7406 面	225	14.0	1.90	130	无	9.75
11	井陉三矿 5701 面 1	227	12.0	3.50	30	无	3.50
12	井陉三矿 5701 面 2	227	12.0	3.50	30	有	7.00
13	马沟梁矿 1100 面	230	10.0	2.30	120	无	13.00
14	鹤壁三矿 128 面	230	26.0	3.50	180	无	20.00
15	邢台矿 7802 面	259	4.0	3.00	160	无	16.40
16	淄博双沟矿 1208 面	287	10.0	1.00	130	无	9.50
17	澄合二矿 22510 面	300	8.0	1.80	100	无	10.00
18	淄博双沟矿 1204 面	308	10.0	1.00	160	无	10.50
19	新庄孜矿 4303 面 1	310	26.0	1.80	128	无	16.80
20	新庄孜矿 4303 面 2	310	26.0	1.80	128	有	29.60
21	邢台矿 7607 窄面	320	4.0	5.40	60	无	9.70
22	邢台矿 7607 宽面	320	4.0	5.40	100	无	11.70
23	吴村煤矿 3305 面	327	12.0	2.40	120	无	11.70
24	河东煤矿 31005 面	340	4.0	3.70	180	无	17.26
25	吴村煤矿 32031 面 1	375	14.0	2.40	70	无	9.70
26	吴村煤矿 32031 面 1	375	14.0	2.40	100	无	12.90
27	五阳煤矿 7601 面	380	8	6.23	190	无	26.17
28	井陉一矿 4707 小面	400	9.0	7.50	34	无	8.00
29	井陉一矿 4707 小面 1	400	9.0	4.00	34	无	6.00
30	井陉一矿 4707 大面 2	400	9.0	4.00	45	无	6.50
31	新汉华丰矿 4303 面	520	30.0	0.94	120	无	13.00
32	赵固一矿 11111 面	570	2	3.5	176	无	23.48
33	赵固二矿 11011 工作面	710	3	3.6	180	无	25.80
34	赵固二矿 11050 工作面	690	3	5.8	180	无	34.80
35	开滦赵各矿 1237 面 1	900	26.0	2.00	200	无	27.00
36	开滦赵各矿 1237 面 2	1000	30.0	2.00	200	无	38.00
37	邢台邢东矿 2121 面	1000	12.0	3.70	150	无	32.50

为了研究在不同条件下底板破坏深度的规律，根据表 6-2 对采场底板破坏深度与采深关系进行拟合的曲线如图 6-1 所示，从图中可以发现在只考虑采深的情况下，采场底板破坏深度与采深的关系，可以由下式表示：

$$h_1 = 2 \times 10^{-5}x^2 + 0.0025x + 10.122 \quad (R^2 = 0.5622)$$

式中　h_1——采场底板破坏深度，m；

x——采深，m。

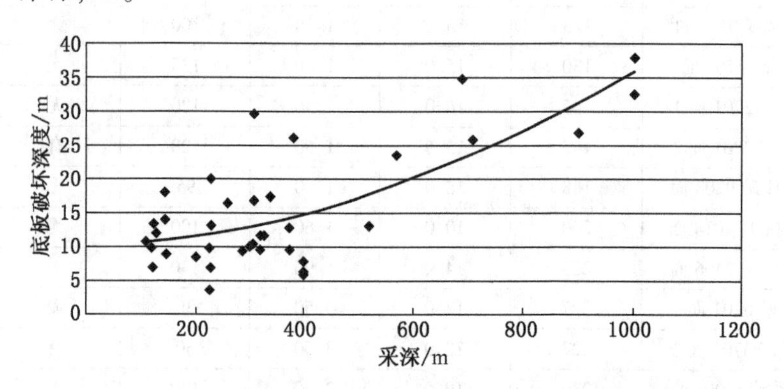

图 6-1　采场底板破坏深度与采深关系拟合曲线图

由于底板破坏是受多因素影响，在分析单因素影响情况时，由于受到其他影响因素的干扰，拟合方程中 R^2 值不是很高，难以保证有很高的拟合精度。但是，这主要影响到模型的精确度而不是其正确性。因为在研究中最主要的是看定量分析和定性分析是否相违背。由图 6-1 可以反映出随着开采深度的增加，煤层底板采动破坏深度呈显著增大的趋势。

2）大采深情况采高的影响

在三下采煤规程中计算底板破坏深度的统计、经验公式中并没有考虑采高的影响，但根据图 6-2、图 6-3 和图 6-4 可以看出底板破坏深度受到采高的影响。根据经验和统计结果显示：采深在 400 m 以上的浅部基本不受采高的影响；在 500 m 以下深部采矿条件下，底板受到采高较大的影响。

分析认为在深部，岩体受力状态发生改变，煤层开采后开始向塑性变形阶段过渡，支撑压力的改变会较大程度地影响岩体的破坏与变形，故在深部条件下采高对底板破坏的影响比在浅部的影响更大。所以在深部、大采高条件下，底板破坏深度会发生较大的变化。

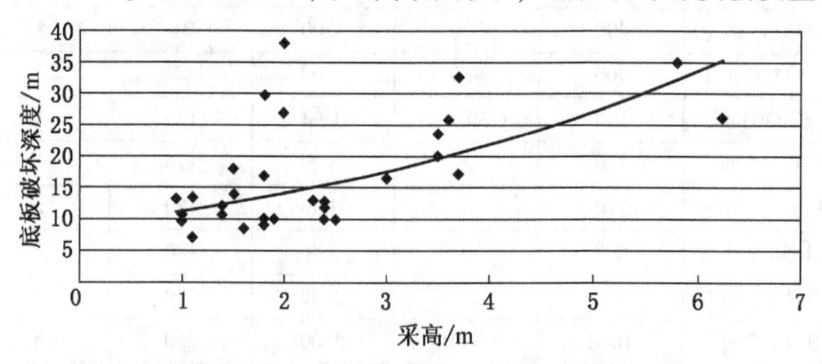

图 6-2　底板破坏深度与采高关系拟合曲线图

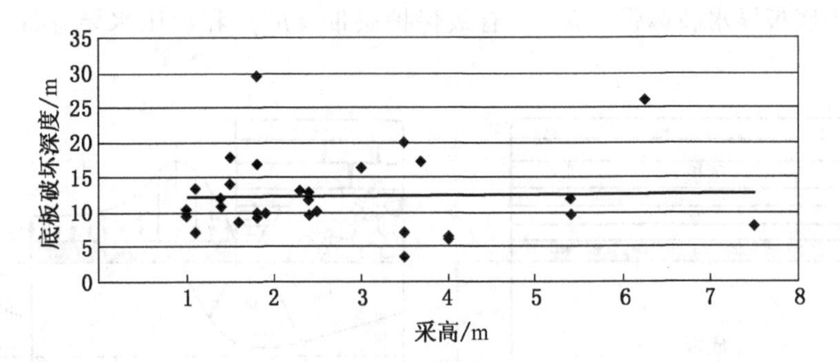

图 6-3　400 m 以上浅部采场底板破坏深度与采高关系拟合曲线图

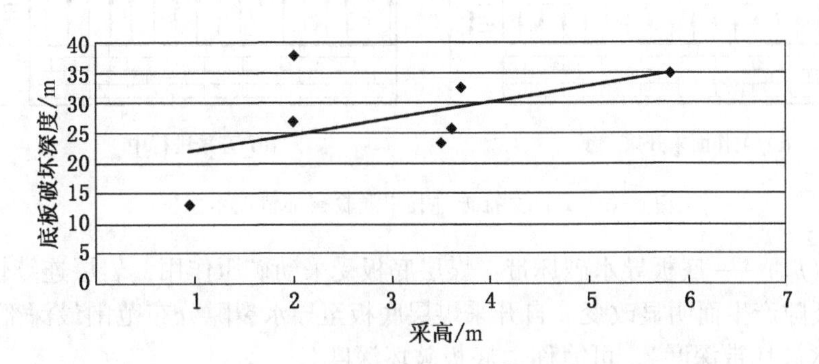

图 6-4　500 m 以下深部底板破坏深度与采高关系拟合曲线图

为了更方便简洁地估算赵固二矿底板破坏深度，根据前面分析的结果，可以认为在深部，底板破坏深度受采高影响为线性变化，这与塑性力学计算公式显示的一样，底板破坏深度与采高成正比，所以可以根据赵固矿区底板实测结果绘制出底板破坏受采高影响的曲线（图 6-5），并写出计算公式：

$$h_1 = 4.5432x + 8.4909 \quad (R^2 = 0.9756)$$

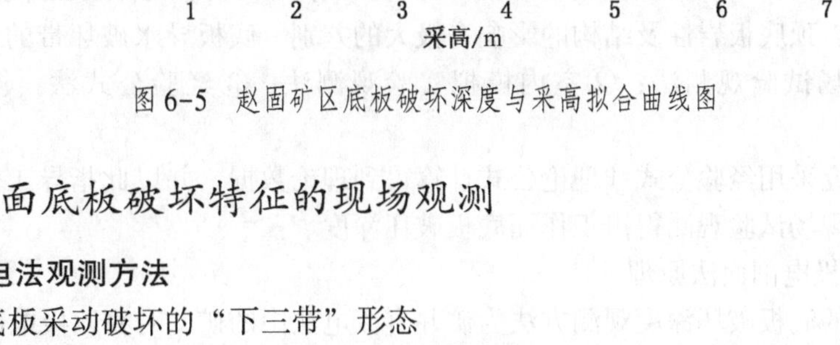

图 6-5　赵固矿区底板破坏深度与采高拟合曲线图

6.2　工作面底板破坏特征的现场观测

6.2.1　直流电法观测方法

1. 煤层底板采动破坏的“下三带”形态

煤层在开采过程中，由于受采动影响，底板岩层存在“下三带”，从煤层底板至含水层顶板分别为底板导水破坏带（h_1）、有效保护层带（h_2）和承压水导升带（h_3），如图6-6所示。

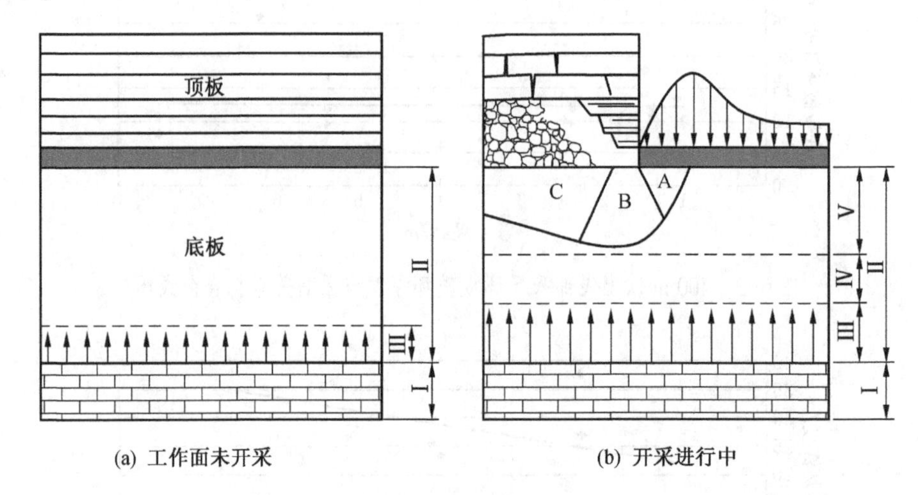

图6-6　工作面推进过程中底板破坏情况示意图

第Ⅰ带（h_1）——底板导水破坏带：煤层底板受采动矿压作用，岩层连续性遭受破坏，其导水性因裂隙产生而明显改变。自开采煤层底板至导水裂隙分布范围最深部边界的法线距离称“导水破坏带深度”，可简称“底板破坏深度”。

第Ⅱ带（h_2）——有效保护层带（完整岩层带或阻水带）：是指底板保持采前的完整状态及其原有阻水性能不变的岩层。此带位于第Ⅰ、Ⅲ带之间。此带岩层虽然受矿压作用影响，或许有弹性甚至塑性变形，但其仍保持采前岩层的连续性，其阻水性能未发生变化，起着阻水保护作用，故称其为有效保护层带或阻水带。为安全起见，将第Ⅰ带下界面、Ⅲ带上界面之间的最小法线距离称为保护层厚度。

第Ⅲ带（h_3）——承压水导升带：承压水可沿含水层上覆岩层中的裂隙导升，导升承压水的充水裂隙分布的范围称为承压水导升带。其上部边界至含水层顶面的最大法线距离称含水层的原始导升高度。

煤层开采过程中底板在任何情况下都会产生破坏，即第Ⅰ带导水破坏带是一定存在的，而其他两带则不一定存在。其中第Ⅱ带，即有效保护层带对预防底板突水至关重要，其存在与否及其厚度（阻水性强弱）是安全开采评价的重要因素。

在同一矿区井田范围内，地质条件差别不大的情况下，工作面底板承压水导升带高度基本是不变的，而在不同的矿井导水破坏带则受工作面长度、开采方法、煤层厚度及倾角、开采深度、顶底板岩性及结构的影响有极大的差别。底板导水破坏带的获取方法主要有4种：①现场试验观测法；②室内模拟实验观测法；③经验公式法；④理论公式计算法。

本课题研究采用经验公式和理论公式计算得到理论数据，并以此指导工作面内观测点的布置，通过现场试验观测得出工作面底板破坏深度。

2. 对称四极电剖面法原理

此次采用的底板破坏深度观测方法为矿井直流电法中的矿井对称四极电剖面法。

按照工作原理，矿井直流电法可分为：矿井电剖面法、矿井电测深法、巷道直流电透视法、集测深法和剖面法于一体的矿井高密度电阻率法、直流层测深法和直流电法超前探等。

矿井电剖面法是研究沿巷道方向岩体电性变化的一种灵活而有效的方法，其特点是在测量过程中电极间距保持不变，同时沿测线逐点测量视电阻率值。由于电极间距不变，沿测线方向矿井电剖面法顺层（或垂直层面）的探测范围大致相等，因此所测得的ρ_s剖面曲线是测线方向上一定勘探体积范围内介质电性变化的综合反映。

电剖面法的主要形式有对称联合剖面法、四极剖面法、偶极剖面法和中间梯度法等。联合剖面法较其他剖面法能提供更为丰富的地质信息，具有分辨能力强、异常明显等优点，因此在水文调查中获得了广泛的应用。

在矿井中进行对称四极电剖面法观测，供电电极 A、B 和测量电极 M、N 布置在同一巷道剖面中，且保持电极距不变，使得电流场分布范围基本不变，沿逐点观测 ΔU 和 I，然后计算视电阻率。装置沿巷道移动时，巷道影响为常数，因此其视电阻率剖面曲线反映了沿巷道方向测线附近电性的横向变化。如果对称于测点再布设一对供电电极 A′和 B′，且$A'B'>AB$，于是在一个测点便可获得两种不同深度地电特性的测量结果，后者也称为复合对称四电极剖面法。

根据场的叠加原理容易证明，对称四极电剖面法的测量结果和相同极距联合剖面法的测量结果存在以下关系，即

$$\rho_s^{AB}=\frac{1}{2}(\rho_s^A+\rho_s^B)$$

上式表明，对称四极电剖面法视电阻率曲线等于相同极距联合剖面曲线的平均值。这样，我们便无须专门计算对称剖面法的理论曲线，只要取联合剖面法ρ_s^A及ρ_s^B曲线的平均值，便可以得到相应地电断面上对称剖面的理论曲线，对称剖面曲线的异常幅度和分辨能力均不如联合剖面曲线。对称四极电剖面法不需要无穷远极，工作轻便、效率高，在水文及工程地质调查中探查基岩起伏、构造破碎带及高阻岩脉等均有很好的效果。

矿井对称四极电剖面法仍属于视电阻率法的范围，其根据工作面回采前后底板岩层视电阻率的变化判断底板岩层的破坏情况，从而确定采动矿压引起的底板破坏深度。

底板岩层未受采动矿压影响处于原岩状态，通过观测得到岩层视电阻率的初始背景值。若观测区域内无构造扰动，同一层位测得的视电阻率剖面曲线基本为直线，其数值为原岩视电阻率值。工作面向前推进，底板岩层由于受支承压力作用而破碎，电极电缆周围的岩层被破坏，若岩层破坏后裂隙内未充水，电极测量得到的视电阻率将明显变大；若岩层破坏后裂隙内被水充满，电极测量得到的视电阻率将急剧减小，因此得到底板岩层破坏后的视电阻率值曲线与原始视电阻率曲线有明显的拐点。回采工作面继续推进，底板岩层受到的支承压力逐渐减小并趋于稳定，底板破碎岩层在顶板冒落矸石重力作用下被压实，电极测得岩层视电阻率将略有变化。在工作面整个回采过程中，底板岩层初始视电阻率值比较稳定，受采动影响，底板岩层破碎区域视电阻率值急剧变化，工作面采过之后破碎岩层视电阻率值将略有变化并逐渐趋于稳定。

矿井直流电法观测得到的底板岩层视电阻率数值，从直流电法观测的角度而言，其数据结果具有多解性。直流电法所测得的视电阻率剖面曲线是在测线方向上一定勘探体积范围内介质电性变化的综合反映，针对底板破坏深度而言，其数据揭露的结果是测线垂直剖

面内，在测线垂直方向上部或下部的两种结果。在特定的煤层赋存地质条件下，工作面回采过后底板岩层形成马鞍形破坏区域形态是一定的，其最大破坏深度也会稳定在一定的范围内。因此，为了针对性地解决直流电法数据多解性问题，本次观测采用改变供电极距的办法，分别采取单倍距、双倍距和三倍距在同一时期内重复观测底板岩层的视电阻率，获取底板破坏深度的唯一解。

本次测试采用的是 WDJD-3 多功能数字直流激电仪（图 6-7）。该仪器广泛应用于金属与非金属矿产资源勘探、城市物探、铁道桥梁勘探等方面，亦用于寻找地下水确定水库坝基和防洪大堤隐患位置等水文工程地质勘探中，还能用于地热勘探。

图 6-7 WDJD-3 多功能数字直流激电仪

此次底板破坏深度观测采用的对称四极电剖面法有极佳的优点。钻孔在采前施工并且安装电极电缆后可封孔，不会形成导水通道，特别适用于突水系数较高的工作面。可以在任何工作面布置测站，一般一个测站可布置一至两个钻孔。本次 11050 一次采全高工作面底板破坏观测选定在下顺槽已有 19 号注浆钻场（距离 11050 工作面开切眼 245 m 处）。在钻场内布置一个底板破坏深度观测钻孔（命名为 ZK1），钻孔俯角为 43°，方位角为 98°。钻孔施工完毕利用 ϕ25 塑胶管作为伴管和持力管将电极电缆送入孔中，待电极电缆送到钻孔内部预定位置后可采用高压注浆封孔。注浆材料采用本矿底板注浆材料。注浆能使电极电缆很好地与底板岩体相接触，可减小因接触不良而导致的异常点出现。数据观测使用先进的电法仪自动监测数据，操作简单，仪器携带方便，受周围环境影响较小，误差小。观测电极不易受采动矿压影响，电极与岩石接触良好，能够真实反映岩层破坏情况。钻孔周围岩层破坏后对数据观测影响不大，易于重复观测。电极电缆埋设在底板岩层中能在回采时全程监控底板岩层视电阻率的变化，间断性重复采集工作面推进过程中底板岩层视电阻率数据并进行分析，得到底板岩层在回采过程中的破坏规律及底板岩层最大破坏深度数值。同时这种观测准备工程量小，资金节省，并且观测成功率大，易保证观测成果。

6.2.2 大采高工作面底板破坏深度实测分析

1. 现场观测设计

1）观测目的

当工作面底板受承压水威胁时，为保障安全开采需研究和观测工作面“下三带”即采动底板导水破坏带、有效保护层带和承压水导升带发育情况。观测工作面采后底板破坏深度是进行水体上安全采煤的关键。本次观测的主要目的是获得赵固二矿高水压影响下的二$_1$煤层 11050 大采高工作面底板岩层在无断层影响时的破坏规律，评价底板各层灰岩水的突水危险性，同时探索深部大采高情况下底板破坏呈现的规律。

2）观测方法选择

在工作面前方适当位置，施工底板破坏观测钻孔，在钻孔中埋设电极电缆，采用直流电法仪，观测工作面开采前以及开采过程中，底板钻孔周围地层的视电阻率变化情况。根据视电阻率变化情况确定底板岩体的破坏过程及深度。测站布置方式有 3 种，分别为：相邻巷道布置、本工作面巷道外钻场和本工作面巷道内钻场布置（表 6-3）。由表 6-3 分析可知，如果有相邻巷道，第 1 种布置方式是最好的。

表6-3 位置不同的3种测站布置方式特点

测站方式	相邻巷道布置	本工作面巷道外钻场	本工作面巷道内钻场
优点	1. 钻孔可平行工作面，观测资料效果好，整理便利 2. 钻孔施工和布置测站方便 3. 可方便观测工作面采前及推进过程中的视电阻率变化	1. 在本工作面巷道布置测站 2. 钻孔长度短，不宜损坏电极 3. 可进行工作面推过后观测	1. 可在本工作面巷道布置测站 2. 可观测工作面推进测站过程中视电阻率的变化
缺点	需要有位置适当的相邻巷道	1. 钻孔斜交工作面整理资料不便利 2. 工作面推过测站后，巷道垮塌、底板变形、钻孔易破坏	1. 钻孔长，易损坏电极 2. 工作面接近测站不能观测
适用条件	当有适当相邻巷道时，应首选该方式	没有相邻巷道时，可选该方法	针对工作面推进过程底板视电阻率的变化
应用实例	五阳煤矿 7601 综放工作面	赵固一矿 11011 工作面	赵固一矿 11011 工作面

本次观测主要针对 11050 工作面，主采二$_1$ 号煤，工作面采用一次采全高综合机械化采煤工艺，沿煤层顶板回采，采高为 4.5~6 m，采用全部垮落法处理采空区。11050 工作面位于Ⅰ盘区上部，工作面开切眼东南 199 m 是 F18 断层，西北侧是Ⅰ盘区 3 条大巷，东北侧是未开采的 11070 工作面，西南侧是未开采的 11030 工作面。11070 工作面和 11030 工作面尚未采掘，在 31005 工作面有相邻的 31006 工作面。

由于 11050 工作面顺槽没有相邻巷道，并且下顺槽没有外钻场，为了充分利用已有钻场，根据实际情况和可行性分析选择第 3 种测站布置方式。因此可将观测方法总结为：

（1）在 11050 工作面 19 号钻场，施工底板破坏观测钻孔。

（2）钻孔内埋设电极电缆，电缆有 40 个电极，电极间距为 2 m，采用 WDJD-3 直流电法仪，观测开采前以及开采过程中，底板岩层视电阻率变化（分别观测 1X、2X 和 3X 等 3 个层面的视电阻率）。

（3）根据观测数据，分析底板岩层在采动过程中视电阻率变化，从而研究底板岩层的破坏过程及深度。

3）观测钻孔布置

根据现场实际情况，为实现11050工作面在无断层影响情况下开采过程中底板破坏深度的观测，现利用下顺槽已有19号注浆钻场（距离11050工作面开切眼245 m处）布置底板破坏深度观测钻孔（命名为ZK1），钻场位置平面图如图6-8所示，钻孔结构参数见设计平面示意图6-9和剖面图6-10。ZK1钻孔配套电极电缆有40个电极，电极间距为2 m。

在施工及电缆安装过程中，由于底板岩层有较多的砂质泥岩和泥岩，造成钻孔完成后埋设电极电缆时发生了堵孔现象，最终导致了电缆不能下送到终孔，送入钻孔的电缆长度为65 m（垂深：44.3 m，沿工作面的水平长度：34 m），参考理论计算值看出已经可以满足观测需要。所以决定除了露出线头外，其余未送入的电缆部分电极被封入套管并用注浆封实。钻孔的具体参数见表6-4。

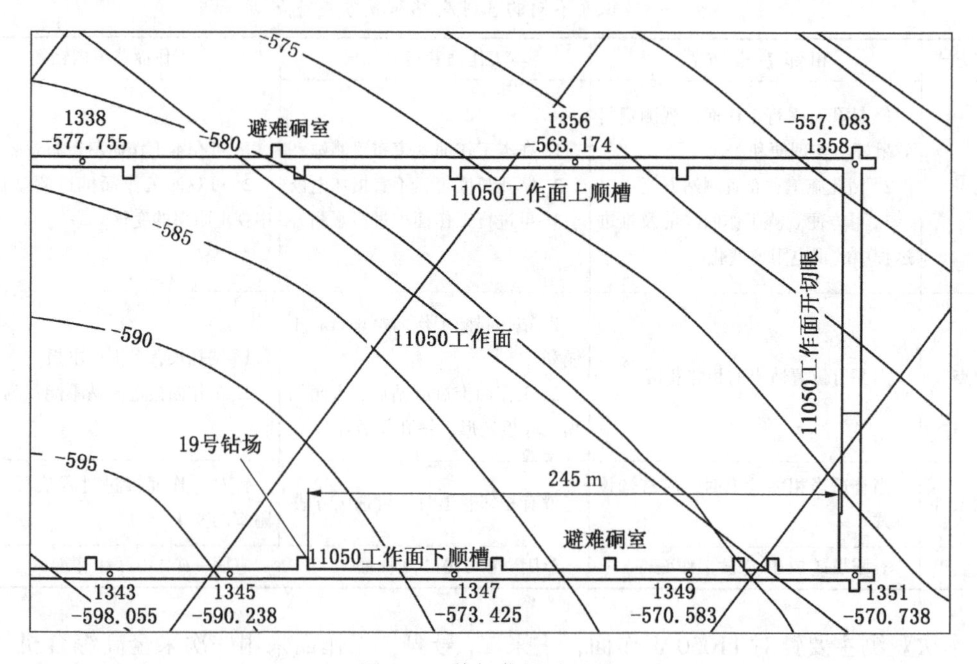

图6-8　钻场位置平面图

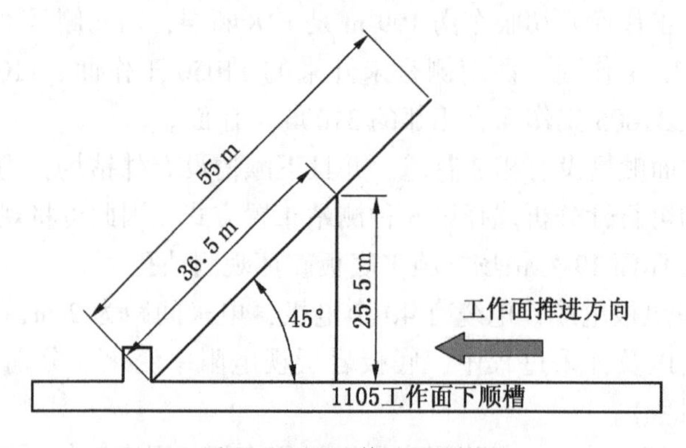

图6-9　ZK1钻孔平面图

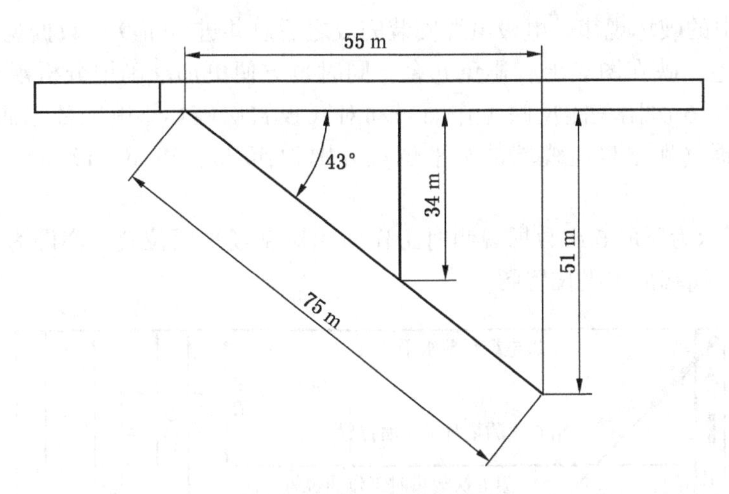

图 6-10 ZK1 钻孔剖面图

表 6-4 底板破坏观测钻孔参数表

孔 号	俯角/(°)	方位角/(°)	孔深/m	垂深/m	孔径/mm	备 注
ZK1	43	98	75(65)	51	ϕ108	套管长度 15 m

4）钻孔施工技术要求

（1）钻孔结构，孔径为 108 mm 钻到终孔。如果已经有较准确的底板岩层结构参数，可以不取芯。在钻进过程中，要求严格控制孔深误差。每钻进 50 m，丈量钻具全长一次。终孔时，应丈量钻具全长。

（2）安装电极电缆及注浆封孔。钻孔施工由赵固二矿负责实施，钻孔达到设计深度后，在中国矿业大学（北京）人员的现场指导下，采用 ϕ25 塑料水管作为伴管将电缆电极送入钻孔指定位置，注浆封孔。注浆封孔可以根据矿上已有的注浆技术实施。为保障长期观测，需保护电极电缆观测接头，避免人为或非人为损坏。

2. 11050 工作面直流电法观测成果分析

直流电法观测得到的底板岩层视电阻率数值，从直流电法观测的角度而言，其数据结果具有多解性。直流电法所测得的视电阻率剖面曲线是在测线方向上一定勘探体积范围内介质电性变化的综合反映，针对底板破坏深度而言，其数据揭露的结果是在测线垂直剖面内的测线垂直方向上部或下部两种结果。但是对采矿学和矿压而言，在特定的煤层赋存地质条件下，工作面回采过后底板岩层形成马鞍形破坏区域形态是一定的，其最大破坏深度也会稳定在一定的范围内。因此，为了针对性地解决直流电法数据多解性问题，本次观测采用改变供电极距的办法，分别采取单倍距、双倍距和三倍距在同一时期内重复观测底板岩层的视电阻率，以达到获取底板破坏深度的唯一解。

1）观测数据的处理

由理论和统计公式计算所得在大采高情况下底板破坏深度基本为 20~35 m，根据塑性力学计算的最大破坏深度地质点位置距离工作面煤壁大约为 25.8 m。按照赵固二矿及本地区其他煤矿以往的资料及考虑大采高工作面的特点，工作面超前支撑压力影响距离约为 35 m。为了能够取得足够的数据分析工作面回采对底板岩层的破坏影响以及底板岩层在工作面回采过程中的破坏规律，电极电缆安装完成之后总共进行了9次数据观测。为了使数据结果能清晰地反映在图表上，避免冗余，同时也方便更加准确地分析观测数据，此次选择采动过程中6次比较能反映工作面采动对底板岩层破坏影响的数据曲线进行分析，剩余的观测数据（距电极电缆端部水平位置分别为40 m、38 m、17 m）作为参考不再列入。

图6-11所示为所取6次数据观测时工作面相对钻场平面位置，亦即为工作面回采位置相对于电极电缆端部水平位置图。

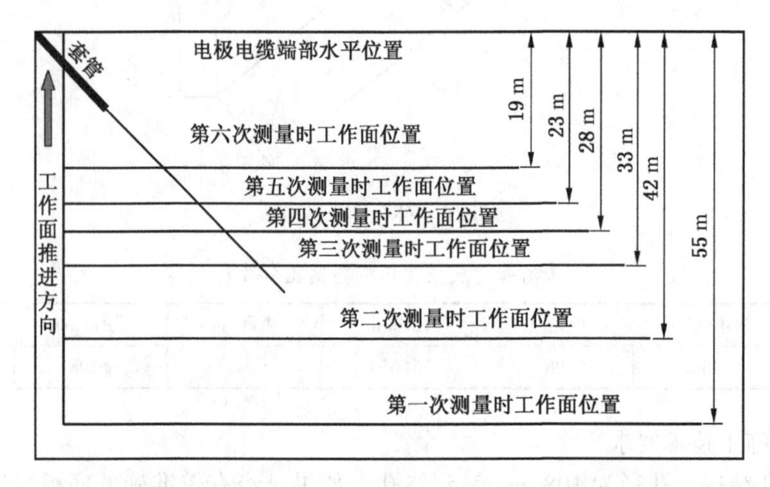

图6-11　钻孔视电阻率数据测量时工作面位置图

为确保矿井的安全生产，避免工作面回采后期电极电缆埋设钻孔成为人为导水通道，电极电缆安装入钻孔内部之后采用高压注浆封孔。由于底板岩层本身存在小裂隙以及在钻孔施工过程中对周围岩层的扰动，高压注浆封孔必定对周围岩层存在一定加固作用。底板岩层L_8灰岩承压水是矿井安全生产的最大隐患，因此工作面在回采之前都需要对底板进行注浆加固，高水压注浆封孔能够更真实地反映整个工作面底板岩层注浆后的状态，其所测得的底板破坏深度结果将能更加有效地指导底板承压水的防治。同时为了使高压封孔造成的影响能更加真实地反映出来，因此给予了水泥充足的凝固时间，同时也考虑测量上的方便及连续性。电阻率背景值测量在钻孔注浆后，注浆岩层基本已处于稳定状态，并且在工作面未进入开采影响范围内或者开采影响很小的范围之内，测得的背景值基本能反映出底板岩层加固后的真实视电阻率。由于11050工作面推进速度不稳定，推进速度比较快时每天5~6 m，有时却没有推进，根据电缆沿工作面的水平长度，除了原始数据以外，在知道工作面推进进度的情况下，大致选择每5 m测量一次，以便取得足够的、有效的数据。在电缆埋设地点19号钻场处于下顺槽通尺1850~1970 m，根据已知的揭露及探测情况，没有断层，但受褶曲影响煤层以8°~11°倾角急剧上扬，处理数据时应该说明并注意其影响。还有需要注意的是在工作面基本进到距钻场25 m以内时，由于受到机器的检修的影响、工作面基本顶来压影响、顶板冒顶的影响，推进速度很慢，这些因素可能影响数据观测结果，处理数据时应该考虑到地质条件及采矿条件的影响。为了确保数据在达到峰值后出现回落判断的准确性，回落后进行2次测量，保证观测的准确性。

根据各次测量的数据，分别得到工作面推进过程中电极电缆单倍距（$AB/2=3$ m）、双倍距（$AB/2=6$ m）和三倍距（$AB/2=9$ m）3 种情况下的视电阻率曲线（图 6-12、图 6-13 和图 6-14）。

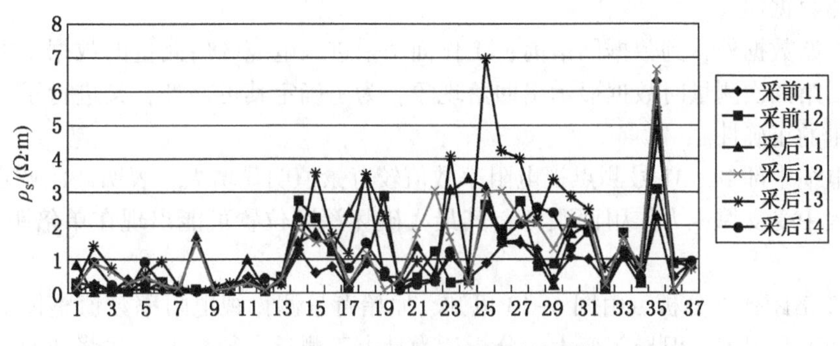

图 6-12 ZK1 钻孔单倍距测量数据

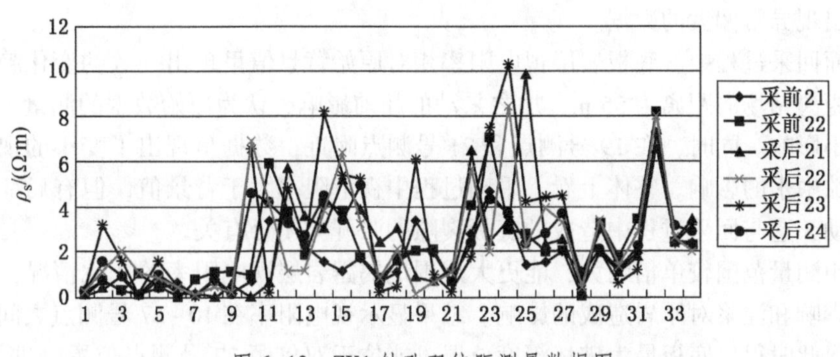

图 6-13 ZK1 钻孔双倍距测量数据图

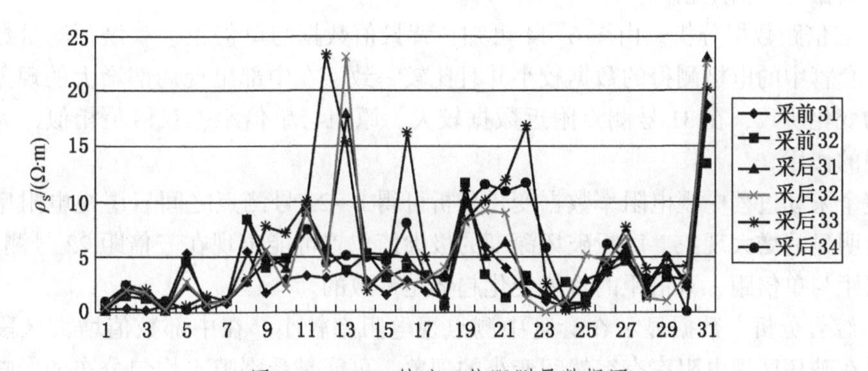

图 6-14 ZK1 钻孔三倍距测量数据图

在处理数据过程中发现，单倍距、双倍距和三倍距的原始数据和采动后的数据在最后几个数据出现异常偏大的现象，并且在采动过程中数据变化不是很大，没有呈现出受采动影响的迹象。为了突出显示前面数据，将数据改小，但保持其变化趋势。同时受到采动影响的个别点显示开路，为了数据的正常显示，根据需要将开路改为较合理的数值。

（1）单倍距数据分析。由图 6-12 可知，电极电缆周围岩层初始视电阻率背景值比较稳定，基本在 0~2 Ω · m 之间，分析认为数据变化为岩层岩性变化所致，同时还可能受到采动的微小影响。在 1~13 号测点的数据基本没有变化，不受采动影响，认为是由于电缆处于套管中的缘故。在 19 号测点附近数据出现整体变小的现象，认为是受到水的影响。在 35 号测点附近视电阻率增大，认为是在钻孔底部受到底板岩层和注浆的共同影响，从而导致所测数据偏大。

除了原始数据外，到数据回落前，工作面回采进入电缆区后测量的数据基本保持依次增大，采后第四次测量时数据显示出回落现象，为了确定其可靠性，又进行了一次测量可以保证测量的正确性。

电极电缆中部 14~31 号测点视电阻率数值较背景值明显增大，表明此区域岩层在工作面回采过程中受支撑压力作用而破坏，其最大破坏深度位置可能出现在单倍距 31 号测点位置。

（2）双倍距数据分析。由图 6-13 可知，原始背景测得视电阻率数值整体上和单倍距一致，波动不是很大，但局部变大，分析认为是由于测量半径扩大，注浆和原岩共同影响造成的，也可能受到了较小的采动影响在双倍距中显示出来了。同时在最下部 32 号测点附近同样出现异常偏大的数据。

工作面回采过程中，底板岩层视电阻率相对原始背景值呈现出一致的变化趋势，因为原始数据距离钻场的距离为 55 m，加之采动的超前影响，认为原始数据的测量确实受到了采动的较小影响。同时，在 19 号测点和 21 号测点附近，数据呈现出了变小的现象，认为受到了裂隙中水的影响。整体上看，采动过程中视电阻率大于背景值，但有局部的数据出现上下波动，这与回采过程中造成的底板裂隙的张开与闭合有关。

双倍距测量范围较单倍距大，能更大范围地揭露岩层视电阻率的变化情况，可以更好反映裂隙影响和注浆对原岩造成的影响。结果显示视电阻率在 10~27 号测点之间有明显的变大现象，此时得出底板最大破坏深度位置可能位于双倍距 27 号测点位置。进入 27 号测点之后，数据与单倍距相似。

（3）三倍距数据分析。由图 6-14 可知，背景值数据与单倍距、双倍距测量数值基本一致，在套管中的电极测得的数据较小并且比较一致。在中部出现局部增大的现象，认为是岩性的变化所致，在 31 号测点附近数据较大，原因与单倍距、双倍距相似，为注浆和岩性共同的作用。

由整个采动过程中视电阻率数据变化分析可得 8~22 号测点之间岩层视电阻率较原始背景值有明显的增大现象，底板破坏深度的极大值位置可能出现在三倍距 22 号测点位置。并且三倍距与单倍距、双倍距的整体变化趋势是一致的。

（4）综合分析。数据显示在套管中测点视电阻率较小。在中部数值增大区段为破坏区，同时在破坏区视电阻率有突然间变小的现象，可能是受裂隙不均匀分布的影响，也有可能是受到了水的影响。单倍距、双倍距、三倍距的数据显示，在峰值区过后数值进入小区域的较稳定阶段，说明此阶段受到扰动但没有形成大的破坏，此后到了电缆末端受岩体和注浆影响，视电阻率异常变大。

经综合分析认为工作面距离钻场 23 m 即采后 33 m 时，视电阻率达到了峰值，表明此后底板已受到超前压力的影响后并进入膨胀区，破坏达到最大。采后 34 m 时数值有变小趋势，说明此时电缆已进入最大膨胀区之后的压缩区域。

2）底板破坏深度地质点空间定位

本次观测采用改变供电极距重复测量视电阻率的方法，以确定直流电法数据的唯一解。由于电极电缆探测区域是以电极电缆为中心的一个圆柱形岩体柱，改变供电极距的大小使测得岩体柱直径的大小改变。本次观测所得的视电阻率数据在垂向方向上相对电极电缆的空间位置可能出现两种情况。当观测所得的数据为相对电极电缆在垂向方向上电极电缆上方岩层视电阻率时，A101～A137 为单倍距观测数据地质点的空间位置，A201～A234 为双倍距观测数据地质点的空间位置，A301～A331 为三倍距观测数据地质点的空间位置。当观测数据为相对于电极电缆在垂向方向上电极电缆下方岩层视电阻率时，B101～B137 为单倍距观测数据地质点的空间位置，B201～B234 为双倍距观测数据地质点的空间位，B301～B331 为三倍距观测数据地质点的空间位置。

（1）观测数据为电极电缆上方岩体视电阻率时。

由单倍距数据分析得：底板导水破坏带区域为 14～31 号测点之间，且底板破坏深度极大值位置在单倍距 31 号测点位置，由图 6-15 可知：A114～A131 之间为底板导水破坏带

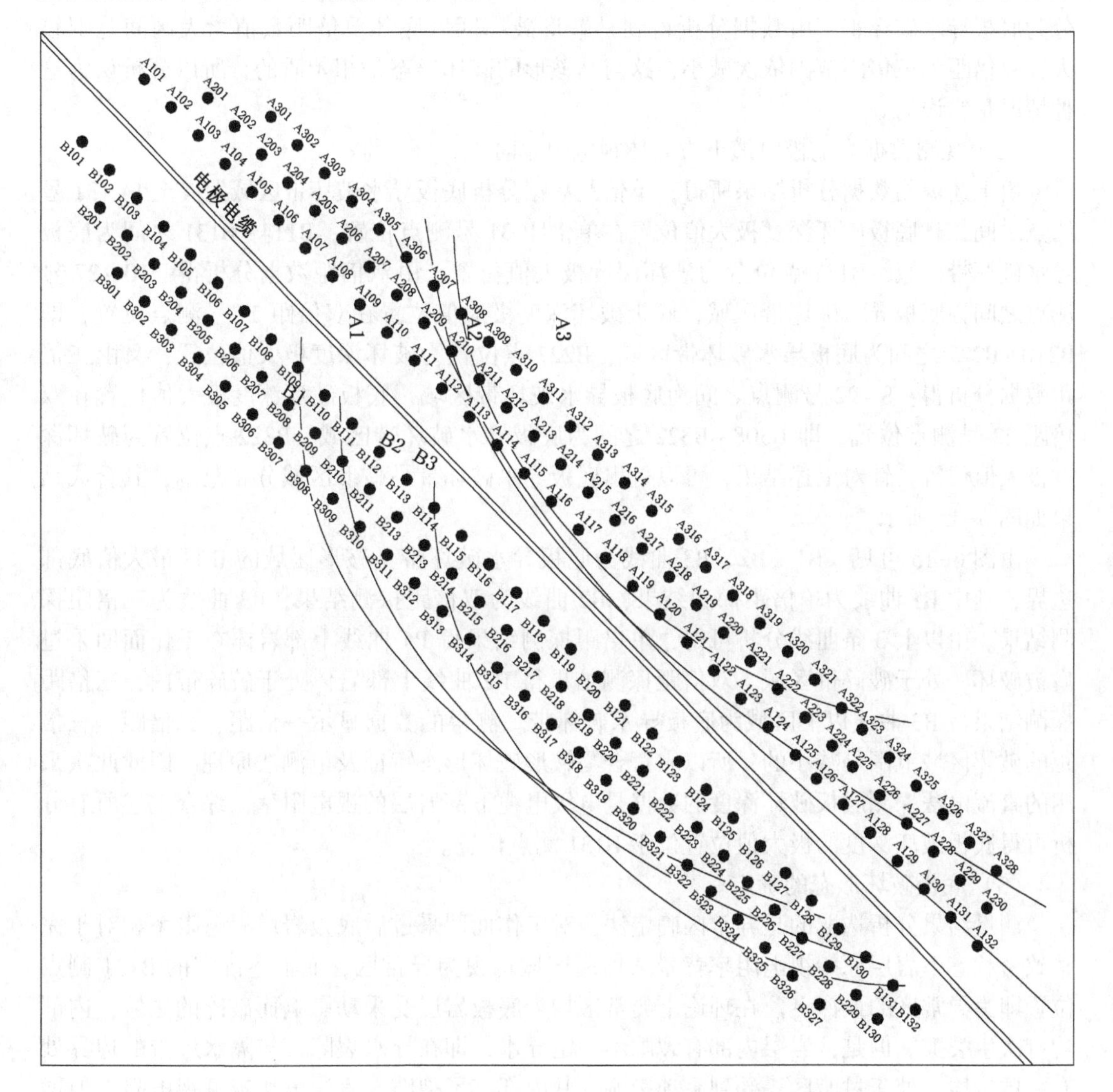

图 6-15　地质点空间分布及各极距探测底板导水破坏带结果示意图

区域，A131 点位置为破坏深度极大值位置；由双倍距数据分析得：10～27 号测点之间为底板导水破坏带区域，底板破坏深度极大值位置在双倍距 27 号测点位置，即 A210～A227 之间为底板导水破坏带区域，A227 点位置为破坏深度极大值位置；又由三倍距数据分析得：8～22 号测点之间为底板导水破坏带区域，底板破坏深度极大值位置在三倍距 22 号测点位置，即 A308～A322 之间为底板导水破坏带区域，A322 点位置为破坏深度极大值位置。针对上述结果，可以得出底板导水破坏带马鞍形区域分别由以上 3 组结果得出，其合成结果如图 6-15 所示。

由图 6-15 可见，A1、A2、A3 曲线为底板导水破坏带马鞍形区域的 B 膨胀区极大值底部边界，其中 A1 曲线为单倍距探测结果，A2 曲线为双倍距探测结果，A3 曲线为三倍距探测结果。单倍距探测结果得 A1 曲线以上部分均处于为底板导水破坏带，双倍供电极距探测结果得 A2 曲线以上部分为底板导水破坏带，三倍距探测结果显示 A3 曲线以上部分为底板导水破坏带。由数据分析得到马鞍形破坏区域底部单倍距数值增大区间范围较大，双倍距和三倍距范围依次减小，这与马鞍形的破坏形态是相矛盾的，所以分析认为这种情况是错误的。

（2）观测数据为电极电缆下方岩体视电阻率时。

由上述观测数据分析结果所得，单倍距数据分析底板导水破坏带区域发展至 14～31 号测点之间，且底板破坏深度极大值位置在单倍距 31 号测点位置；B114～B131 之间为底板导水破坏带区域，B131 点位置为破坏深度极大值位置；由双倍距数据分析得：10～27 号测点之间为底板导水破坏带区域，底板破坏深度极大值位置在双倍距 27 号测点位置，即 B210～B227 之间为底板导水破坏带区域，B227 点位置为破坏深度极大值位置；又由三倍距数据分析得：8～22 号测点之间为底板导水破坏带区域，底板破坏深度极大值位置在双倍距 22 号测点位置，即 B308～B322 之间为底板导水破坏带区域，B322 点位置为破坏深度极大值位置。针对上述结果，可以得出底板导水破坏带马鞍形区域分布范围，其合成结果如图 6-15 所示。

由图 6-15 可见，B1、B2、B3 曲线为底板导水破坏带马鞍形区域的 B 区最大值底部边界，其中 B1 曲线为单倍距探测结果，B2 曲线为双倍距探测结果，B3 曲线为三倍距探测结果。由以上 3 条曲线分析可得，单倍距探测结果得 B1 曲线上部岩体在工作面回采过后被破坏，处于破碎带区域，双倍距探测结果得 B2 曲线上部岩体处于破碎带内，三倍距探测结果得 B3 曲线以上区域为底板导水破坏带。测得的数据显示一倍距、二倍距、三倍距的破坏区域范围是减小的，所以它符合马鞍形破坏形态特征及电测法原理。因此此次采用的直流电法探测底板破坏深度的数据是电极电缆下部岩层的视电阻率，综合上述所有分析可得底板破坏深度的极大值位置位于 B131 测点位置。

（3）底板破坏形态的确定。

测量结果分析选取的是异常区确定法，对工作面回采过后底板岩层视电阻率相对于完整致密状态下岩层原始视电阻率背景值增高区域均视为异常区，而上述确定的 B131 测点位置即为异常区的最深点。在理论上异常区均为底板岩层受采动影响而破碎的区域，内部均有次生裂隙。但是，岩层内部有裂隙不一定导水，即在导水裂隙带与隔水层带的边界处有一层岩层，处于过渡区，受到采动影响，其内部有了裂隙，直流电法观测视电阻率值增大，但是并不导水。根据倍数确定法，当工作面底板岩层破坏后视电阻率值相对于背景值增大至一定倍数之后才能视为岩层已不具有隔水性能，属于导水裂缝带的范围；而过渡区岩层仍然具有一定的隔水能力，在评价底板突水性威胁时应作为隔水层处理。根据以往直流电法、瞬变电磁法以及钻探数据对比统计发现，当岩层裂隙发育至导水时视电阻率一般大于背景值的 1.5 倍。根据以上分析，对比上述分析数据，其中异常区内单倍距测量破坏后视电阻率大于背景值 1.5 倍以上，因此可以确定 B131 测点为底板破坏深度的极大值位置。

由以上分析得底板岩层破坏深度极大值位置在 B131 测点位置，当底板破坏深度发展到极大值位置时，破坏深度为 34.8 m。此时工作面煤壁到钻场电缆端部的距离为 23 m。底板岩层视电阻率在采后第三次测量时底板破坏深度出现极大值，极大值位置在 B131 测点位置，此时测点 B131 在水平方向上距离钻场端部位置为 26.4 m，而且 B131 测点距离煤层底板在垂向深度上为 34.8 m。采后第三次测量时工作面煤壁距离钻场电极电缆端部位置距离为 23 m，如图 6-16 所示。

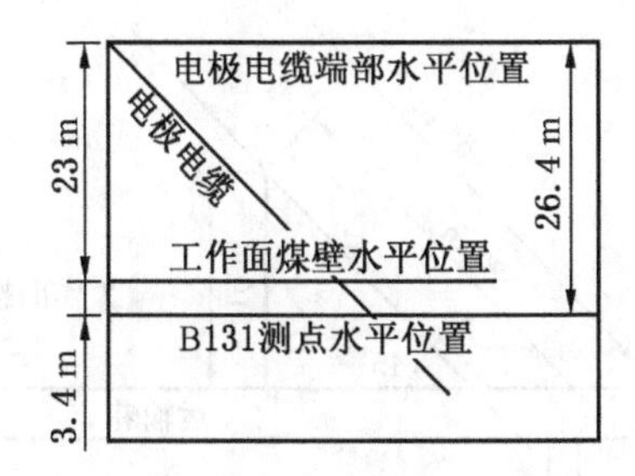

图 6-16　ZK1 钻孔底板破坏深度极大值位置与工作面煤壁距离示意图

由图 6-16 可以看出，当底板破坏深度发展到极大值时，底板破坏的极大值位置与工作面煤壁水平距离为 3.4 m，并综合以上分析可得，底板破坏深度的极大值为 34.8 m，如果减去 11050 下顺槽 19 号钻场底部 4 m 的底煤，破坏最大深度距煤层底板为 30.8 m。

6.2.3　分层开采工作面底板破坏的现场观测

为了更好地研究在大埋深、高承压水情况下，加大采高以及在其他不同采矿条件下底板破坏深度的变化及破坏形态的演化规律，在与 11050 工作面邻近的分层开采 11011 工作面对底板破坏深度进行探测。

1. 现场观测设计

11011 工作面内部二$_1$ 煤层平均厚度为 6.65 m，层位稳定，属近水平稳定型厚煤层。采用分层开采，采厚 3.6 m。工作面同样受八灰、二灰、奥灰水的威胁。

本次观测在 11011 工作面运输巷外侧（即本工作面巷道外钻场）布置一个观测站，观测站设定在距回风巷、胶带巷联络巷 275 m 处，工作面推进方向为胶带运输巷外侧的钻场，测站具体位置见表 6-5，观测站平面布置示意图如图 6-17 所示。

表 6-5　测站位置表

测站名称	测　站　位　置
1 号测站	11011 工作面运输巷外侧，回风巷、胶带巷联络巷前方 275 m 处

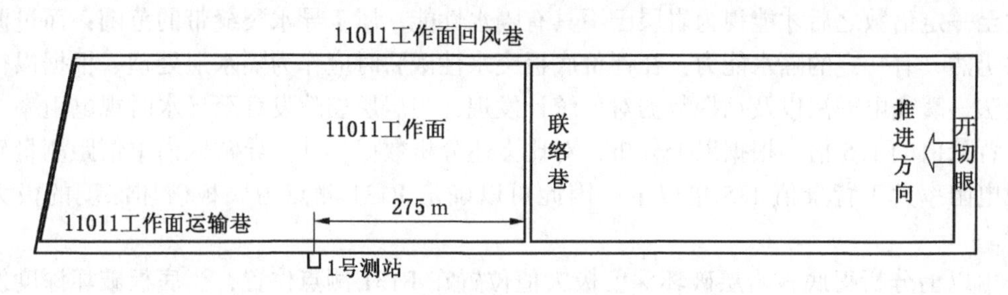

图6-17　底板破坏深度观测站平面布置图

在1号测站内布置ZK2钻孔，其结构参数见平面图6-18和剖面图6-19。ZK2钻孔配套电极电缆有40个电极，电极间距1.5 m。钻孔设计总长66 m，实际施工长度为68 m。

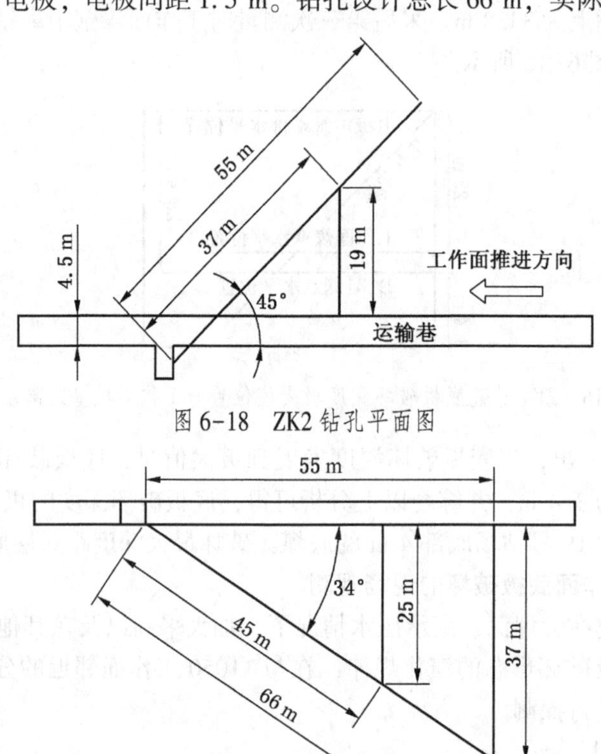

图6-18　ZK2钻孔平面图

图6-19　ZK2钻孔剖面图

由理论公式计算所得底板破坏深度基本为20~25 m，最大破坏深度地质点位置距离工作面煤壁大约为15 m。

2. 11011工作面直流电法观测成果分析

1）观测数据的处理

由于工作面推进速度一般为6~7 m，推进速度比较快，根据电缆沿工作面的水平长度，每天进行数据的观测，以便取得足够并有效的数据。结果共进行7次数据观测，为了使数据结果能清晰地反映在图表上，避免冗余，同时也方便更加准确地分析观测数据，此次选择采动过程中 6 次比较能反映工作面采动对底板岩层破坏影响的数据曲线进行分析，剩余的观测数据不再列入。

图 6-20 所示为所取 6 次数据观测时工作面相对钻场平面位置，亦即工作面回采位置相对于电极电缆端部水平位置图。

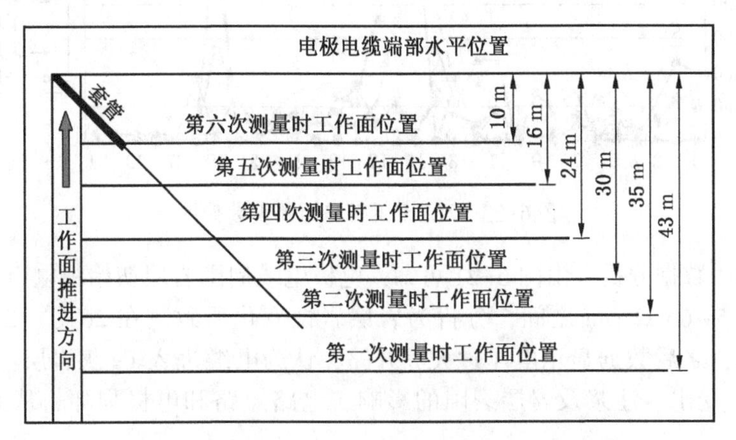

图 6-20　钻孔视电阻率数据测量时工作面位置图

根据各次测量的数据，分别得到工作面推进过程中电极电缆单倍距（$AB/2=2.25$ m）、双倍距（$AB/2=4.5$ m）和三倍距（$AB/2=6.75$ m）3 种情况下的视电阻率曲线（图 6-21、图 6-22 和图 6-23），在分析数据时，为了便于分析和数据的图形显示，将开路等异常数据设置为 10 和 0。

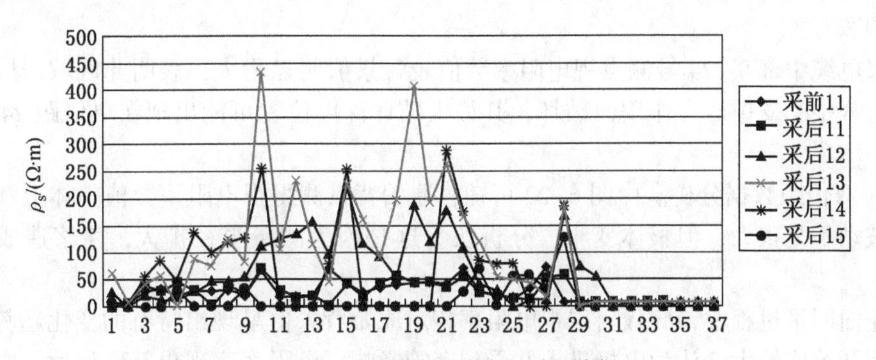

图 6-21　ZK2 钻孔单倍距测量数据

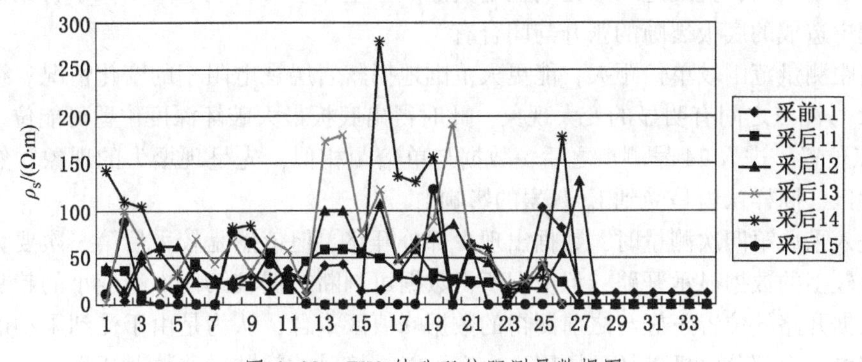

图 6-22　ZK2 钻孔双倍距测量数据图

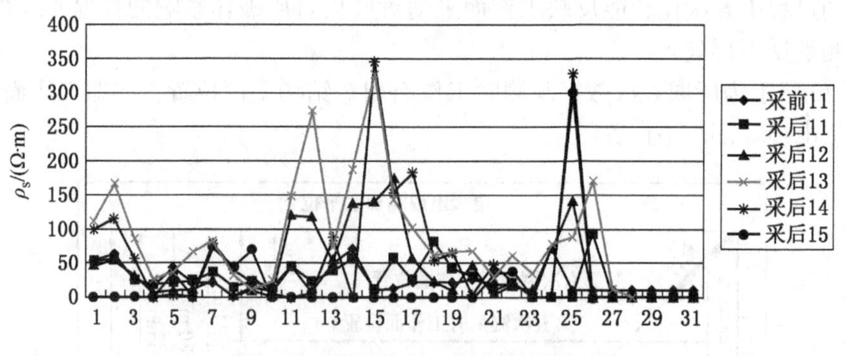

图 6-23　ZK2 钻孔三倍距测量数据图

（1）单倍距数据分析。由图 6-21 可知，电极电缆周围岩层初始视电阻率背景值比较稳定，基本在 5~65 Ω · m 之间，分析为岩层岩性变化所致。在 26 号、27 号测点附近视电阻率增大，之后数据显示电压过大和开路，认为电缆进入 L_8 灰岩层，受水的影响，在 L_8 灰岩层，受水、注浆及岩层裂隙的影响，电路短路和电极损坏，从而导致所测数据异常。

工作面回采过后，采后第一次测量的数据基本与原始数据保持一致。第二次、第三次测量数据依次增大，第四次有少部分数据显示开路，但整体较第三次要大，第五次测量数据开路的数据比第四次要多，但就所得数据来看，视电阻率有减小的趋势。电极电缆上端数据变化不大，分析认为钻孔封孔采用高压注浆，电极电缆周围岩层受到扩散水泥浆加固，不是导水破碎带范围时，视电阻率基本和背景值一致，但也有变大现象，认为与采动造成的裂隙有关。

电极电缆中部 9~24 号测点视电阻率数值较背景值明显增大，表明此区域岩层在工作面回采过程中受支撑压力作用而破坏，其最大破坏深度位置可能出现在单倍距 24 号测点位置。

（2）双倍距数据分析。由图 6-22 可知，原始背景测得视电阻率数值整体上和单倍距一致，波动不是很大，但整体变小，分析认为这是因为测量半径扩大，注浆造成的影响变小。

工作面回采过程中，底板岩层视电阻率相对原始背景值呈现出特有的变化趋势。浅部视电阻率开始比较大，认为电极进入并受到套管影响，电阻率表现出特殊规律，之后在初始背景值上下波动，直到进入数据明显增大区。但整体上看，视电阻率大于背景值，这与回采过程中造成的底板裂隙的张开与闭合有关。

双倍距测量范围较单倍距大，能更大范围地揭露岩层视电阻率的变化情况。视电阻率在 12~22 号测点之间有明显的变大现象，此时得出底板最大破坏深度位置可能位于双倍距 22 号测点位置。进入 24 号测点之后，数据与单倍距相似，先呈现增大的现象，然后进入数据异常区，同样认为是受到 L_8 灰岩的影响。

在进入采后第四次测量时，数据出现少部分开路，但依然是较采后第三次要大，采后第五次有较多的数据显示开路，但依据所得数据可判断数据较第四次有变小的趋势，并且第四次数据开路的位置正好与之前测得的数据峰值区重合，认为是由于受到采动的较剧烈影响，将电缆上部分电极破坏的原因，也有可能是接触的问题导致数据开路。

（3）三倍距数据分析。由图6-23可知，背景值数据基本与单倍距、双倍距测量数值基本一致，在套管中的电极测得的数据较大。在电缆末端出现视电阻率增大之后又开路的现象。

由整个采动过程中视电阻率数据变化分析可得11～19号测点之间岩层视电阻率较原始背景值有明显的增大现象，底板破坏深度的极大值位置可能出现在三倍距19号测点位置。

三倍距与单倍距、双倍距的整体变化趋势是一致的，并表现出三倍距测量范围扩大所反映出来的特有变化特征。

（4）综合分析。数据显示在浅部套管中测点视电阻率较大。在中部数值增大区段为破坏区，同时在破坏区视电阻率有突然间变小的现象，可能是受裂隙不均匀分布的影响。单倍距、双倍距、三倍距的数据显示，在峰值区过后数值进入小区域的较稳定阶段，说明此阶段受到扰动但没有形成大的破坏，此后受 L_8 灰岩层影响，进入电阻率增大阶段并很快出现开路现象。

经综合分析认为采后工作面距离电缆端部16 m时，视电阻率达到了峰值，表明此时底板受到超前压力的影响后，进入膨胀区，破坏达到最大。采后距端部10 m时数值有变小趋势，说明此时电缆已进入最大膨胀区之后的压缩区域。

2）底板破坏深度地质点及破坏形态的确定

本次观测所得的视电阻率数据在垂向方向上相对电极电缆的空间位置可能出现两种情况，如图6-24所示。由图6-24可见，B1、B2、B3曲线为底板导水破坏带马鞍形区域的B区最大值底部边界，其中B1曲线为单倍距探测结果，B2曲线为双倍距探测结果，B3曲线为三倍距探测结果。由以上3条曲线分析可得，单倍距探测结果得B1曲线上部岩体在工作面回采过后被破坏，处于破碎带区域，双倍距探测结果得B2曲线上部岩体处于破碎带内，三倍距探测结果得B3曲线以上区域为底板导水破坏带。故根据测得的数据显示一倍距、二倍距、三倍距的破坏区域范围是减小的，所以它符合马鞍形破坏形态特征及电测法原理。因此此次采用的直流电法探测底板破坏深度的数据反映的是电极电缆下部岩体的视电阻率变化。根据以往直流电法、瞬变电磁法以及钻探数据的对比统计发现，当岩层裂隙发育至导水时，视电阻率一般大于背景值的1.5倍。综合上述所有分析可得底板破坏深度的极大值位置位于B124测点位置。

由以上综合分析得到底板岩层破坏深度极大值位置在B124测点位置，工作面推进过程中，当底板破坏深度发展到极大值位置时，其破坏深度为25.8 m。此时工作面煤壁到电缆端部的距离为16 m。

根据探测结果及分析可以知道底板岩层视电阻率在采后第四次测量时底板破坏深度出现极大值，并且极大值位置在B124测点位置，此时测点B124在水平方向上距离电极电缆端部位置为27 m，而且B124测点距离煤层底板在垂向深度为25.8 m。所以，采后第四次测量时工作面煤壁距离电极电缆端部位置距离为16 m，其位置如图6-25所示。

由图6-25可以看出，当底板破坏深度发展到极大值时，底板破坏的极大值位置与工作面煤壁水平距离为11 m。综合以上分析可得，底板破坏深度的极大值为25.8 m，如果根据11011煤层有约2 m的煤没有采，减去底煤，破坏最大深度位置在垂直方向上距煤层底板23.8 m。

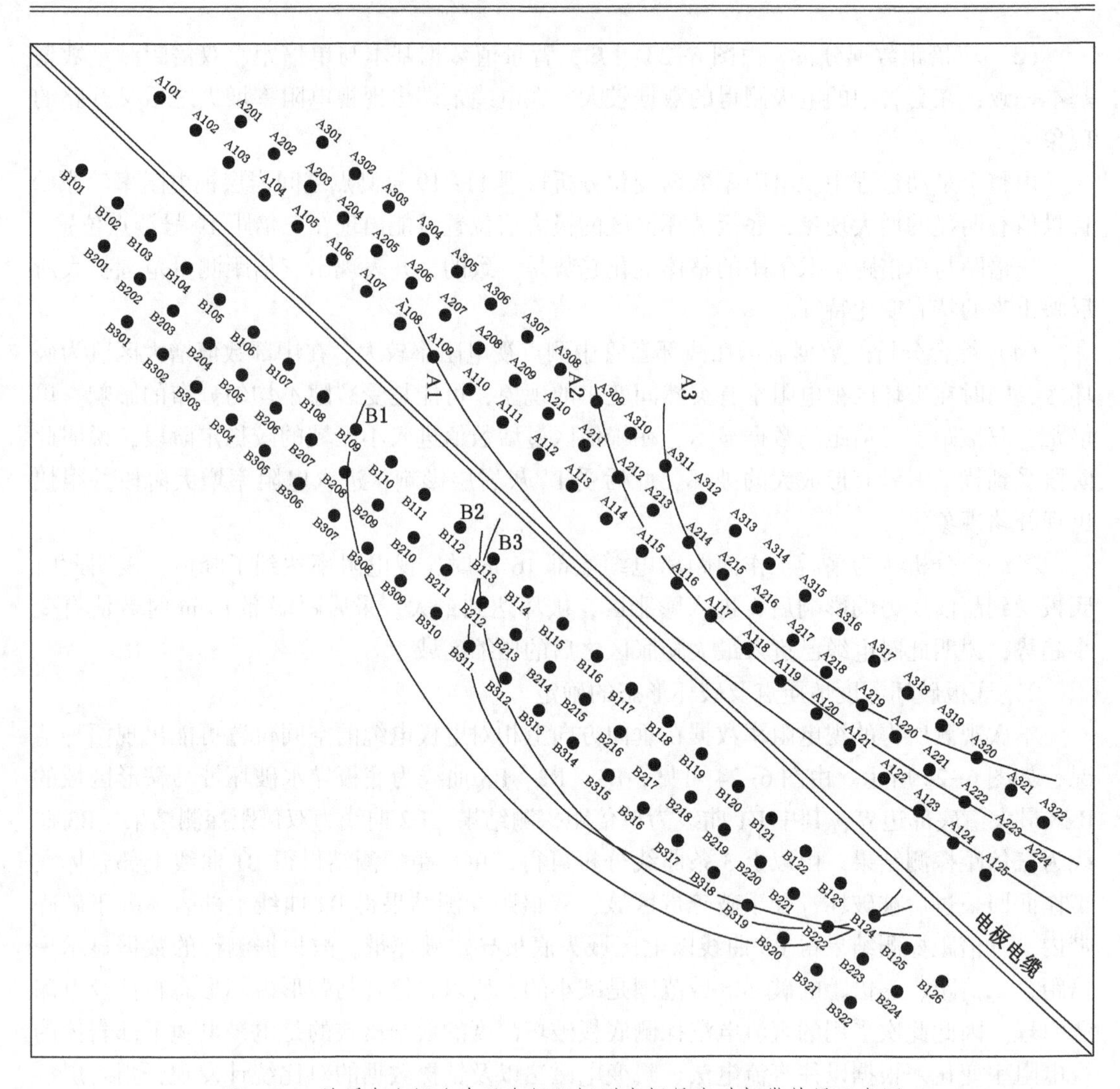

图 6-24　地质点空间分布及各极距探测底板导水破坏带结果示意图

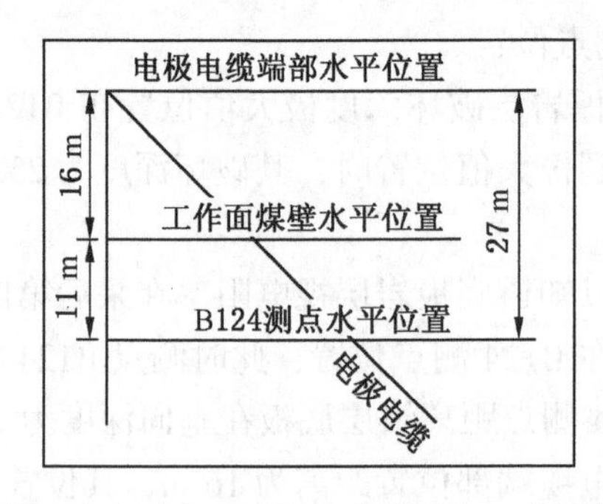

图 6-25　ZK2 钻孔底板破坏深度极大值位置与工作面煤壁距离示意图

6.3　底板变形破坏数值模拟分析

承压水体上煤层开采分析是关系煤层开挖后，下伏岩层移动变形的非线性大变形问题，显示有限差分程序 $FLAC^{3D}$可以高效地解决这类问题，加之 $FLAC^{3D}$软件近几年的快速推广应用，其在煤矿采动影响方面的一些计算结果也得到了人们的认可。所以，本书拟选用 $FLAC^{3D}$软件进行数值模拟分析。

6.3.1 数值模拟模型和方案

1. 模拟原型及内容

本计算以赵固二矿 11050 工作面为实例，计算为单方向开采三维宏观力学问题，开采受周围岩体约束影响较大，为分析开采过程中覆岩三维宏观力学性质变化以及底板移动变形特征，采用大型非线性三维数值计算软件 $FLAC^{3D}$对其进行模拟计算。

11050 工作面开采二$_1$煤层，其厚度为 6 m，同时考虑到工作面内赋存的若干条断层，为了研究在分层开采和一次采全高的不同情况下底板破坏的形态、规律及断层受采动活化的特征，分别建立以完整岩层和断层为中心的模型。决定研究的内容包括：

（1）无断层影响情况下工作面二$_1$煤层分层开采、整层开采推进过程中，工作面底板应力传递规律、岩体位移形态和破坏机制。

（2）断层影响情况下工作面二$_1$煤层分层开采、整层开采推进过程中，工作面底板应力传递规律、岩体位移形态和破坏机制。

2. 模型建立

1）无断层影响条件下工作面数学模型

基于 $FLAC^{3D}$建模原理，应用 $FLAC^{3D}$软件，根据赵固二矿 11050 工作面地质条件和煤岩条件等建立数值模型，图 6-26 所示为数值模拟计算网格剖分图，赵固煤层倾角小，属于近水平煤层，工作面采用走向长壁布置。为了方便计算，对模型进行了简化，用施加应力的方法来代替部分岩层，模型长 600 m，宽 180 m（工作面斜长），高 229 m。整个模型共划分为 198000 个单元，209777 个节点。在节省单元，提高运算速度的同时，保证计算精度，按区域需要考虑调整单元的疏密。

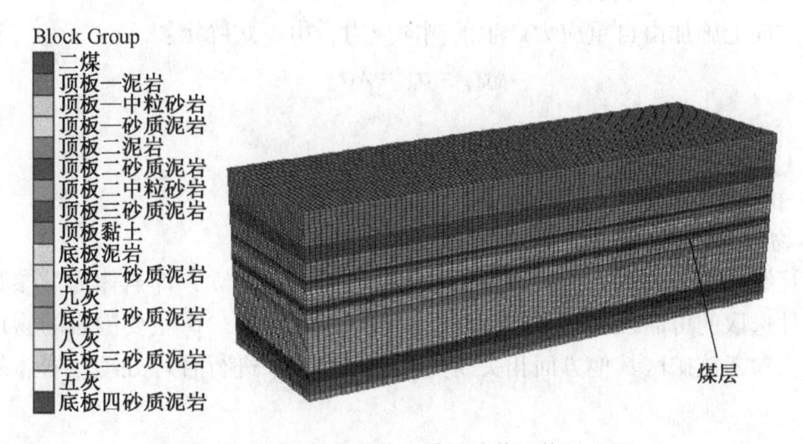

图 6-26 无断层时数值模拟计算网格剖分图

2）有断层影响条件下工作面数学模型

在其他参数和条件不变的条件下，在模型中部建立一条落差 6 m，倾角 60°的正断层，走向垂直于纸面，延伸至整个模型，破碎带宽度为 2 m。数值模拟计算网格剖分如图 6-27 所示。模型长 600 m，宽 180 m（工作面斜长），高 235 m。整个模型共划分为 209820 个单元，265333个节点。在节省单元，提高运算速度的同时，为保证计算精度，同样按区域需要考虑调整单元的疏密。

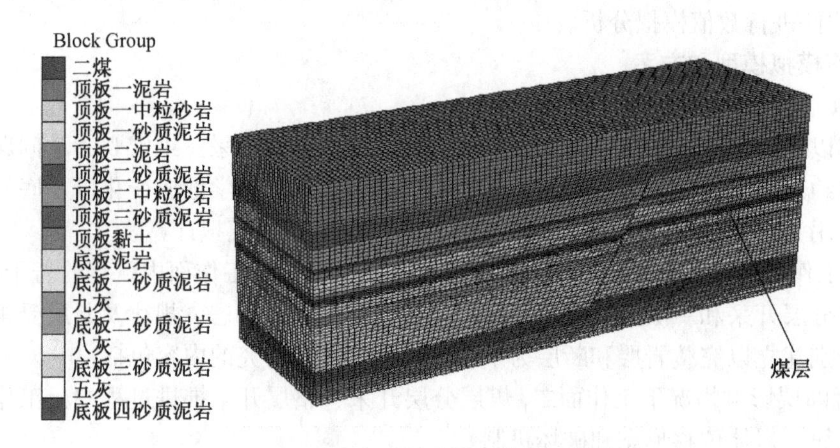

图6-27　有断层时数值模拟计算网格剖分图

3. 边界条件的确定

计算模型边界条件确定如下：

（1）模型前后和左右边界施加水平约束，即边界水平位移为零。

（2）模型底部边界固定，即底部边界水平、垂直位移均为零。

（3）模型顶部为自由边界，根据顶部岩层的自重以载荷的形式施加到模型顶部。

模型顶端施加等效载荷，即自重应力。载荷 σ_z 按下式得到：

$$\sigma_z = \gamma H$$

式中　γ——上覆岩层的体积力，取27 kN/m^3；

H——模型顶界距地表的深度，m。

在水平方向上施加由自重应力产生的侧向应力，由下式确定：

$$\sigma_x = \sigma_y = \lambda \sigma_z$$

式中　λ——侧压系数，由 $\lambda = \dfrac{\mu}{1-\mu}$ 确定；

μ——泊松比。

4. 岩体物理力学参数的选取

数值计算结果的可靠度很大程度上依赖于计算模型的建立，即岩体力学参数、本构模型和边界条件选取的可靠性与合理性。为此，根据以往赵固二矿主要围岩的物理力学性质和试验结果，参考该矿区其他方面相关研究，对试验结果进行合理处理。岩体的力学参数见表6-6。

表6-6　赵固二矿岩体力学参数

岩　层	泊松比	弹性模量/GPa	内摩擦角/(°)	内聚力/MPa	抗拉强度/MPa
二煤	0.25	4.0	20	1.25	1.3
泥岩	0.24	26.0	32	8.5	1.4
灰岩	0.30	50.0	40	36	5.3

表 6-6（续）

岩　层	泊 松 比	弹性模量/GPa	内摩擦角/(°)	内聚力/MPa	抗拉强度/MPa
砂质泥岩	0.28	31.0	36	8.2	2.1
中粒砂岩	0.26	28.5	35	8.5	1.7
黏土	0.23	25.0	31	8.0	1.3
煤泥岩	0.24	26.0	32	8.5	1.4
断层	0.4	2.7	40	0.9	0.2

6.3.2　无断层条件下数值模拟结果分析

煤层开采以前，岩体处于原岩应力状态。煤层的采动形成开采空间，使得采场周围应力状态重新分布，并产生附加应力，在应力的产生到重新平衡过程中，底板隔水层产生了变形破坏。本次主要是模拟在工作面推进过程中，底板破坏的规律，围岩应力分布、岩层位移变化规律。

1. 分层开采

1）塑性区分布规律

对于岩石这类脆性材料，其屈服后即进入塑性状态，一般均发生脆性破坏。就岩层来说，其完整性遭到破坏，可以将岩层应力超过了屈服强度或抗剪强度而开始发生塑性变形或剪切破坏的岩层高度定为破坏带的上限。

随着工作面推进在压缩区与膨胀区的交界处，底板岩体容易产生剪切变形而发生剪切破坏，处于膨胀状态的底板岩体则容易产生离层裂隙及垂直裂隙，故岩体在煤柱边缘区内最易产生裂隙并发生破坏。为了研究底板塑性破坏的规律，分别对煤层进行了不同程度的开挖，根据图 6-28 的数值模拟情况可以得到，在开挖后，底板破坏主要是在煤壁附近的剪切破坏造成的，在剪切破坏形成以后，加大工作面的推进长度，在采空区未被压实之前，在煤壁附近形成的剪切破坏会快速向拉张破坏转化。因此可以认为在煤壁处集中应力造成的剪切破坏带就是底板导水破坏带，即底板破坏深度。

图 6-28　剪-拉塑性变形转化图

图 6-29～图 6-31 依次为工作面开采二$_1$ 煤层分别开挖 50 m、100 m、150 m 时，岩层剖面的塑性区破坏情况，可以看出随着工作面的推进，底板破坏深度不断加大，在一定程度上反映了应力集中程度对底板破坏的影响。

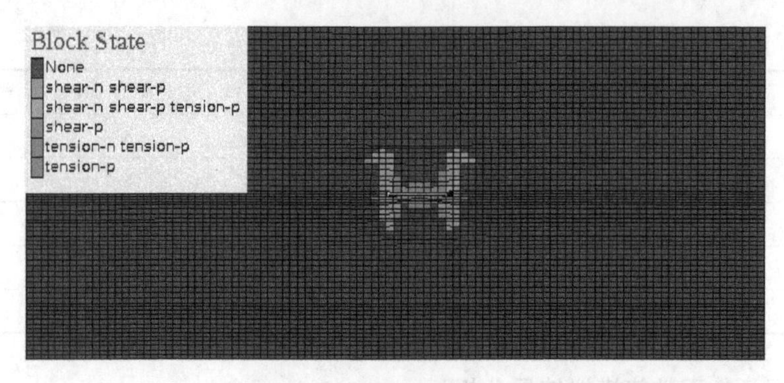

图 6-29　分层开采时工作面推进 50 m 塑性区分布图

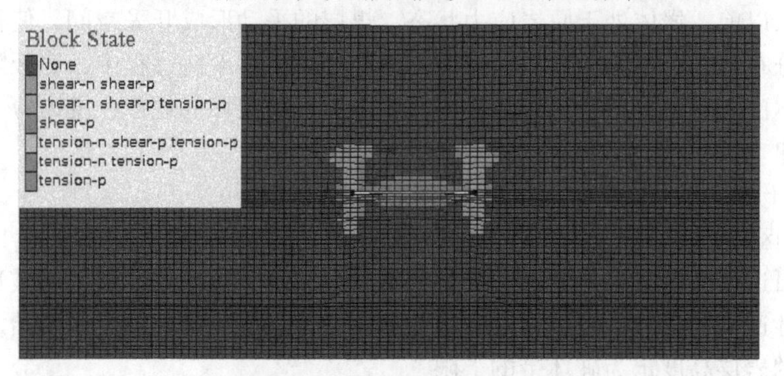

图 6-30　分层开采时工作面推进 100 m 塑性区分布图

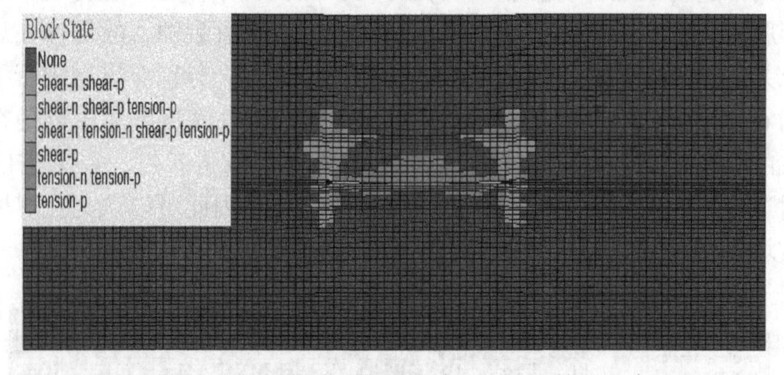

图 6-31　分层开采时工作面推进 150 m 塑性区分布图

随着工作面不断向前推进，发生应力的重新分布，在应力转移传递过程中，岩体所受应力大于其自身强度后便发生岩体破坏现象。岩体破坏后以位移、变形等形式释放一定的能量，破坏后的岩体承载能力降低，其所受应力向远处传递，破坏区也在不断向远处、深处发展，直到岩体自身强度能够维持其所受应力为止。

根据工作面底板岩体破坏场看出，岩体在煤壁附近主要发生剪切破坏，说明煤层开采后围岩受剪切力较大，而在采空区底板浅部主要发生拉张破坏。可以认为，剪切破坏最大深度为底板导水破坏带，而采空区拉张破坏区为发生底鼓的岩层。

根据数值模拟结果，工作面开挖 50～150 m 底板发生破坏程度不断加大，说明了在一定程度上加大工作面推进长度，会加大底板的破坏深度，工作面推进 150 m 时走向剖面岩体破坏场显示，底板塑性区破坏达到最大，底板破坏特点表现为煤壁附近岩体破坏主要为剪切破坏，在采空区受拉应力，发生拉张破坏。首先在工作面位置，底板岩体在剪应力的作用下发生岩体破坏，随着工作面推进及时间推移，应力不断转移传递，不断向前、向下发展，并且应力集中程度逐渐衰减，底板所受应力明显减小，岩体破坏减小，而且开挖后底板破坏速度较快，随着时间推移破坏速度降低。

根据计算结果表明底板破坏深度达到 L_8 灰岩顶部。

2）围岩位移场分布规律

图 6-32~图 6-34 依次为工作面分别开挖 50 m、100 m、150 m 时，覆岩剖面的位移场分布情况，可以看出，随着工作面的推进，顶底板位移也会随着加大。

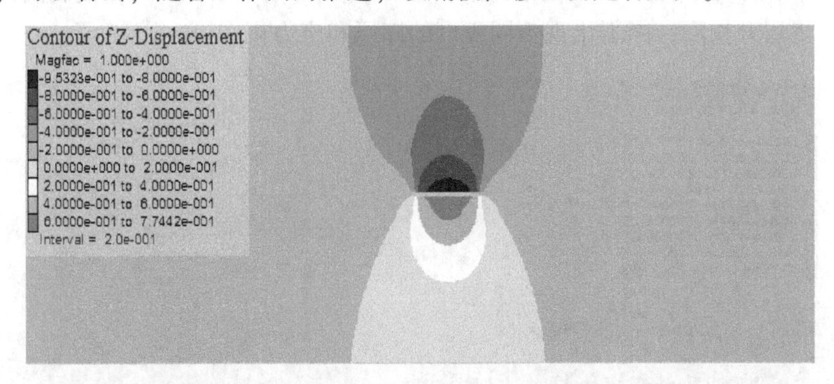

图 6-32　分层开采时工作面推进 50 m 垂直方向位移图

图 6-33　分层开采时工作面推进 100 m 垂直方向位移图

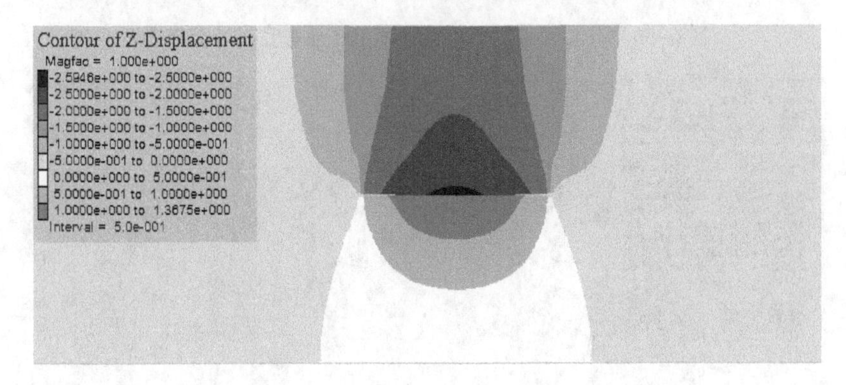

图 6-34　分层开采时工作面推进 150 m 垂直方向位移图

煤层采过后，随着岩体应力不断转移传递，工作面覆岩也在不断通过移动方式释放能量，工作面开采后岩体移动主要表现为周围岩体向采空区移动。顶板向下移动主要是由自重引起，底板位移则主要由采动后卸荷以及深部岩体受到不同方向的力的挤压而引起的。岩体的位移在采空区上下最大，并在向上、向下传递的过程中逐渐衰减，但影响范围不断扩大。

从图 6-34 工作面推进 150 m 垂直方向位移图来看，岩体移动趋势是采空区覆岩向下移动，底板岩体向上鼓起，可以看出在深部开采过程中，底板会发生较大的底鼓现象。

3）围岩应力场分布规律

图 6-35～图 6-37 依次为工作面分别开挖 50 m、100 m、150 m 时，覆岩剖面的应力场分布情况，煤层开挖后，围岩出现不同程度的卸压和应力集中。

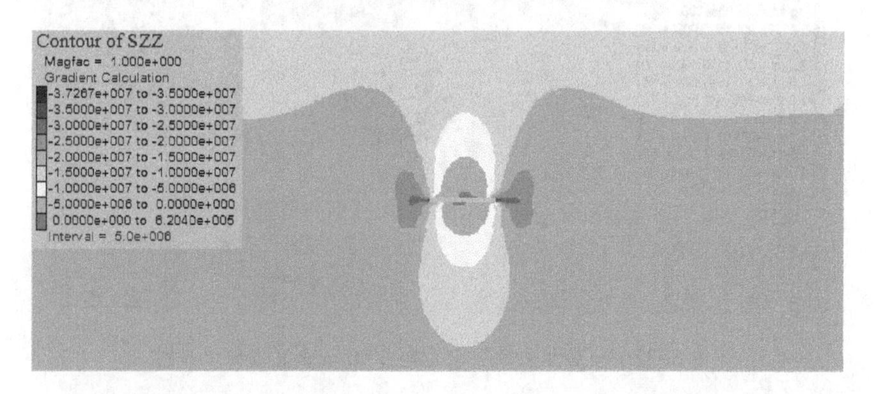

图 6-35　分层开采时工作面推进 50 m 垂直应力分布图

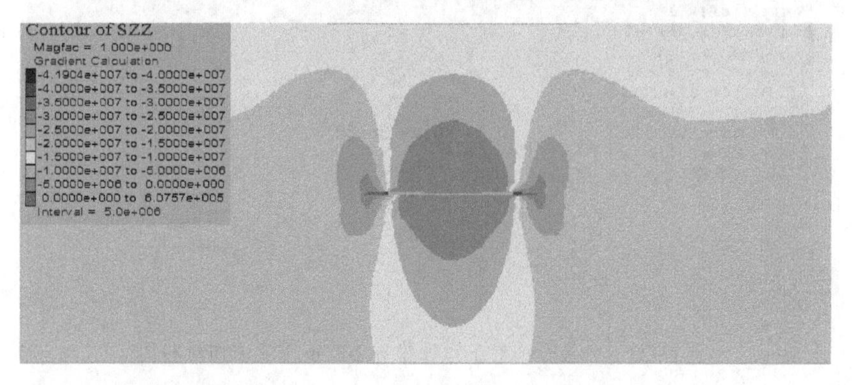

图 6-36　分层开采时工作面推进 100 m 垂直应力分布图

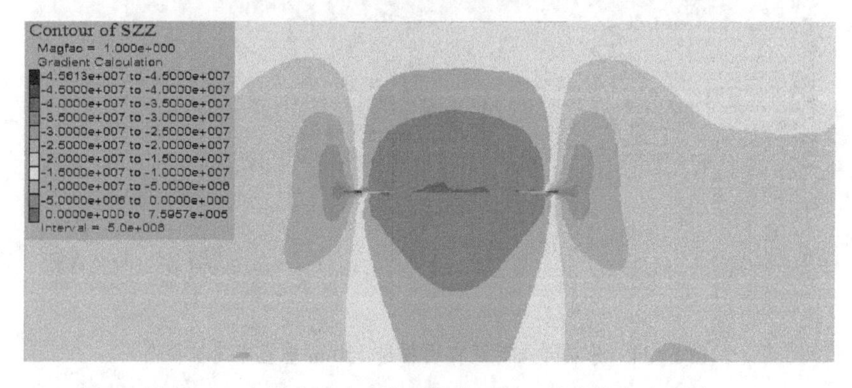

图 6-37　分层开采时工作面推进 150 m 垂直应力分布图

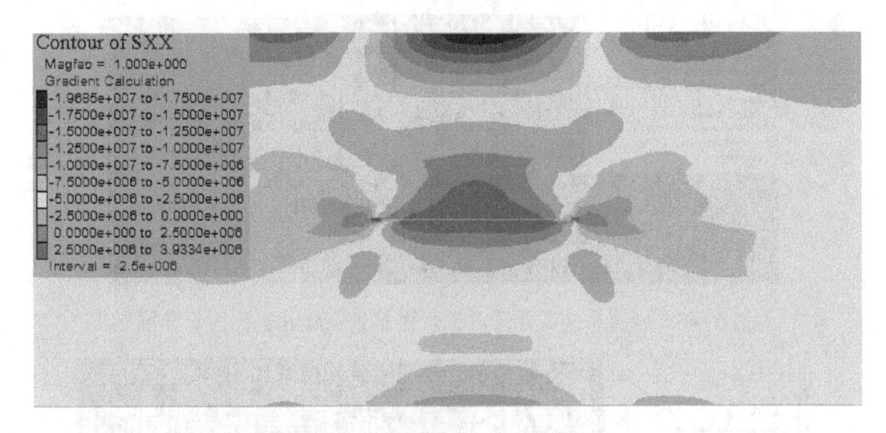

图6-38 分层开采时工作面推进150 m走向水平应力分布图

采空区上部、下部岩体出现卸压，在煤壁前方出现应力集中，最大值一般位于工作面煤壁前上方和后上方不远位置，随着开挖程度的加大，应力集中程度也不断加大，并且应力集中的范围也扩大，在开挖150 m时，应力集中系数达到最大为3.35，底板应力也向煤柱内部转移。进入煤体中，应力集中程度逐步减弱。

图6-38所示为工作面开挖150 m时，覆岩走向剖面的水平应力场分布情况。根据垂直应力和水平应力分布可以看出在煤壁前方的应力集中条件下，底板发生剪切破坏，在煤壁向采空区即出现水平应力的释放，水平方向的卸压，发生拉伸变形破坏，说明在采空区距煤层不远处出现剪拉破坏，具有导水性。

2. 一次采全高开采

1）塑性区分布规律

在一次采全高的情况下，不同的推进距离围岩剖面塑性破坏情况如图6-39~图6-41所示，在推进距离不同的情况下一次采全高呈现出与分层开采相似的规律，随推进距离的加大，底板的最大破坏深度呈现出逐渐增加的现象，但又有一些新的特点。

塑性区进入煤壁的距离增大，认为加大采高后，煤层上覆岩层破坏加大，首先造成煤壁前方应力的集中程度加大，随之煤壁发生较分层开采较大的塑性破坏，应力向煤壁前方转移传递。

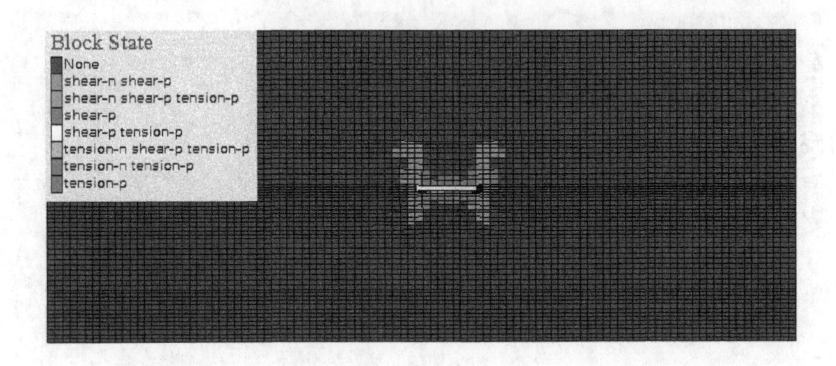

图6-39 一次采全高开采时工作面推进50 m塑性区分布图

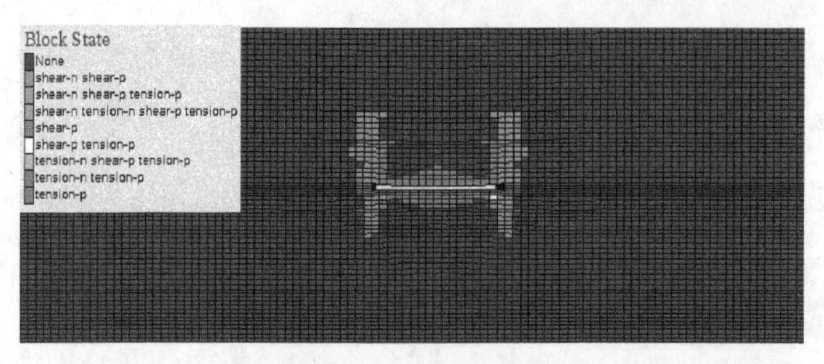

图 6-40　一次采全高开采时工作面推进 100 m 塑性区分布图

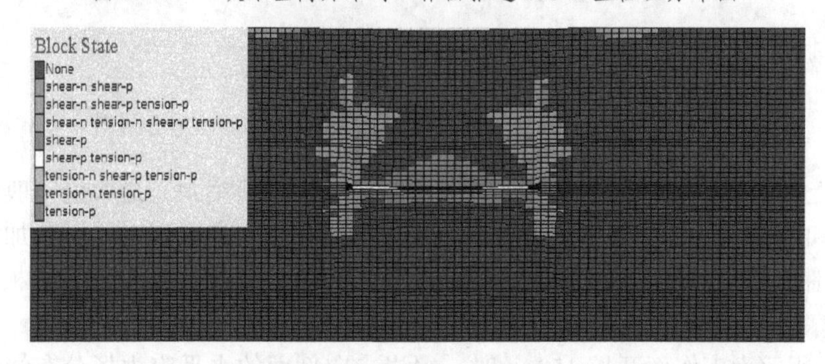

图 6-41　一次采全高开采时工作面推进 150 m 塑性区分布图

底板破坏深度加大，加大采高后同样由于集中压力的加大，造成底板破坏深度的加大，根据推进 150 m 的模拟情况显示底板塑性破坏达到 L_8 灰岩底部。同时与分层开采相比底板破坏范围向岩体实体方向传递的距离较大。

2）围岩位移场分布规律

根据一次采全高开采情况下，工作面开挖 50 m、100 m、150 m 后（图 6-42～图 6-44)，从数值模拟的围岩位移场分布可以看出，随着工作面推进距离的不同，呈现出于分层开采相似的规律，顶板下沉量逐渐加大，底鼓量也不断加大。同时加大采高后顶底板位移都较分层开采时的顶底板位移要大，认为加大采高后顶底板运动空间加大，同时造成的应力的重新分布的程度加大，这都在一定程度上加剧了围岩向采空区的运动，加大了煤层开采造成的上部及下部岩层位移影响范围。

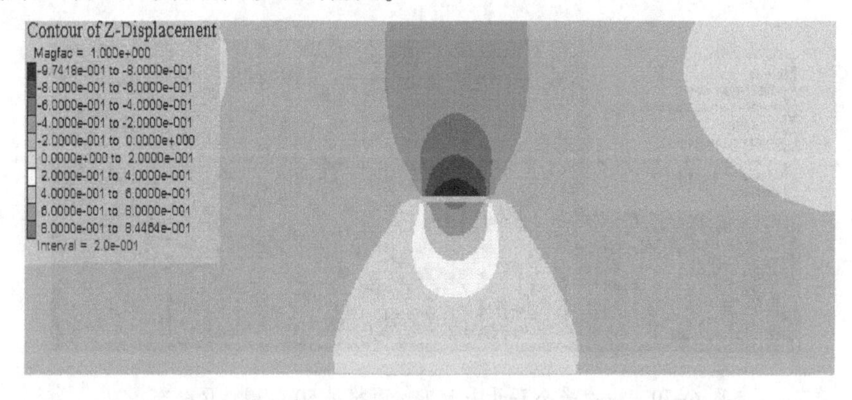

图 6-42　一次采全高开采时工作面推进 50 m 垂直方向位移图

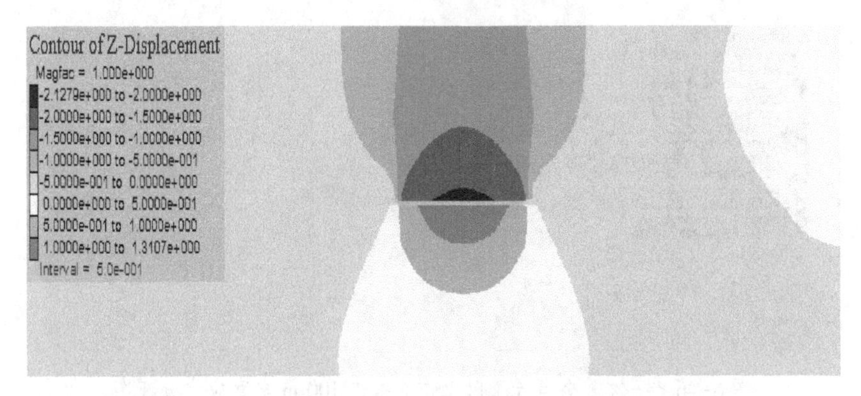

图 6-43 一次采全高开采时工作面推进 100 m 垂直方向位移图

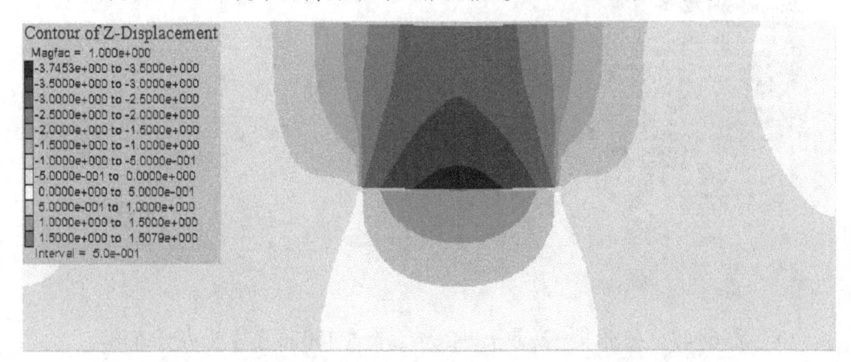

图 6-44 一次采全高开采时工作面推进 150 m 垂直方向位移图

3）围岩应力场分布规律

在加大采高的情况下，工作面开挖 50 m、100 m、150 m 后（图 6-45~图 6-47），可以看出垂直应力集中的范围和程度都逐渐加大，当工作面推进 150 m 的时候应力集中和应力影响范围都达到最大，最大集中应力出现在煤壁前方。与分层开采时相比，无论是围岩的卸压和应力集中的影响范围都有扩大的现象，应力集中进入煤壁的距离加大，这与加大采高后煤壁的塑性区范围扩大的现象是一致的，认为加大采高后煤壁发生塑性破坏，应力向煤壁远处传递，应力高峰值进入煤壁的距离也加大。同时加大采高后采空区顶底板的卸压范围扩大，认为加大采高后围岩有了更大的移动空间，应力传递能够波及更远的岩层，这与围岩的位移分布范围情况对应。

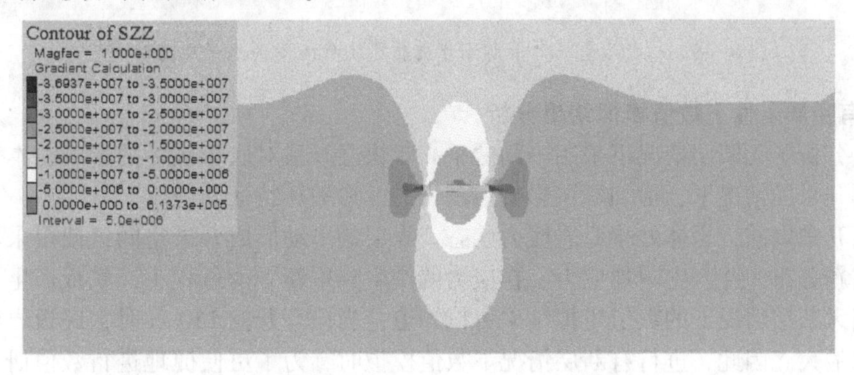

图 6-45 一次采全高开采时工作面推进 50 m 垂直应力分布图

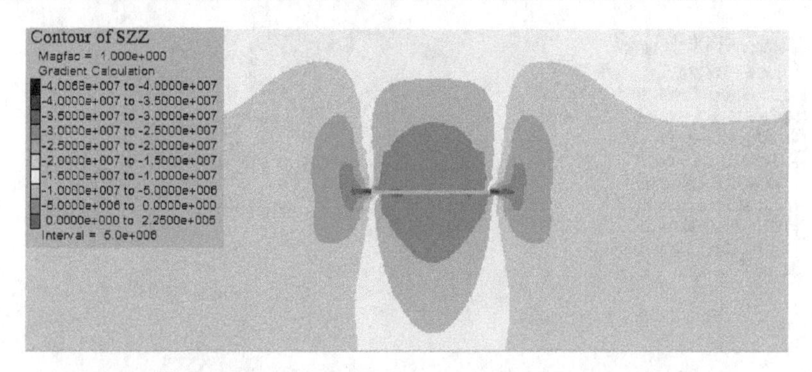

图 6-46　一次采全高开采时工作面推进 100 m 垂直应力分布图

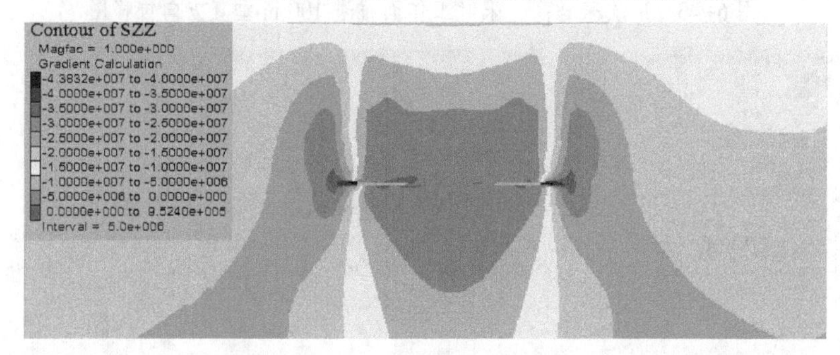

图 6-47　一次采全高开采时工作面推进 150 m 垂直应力分布图

图 6-48 的水平应力分布可以说明底板在距煤壁不远处采空区，甚至煤壁前方出现水平应力的释放，说明出现拉伸变形破坏，同时比分层开采时的波及范围和程度加大。

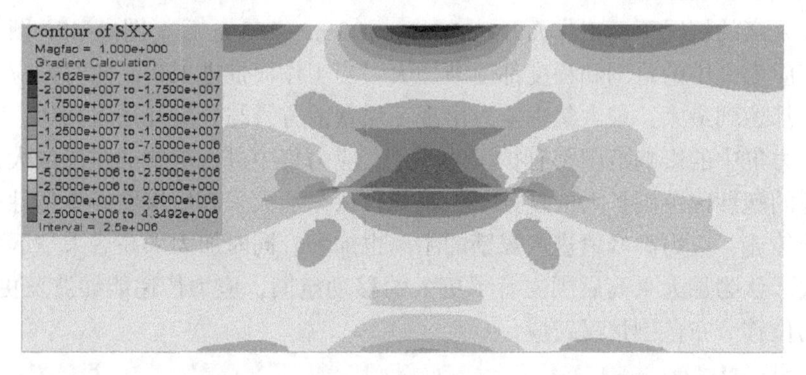

图 6-48　一次采全高开采时工作面推进 150 m 走向水平应力分布图

6.3.3　有断层条件下数值模拟结果分析

前文分析了无断层情况下采用不同的采高时煤层开采对底板破坏的影响，本节主要分析在全厚开采的情况下，增加断层影响后围岩的变形破坏特征和规律。

煤层开采以前，岩体处于原岩应力状态。煤层的采动形成开采空间，使得采场周围应力状态重新分布，并产生附加应力，在应力的产生到重新平衡过程中，底板产生了变形破坏。根据无断层情况下的数值模拟结果可以知道，当模型开挖 150 m 时，底板岩层塑性变形发育到最大。因此，进行有断层情况下数值模拟时，为了更便捷地进行数值研究，直接研究开挖 150 m 时，工作面与断层不同间距以及断层性质对底板破坏情况、岩层位移场的分布和围岩应力场分布的影响。

1）塑性区分布规律

工作面开挖空间到断层的距离 30 m、开挖到断层及减小断层强度参数时的塑性区发育情况如图 6-49～图 6-51 所示。在有断层影响时，靠近断层一侧的围岩的塑性破坏范围加大，当工作面距离断层 30 m 时，在断层位置出现的塑性破坏区域与断层带耦合在一起，说明此时已经与断层导通。当工作面开挖到断层时，煤层上部断层带出现较大范围的塑性变形，塑性区向上发育明显加大，而完整岩层部分塑性区的变化不是很大，故认为在有断层的时候，断层的活化是在底板突水中起到了关键性作用。根据减小断层参数时岩体的塑性区分布可以看出，断层的性质在断层活化以及导水过程中起到很重要的作用。

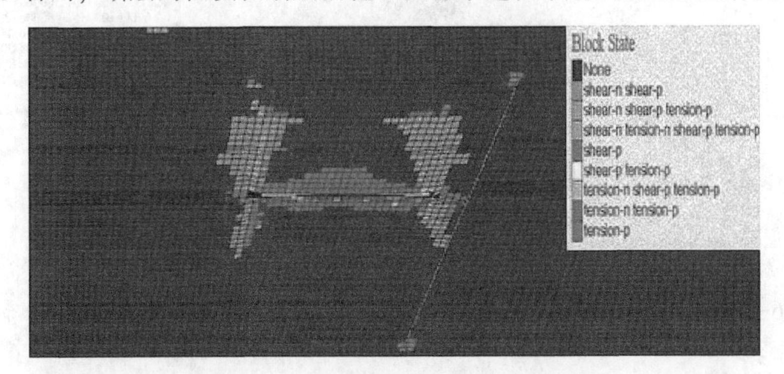

图 6-49　一次采全高开采情况下工作面推进 150 到距断层 30 m 时塑性区分布图

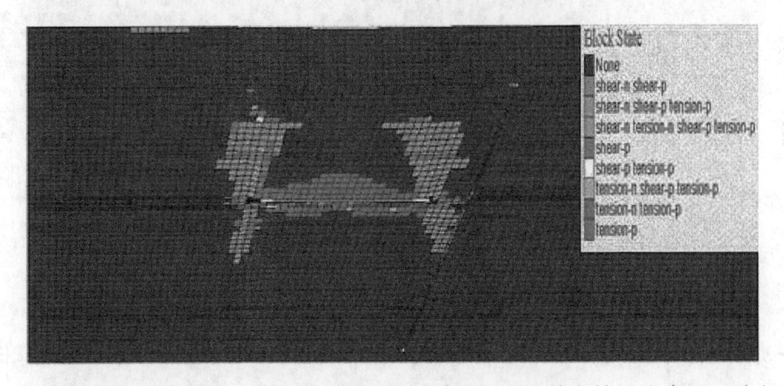

图 6-50　一次采全高开采情况下工作面推进 150 到距断层 30 m 时塑性区分布图（降低断层强度）

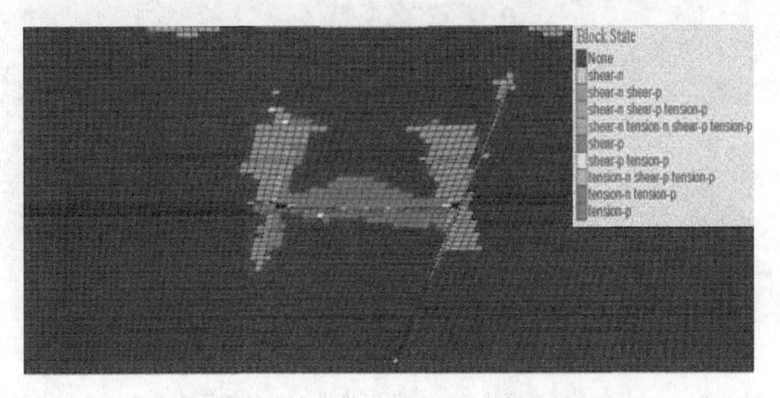

图 6-51　一次采全高开采情况下工作面推进 150 到断层时塑性区分布图

2）围岩位移场及应力场分布规律

图 6-52～图 6-54 依次为工作面距离断层 30 m 和开挖到断层时走向剖面的垂直位移场分布图。根据垂向位移场的分布图认为在断层的影响下，位移较没有断层时大，并且在靠近断层一侧的岩体位移和影响范围都要比在远离断层一侧的大，靠近断层一侧底鼓量加大，但这种现象在顶板位移中表现得更明显。在断层界面出现一定程度的错动，降低断层强度后，断层界面的错动更明显，这也影响了应力向下盘的传递。

图 6-52　一次采全高开采情况下工作面推进 150 到距断层 30 m 时垂直位移分布图

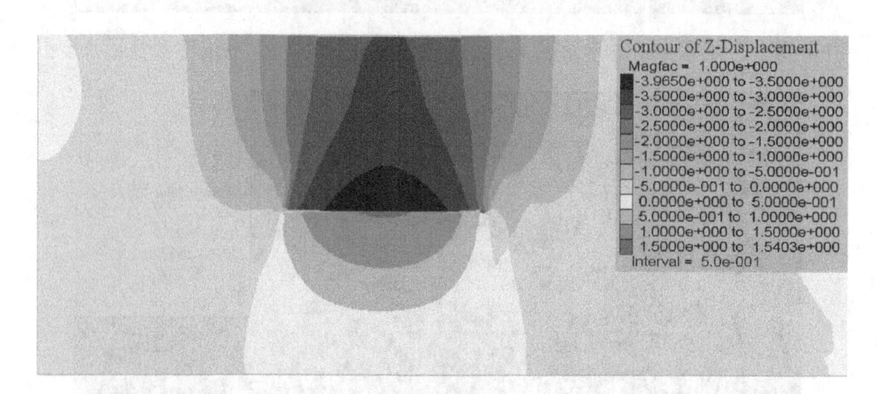

图 6-53　一次采全高开采情况下工作面推进 150 到距断层 30 m 时垂直位移分布图（降低断层强度）

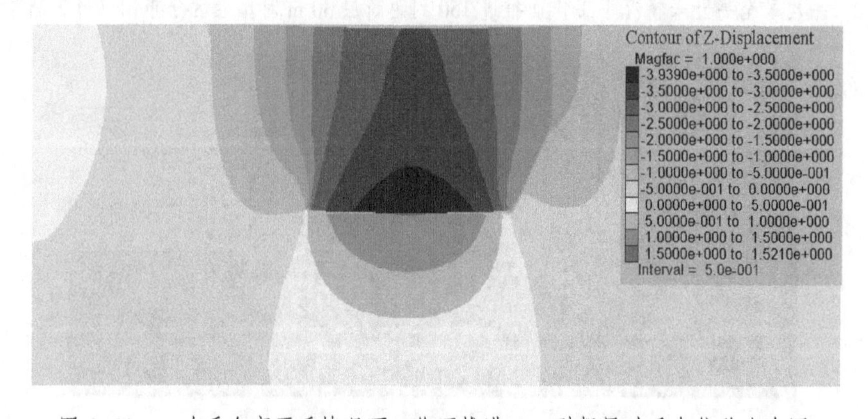

图 6-54　一次采全高开采情况下工作面推进 150 到断层时垂直位移分布图

3）围岩应力场分布规律

图6-55~图6-57所示为工作面开挖空间到断层的距离为30 m、开挖到断层及减小断层强度参数时的垂直应力分布情况，煤层开挖后，围岩出现不同程度的应力传递、卸压和应力集中现象。

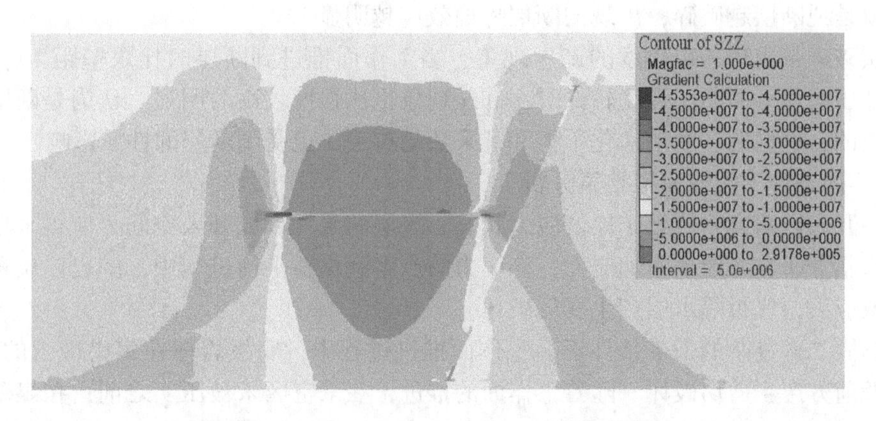

图6-55 一次采全高开采情况下工作面推进150到距断层30 m时垂直应力分布图

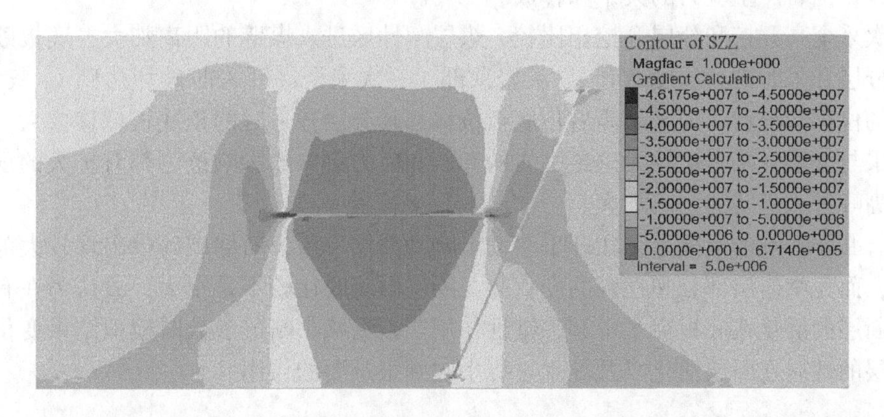

图6-56 一次采全高开采情况下工作面推进150到距断层30 m时垂直应力分布图（断层参数变小）

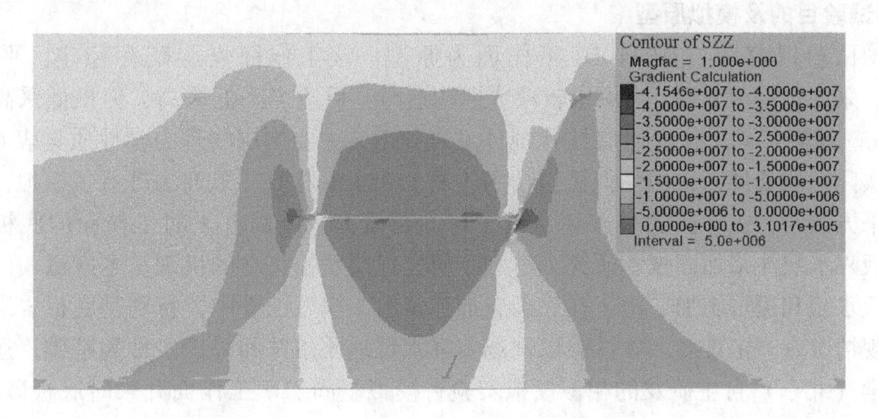

图6-57 一次采全高开采情况下工作面推进150到断层时垂直应力分布图

煤层采后采空区正上方、正下方岩体出现卸压现象，在煤壁前方出现应力集中，最大值一般位于工作面煤壁前上方不远位置，并且应力集中的范围在靠近断层一侧扩大，但是由于没有考虑构造应力，断层一侧的应力集中系数反而变小，说明断层界面使得应力在向下盘传递的过程中起到了分散应力集中的作用，并且断层强度低的情况对应力传递的影响更大，就是说断层越破碎，出现的断层界面效应越明显。

断层破碎带出现一定程度的卸压现象，当工作面推进到断层时比煤壁距工作面 30 m 时断层卸压明显。而断层强度较低时，卸压现象也比强度较高时明显。认为是断层的变形破坏造成的，这说明了断层活化不但和开采活动有关，也受到断层的性质影响。

6.3.4 不同条件下数值模拟结果分析

煤层开采以前，岩体处于原岩应力状态。煤层的采动形成开采空间，使得采场周围应力状态重新分布，并产生附加应力，在应力的产生到重新平衡过程中，围岩以位移和变形破坏释放应力，底板隔水层产生变形破坏。

在赵固二矿复杂的采矿条件下，工作面推进过程中，底板岩体在集中应力的作用下，先在煤壁前方产生剪切破坏。随着工作面的推进，在采空区未被压实之前，在煤壁附近形成的剪切破坏会快速向拉张破坏转化，形成导水破坏带。同时，围岩产生位移，底板出现较大底鼓，围岩产生应力的集中和释放。

一次采全高开挖和分层开挖相比较，煤层塑性区进入煤壁的距离加大，底板破坏深度加大，分层开采时破坏深度达到 L_8 灰岩顶部，一次采全高开采时破坏达到 L_8 灰岩底部。从围岩的位移情况看，加大采高后顶底板位移都较分层开采时的顶底板位移要大。一次采全高开采与分层开采时比较无论是围岩的卸压和应力集中的影响范围都有扩大的现象，应力集中高峰进入煤壁的距离加大。

在有断层影响的情况下，在开采活动影响到断层带后，断层破碎带出现较大范围的塑性变形，而完整岩层部分塑性区的变化与无断层影响时比较不是很大，故认为在有断层的时候，断层的活化在底板突水中起关键性作用。根据减小断层参数时模拟结果变化可以看出，断层的性质在断层活化以及导水过程中起到很重要的作用。

6.4 大采高工作面底板破坏的相似模拟实验研究

6.4.1 试验目的及模拟原型

模拟试验以赵固二矿 11050 工作面为原型，该工作面煤层赋存稳定，平均煤厚 6.32 m，采高选择为 6 m。当煤层较薄或遇构造时，可适当降低采高，但最低采高不得低于 4.5 m。赵固二矿工作面岩层柱状统计见表 6-8，主要岩层物理力学性质见表 6-7。根据现场实际地质条件，采用相似模拟技术，对 11050 工作面开采方法进行了模拟，模拟了不同开采方法时，工作面底板破坏深度。目的是研究大采高开采时工作面的底板破坏深度。底板隔水层注浆加固技术研究，有利于研究煤层底板突水的机理。本次试验的主要特点是底板水压和覆重施加。由于在底部施加弹簧组，模型铺设中，特别是底板岩层的铺设相对常规情况有一定难度。本试验以现场实际水位地质条件和采矿条件为基础，运用中国矿业大学（北京）自主研发的相似模拟实验台模拟赵固二矿工作面开采时底板破坏情况。为了全面研究底板破坏规律，与现场开采条件相一致，本次模拟分 3 种方案进行：一次采高 4.5 m、一次采全高 6 m 和分层开采。

为了比较3种不同开采方法下底板破坏情况的差异，本次模拟的3种方案地质条件一致，模型铺设相同。

表6-7 矿岩层物理力学性质表

岩 性	容重/(g·cm^{-3})	抗压强度/MPa
顶板砂岩	2.72	100
顶板泥岩	2.70	62
煤	1.52	10
底板砂岩	2.72	30
底板泥岩	2.70	14

表6-8 11050工作面岩层柱状统计表

序号	层厚/m	岩 性	序号	层厚/m	岩 性
1	14.87	砂质泥岩	17	2.32	粉砂岩
2	7.15	泥岩	18	13.98	砂质泥岩
3	3.35	砂质泥岩	19	1.0	炭质泥岩
4	5.38	中粒砂岩	20	6.32	$二_1$煤
5	9.49	砂质泥岩	21	7.21	砂质泥岩
6	3.18	泥岩	22	1.39	细粒砂岩
7	11.49	砂质泥岩	23	3.80	砂质泥岩
8	2.05	泥岩	24	0.94	L_9灰岩
9	1.49	中粒砂岩	25	2.83	中粒砂岩
10	5.61	砂质泥岩	26	4.36	砂质泥岩
11	3.29	中粒砂岩	27	5.79	泥岩
12	6.37	砂质泥岩	28	8.22	L_8灰岩
13	2.50	细粒砂岩	29	4.65	砂质泥岩
14	8.74	砂质泥岩	30	0.94	L_7灰岩
15	1.96	细粒砂岩	31	2.91	砂质泥岩
16	5.97	砂质泥岩			

6.4.2 试验过程

1. 模型相似比与模拟架尺寸

试验台尺寸为长×宽×高=1800 mm×150 mm×1200 mm。根据模拟工作面顶底板岩层的性质和结构及模拟开采研究目的确定模型的几何比，重力密度 ∂_ρ 取1.6，强度比 ∂_σ 取160。

2. 模型岩石的强度指标计算

模型拟采用薄板理论，加工不同强度的薄板试件。逐层计算模型岩石的强度指标，由

$\alpha_L=100$，$\alpha_\gamma=1.6$ 得 $\alpha_\sigma=\alpha_L\times\alpha_\gamma=160$。由主导相似准则可推导出原型与模型之间强度参数的转化关系式，即：

$$[\sigma_c]_M=\frac{L_M}{L_H}\cdot\frac{\gamma_M}{\gamma_H}[\sigma_c]_H=\frac{[\sigma_c]}{\alpha_L\alpha_\gamma}=\frac{[\sigma_c]}{\alpha_\sigma}$$

式中　σ_c——单轴抗压强度。

3. 相似实验材料的制备

根据赵固二矿 11050 工作面煤岩层的实际地质资料，选择组成相似模拟材料的成分，相似模拟材料主要成分为碳酸钙、石膏和砂子。为了精确选定与计算参数一致的配比，经过了多次配比试验，做出了各种配比表，最后选择出满足试验要求的一组配比，见表 6-9。

表 6-9　模拟试验模型材料用量

岩　层	厚度/cm	配比号	分层厚度/cm	次数	总重	砂/kg	石灰/kg	石膏/kg	水/L
砂质泥岩	3	973	3	1	10.75	9.68	0.75	0.32	1.08
L_7	1	773	1	1	3.58	3.13	0.39	0.06	0.36
砂质泥岩	4	973	2	2	7.17	6.45	0.50	0.22	0.72
L_8	9	773	3	3	10.75	9.41	1.18	0.17	1.08
泥岩	6	982	3	2	10.75	9.68	0.86	0.22	1.08
砂质泥岩	4	973	2	2	7.17	6.45	0.50	0.22	0.72
中粒砂岩	3	855	3	1	10.75	9.56	0.60	0.60	1.08
L_9	1	773	1	1	3.58	3.13	0.31	0.13	0.36
砂质泥岩	4	973	2	2	7.17	6.45	0.50	0.22	0.72
细粒砂岩	2	873	2	1	3.58	3.18	0.28	0.12	0.36
砂质泥岩	7	973	3.5	2	12.54	11.29	0.88	0.38	1.25
二$_1$煤	6	1091	3	2	10.75	9.77	0.88	0.10	1.08
炭质泥岩	1	982	1	1	3.58	3.22	0.29	0.07	0.36
砂质泥岩	12	973	3	4	10.75	9.68	0.75	0.32	1.08
粉砂岩	2	955	2	1	7.17	6.45	0.36	0.36	0.72
砂质泥岩	6	973	3	2	10.75	9.68	0.75	0.32	1.08
细粒砂岩	2	873	2	1	7.17	6.37	0.56	0.24	0.72
砂质泥岩	8	973	2	4	7.17	6.45	0.50	0.22	0.72
细粒砂岩	3	873	3	1	10.75	9.56	0.84	0.36	1.08
砂质泥岩	6	973	3	2	10.75	9.68	0.75	0.32	1.08
中粒砂岩	4	855	2	2	7.17	6.37	0.40	0.40	0.72
中粒砂岩	2	855	2	1	7.17	6.37	0.40	0.40	0.72
泥岩	2	982	2	1	7.17	6.45	0.57	0.14	0.72
砂质泥岩	12	973	4	3	14.34	12.91	1.00	0.43	1.43

4. 相似模拟试验模型的构建

模拟方案定为 1∶100，模型铺设高度为 1100 mm，上覆岩层模型的重力密度为 2400 kg/m^3，则 600 m 的深度产生的压力为

$$\sigma=\gamma h=600\times2400=14.4\times10^5\ \mathrm{kg/m^2}=14.4\ \mathrm{MPa}$$

根据模型的尺寸，以及预定比例，实际加载压力为

$$F=\sigma\cdot s/\alpha_\sigma=\sigma\cdot s/\alpha_L\cdot\alpha_\gamma=14.4\times10^5\times0.4\times1.8/160=6480\ \mathrm{kg}$$

各准备工作完成后，设定相似时间 $\alpha_t=\sqrt{\alpha_L}=\sqrt{100}=10$。

5. 模型的铺设

本试验主要研究在高水压、深部开采条件下，工作面开采时，煤层底板破坏情况，包括底板应力场变化和底板破坏裂隙的贯通情况。试验过程中主要采用位移标定、应力应变检测等手段。

首先，结合试验目的，根据试验台功能和现场条件对试验模型进行优化。为了研究工作面开采时，煤层底板破坏情况，选择 11050 工作面为研究对象。

本试验选择不同的开采方法模拟煤层底板的破坏情况，分别是一次采全高 6 m、一次采高 4.5 m 和分层开采。在工作面底板岩层中铺设监测点，监测围岩的应力应变等参数。

每组模型的铺设条件一致，模型铺设如图 6-58 所示。

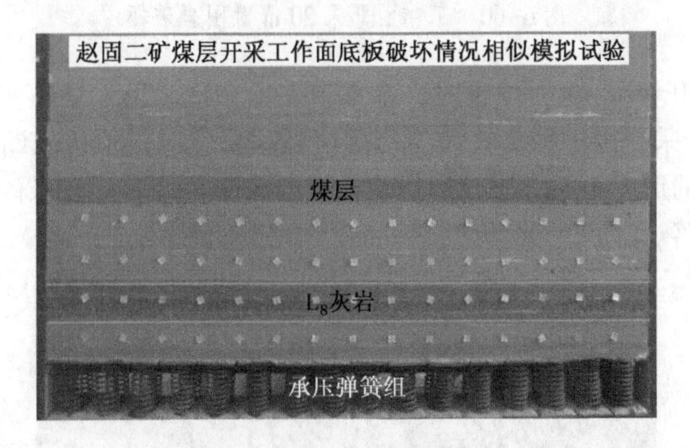

图 6-58　试验模型

模型长、宽、高分别为 1800 mm、150 mm 和 1100 mm。模拟二$_1$ 煤层的开采时工作面底板破坏情况。试验中应力应变监测仪器如图 6-59 所示。

图 6-59　试验仪器

6.4.3　采高 6 m 底板破坏模拟结果分析

1. 围岩破坏

本次试验重点观察煤层开采后煤层底板破坏情况，包括裂隙的发育和扩展等。仔细观察工作面开采中底板岩层的破坏情况，并描述如下。

（1）试验过程中，在工作面的不断推进下，顶底板岩层逐渐发生破坏。在推进到距开切眼 20 m 位置时，直接顶开始出现初次垮落，垮落步距为 15 cm（图 6-60）。

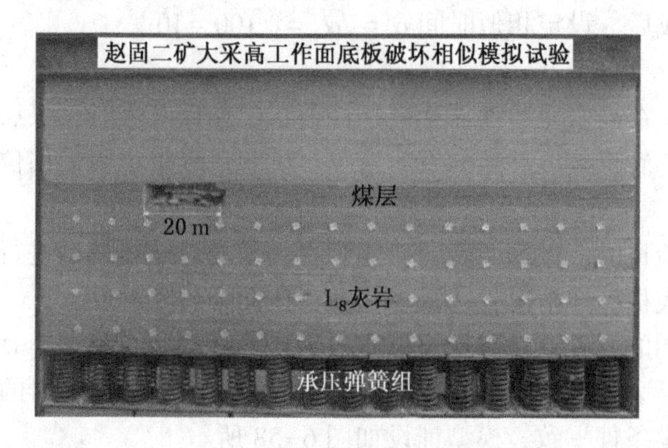

图 6-60　工作面开采 20 m 时围岩破坏

（2）开采到距开切眼 40 m 位置时，基本顶发生初次垮落，垮落步距为 30 m（图 6-61）。工作面继续开采，由于采高较大，垮落法处理采空区，顶板破断落到工作面时比较破碎。顶板关键层的形成距离煤层较远，顶板岩层破断下落后比较破碎。此后，工作面顶板发生周期来压垮落。

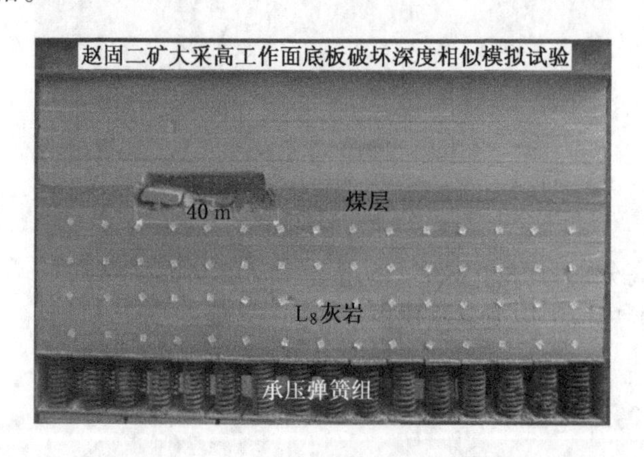

图 6-61　工作面开采 40 m 时围岩破坏

（3）工作面推进至距开切眼 60 m 位置时，底板出现明显的破坏裂隙（图 6-62）。工作面继续推进，工作面后方底板不断有新的裂隙出现，裂隙数目增加，同时原有裂隙继续向深处发展、延伸，小裂隙逐渐发育，底板破坏加剧。当工作面推进 90 m 时，工作面底板裂隙发育密集，在高水压作用下，距离模拟含水层位置出现明显的导升裂隙，如图 6-62 所示。

图 6-62　工作面开采 60 m 时围岩破坏

(4) 底板破坏裂隙发育到 L_8 灰岩，距离约 33 m。在距离弹簧组较近底界面，在弹簧组作用下，发育有小裂隙，形成局部小破坏带，可以近似为现场的承压水导升带（图 6-63）。

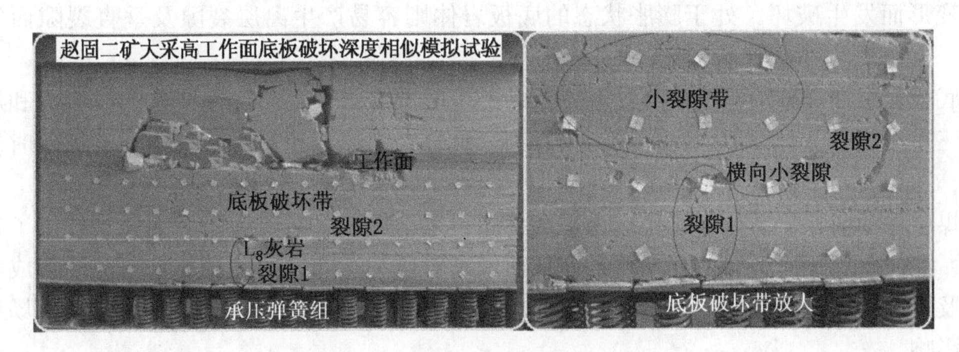

图 6-63　工作面开采 90 m 时围岩破坏

2. 应力变化

工作面开采过程中，底板岩层的应力变化如图 6-64 所示。在工作面底板布置应力应变片，选择距离开切眼 10 m、40 m、70 m 和 100 m 的测点进行分析，分别记为测点 1、测点 2、测点 3 和测点 4。每开采 5 m 记录一次数据，将测得数据进行换算得到测点变化曲线，如图 6-64 所示。

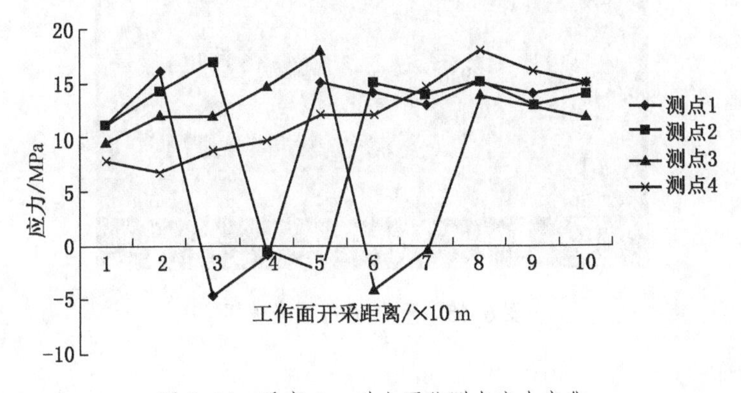

图 6-64　采高 6 m 时主要监测点应力变化

通过图6-64可以看出，各监测点变化规律相一致。随着工作面开采，各监测点应力经历了增大—减小—增大的过程，在宏观上表现为底板的扰动。一般情况下，在不考虑断层、导水陷落柱等特殊地质构造的理想状态下，底板的突水规律如下：煤壁前方底板岩层在超前支承压力的作用下向下移动，而工作面后方采空区的底板在矿压和承压水的压力作用下向上移动，即在压缩区与膨胀区的交界处，底板岩体容易受到升降错动产生的剪应力，导致其剪切变形而发生剪切破坏；同时由于采空区下部矿压远小于向上的承压水压，则底板岩层会整体向采空区一侧凸起，采空区下方岩层顶界面因上升弯曲产生的拉应力而产生张裂隙，底界面受上升弯曲产生的压应力而形成挤压裂隙。

开始时，纵向形态裂隙较多。随着工作面不断推进，底板裂隙间相互贯通，产生横向裂隙。深部承压水体上开采工作面底板应力表现为：前方煤体应力一直处于上升（增压）状态，底板岩体处于压缩状态；采空区底板应力总是处于下降（卸压）状态，底板岩体处于膨胀状态。因此，正常回采时底板岩体受力状态为采前增压→卸压→恢复，随着工作面的推进这种受力状态反复出现。在压缩区和膨胀区的交界处，底板岩体容易剪切变形而发生破坏，处于膨胀状态的底板岩体则容易产生离层裂隙及垂直裂隙而发生破坏。

底板岩层在煤壁边缘线内外受升降错动产生的剪应力、上凸弯曲产生的拉应力和压应力的三重作用，并且以剪应力作用为主。当三重复合力作用超过底板岩层强度极限时岩体破坏，随即会发生底板突水情况。

煤层采动前，岩体处于原位应力平衡状态；采动后，采空区为岩体的移动提供了自由空间，促使煤层顶底板岩体变形移动，从而带来原位平衡应力的破坏。采空区的形成引起煤层及周围岩体的原始应力发生变化，形成附加应力。由于附加应力的作用，对采场形成采动影响。

同时“下三带”理论认为，煤层底板到含水层顶界面岩层可划分为：底板采动破坏带、保护带和承压水导升带。

6.4.4　采高4.5 m底板破坏模拟结果分析

煤层采高为4.5 m时，工作面底板破坏模拟试验结果如图6-65~图6-67所示。

图6-65　开采30 m围岩破坏

1. 围岩破坏

本次试验重点观察煤层开采后煤层底板破坏情况，包括裂隙的发育和扩展程度等。分析试验过程，对工作面开采时底板岩层的破坏情况描述如下。

（1）试验过程中，在工作面的不断推进下，顶底板岩层逐渐发生破坏。开采到距开切眼约30 m位置时，基本顶发生初次垮落，垮落步距为20 m，如图6-65所示；工作面继续开采，由于采高较大，垮落法处理采空区，顶板岩层破断后落到工作面时比较破碎。随着工作面不断推进，工作面顶板发生周期来压垮落。

（2）工作面推进至距开切眼60 m位置时，底板出现明显的破坏裂隙，如图6-66所示。工作面继续推进，工作面后方底板不断有新的裂隙出现，同时原有裂隙继续向深处发展、延伸，小裂隙逐渐发育，裂隙数目增加，底板破坏加剧。当工作面推进90 m时，工作面底板裂隙发育密集，在高水压作用下，距离模拟含水层位置出现明显的导升裂隙，如图6-67所示。

图6-66　开采60 m围岩破坏

图6-67　开采90 m围岩破坏

（3）底板破坏裂隙达到L_8灰岩，约30 m，底板裂隙发育程度较6 m时要小。

2. 底板测点应力变化

工作面开采过程中，底板岩层的应力变化如图6-68所示。在工作面底板布置应力应变片，选择距离开切眼10 m、40 m、70 m和100 m的测点进行分析，分别记为测点1、测点2、测点3和测点4。每开采5 m记录一次数据，将测得数据进行换算得到图6-68的测点变化曲线。

通过图6-68可以看出，各监测点变化规律相一致；随着工作面开采，各监测点应力经历了增大—减小—增大的过程，在宏观上表现为底板的扰动。与采高6 m时相比较，集中应力值相对较小。

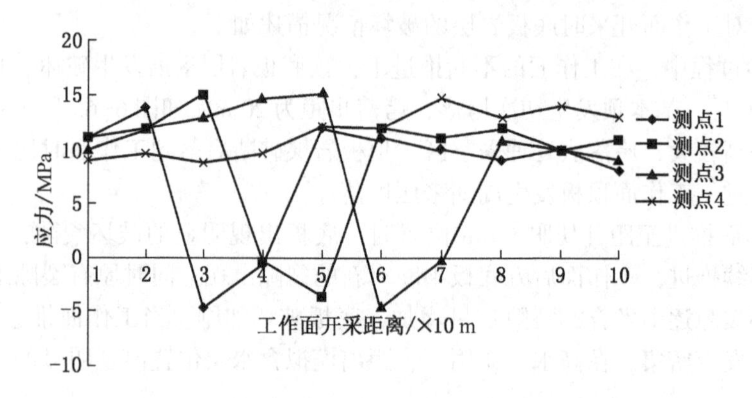

图 6-68 采高 4.5 m 底板测点应力变化

6.4.5 分层开采底板破坏模拟结果分析

分层开采相似模拟实验结果如图 6-69~图 6-72 所示。

1. 围岩破坏

与大采高试验目的相同，本次试验重点观察煤层开采后煤层底板破坏情况，包括裂隙的发育和扩展等。仔细观察工作面开采中底板岩层的破坏情况，描述如下。

（1）试验过程中，在工作面的不断推进下，顶底板岩层逐渐发生破坏。上分层开采到距开切眼 30 m 位置时，基本顶发生初次垮落，垮落步距为 25 m，如图 6-69 所示；工作面继续开采，由于分层开采，采高相对较小，垮落法处理采空区，顶板关键层的形成距离煤层相对大采高较近，工作面底板周期来压垮落比较有规律。

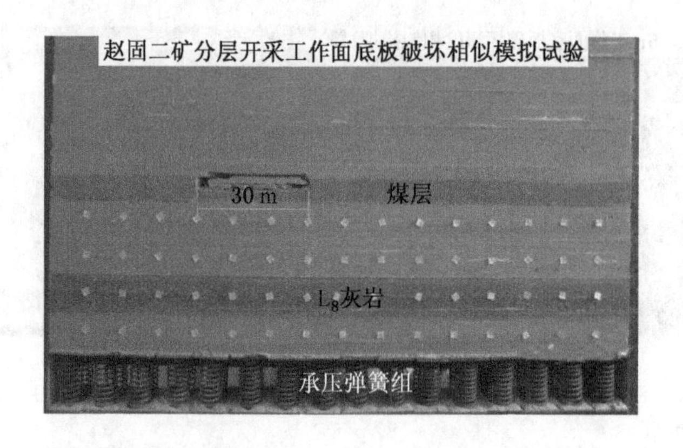

图 6-69 上分层开采 30 m 围岩破坏

（2）上分层工作面推进至距开切眼 50 m 位置时，底板出现明显的破坏裂隙，如图 6-70 所示。工作面继续推进，工作面后方底板不断有新的裂隙出现，同时原有裂隙继续向深处发展、延伸，小裂隙逐渐发育，底板破坏加剧。当上分层工作面推进 70 m 时，工作面底板裂隙发育密集，如图 6-71 所示。下分层开采时，底板破坏裂隙发生变化，数目增加，但是破坏深度没有太大变化，如图 6-72、图 6-73 所示。

（3）底板破坏深度没有达到 L_8 灰岩，约 25 m。与大采高开采相比较，分层开采时顶板破坏较为缓和。顶板岩层的完整程度最好。分层开采顶板更容易控制一些。

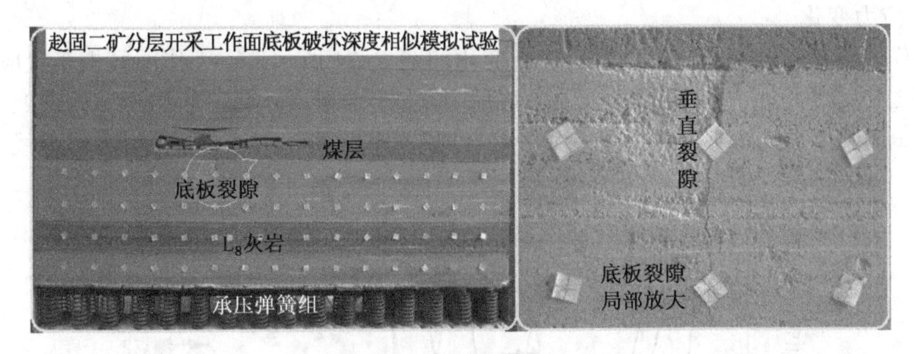

图 6-70　上分层开采 50 m

图 6-71　上分层开采 70 m

图 6-72　下分层开采 50 m

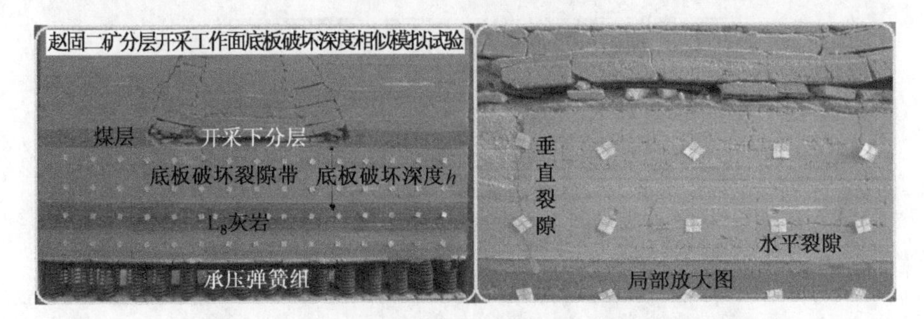

图 6-73　下分层开采 70 m

上分层开采与下分层开采比较，底板裂隙深度变化不大，破坏裂隙数目增加。裂隙间发生贯通，会产生横向裂隙。

2. 应力变化

工作面开采过程中，底板岩层的应力变化如图6-74所示。在工作面底板布置应变片，选择距离开切眼10 m、40 m、70 m和100 m的测点进行分析，分别记为测点1、测点2、测点3和测点4。每开采5 m记录一次数据，将测得数据进行换算得到图6-74的测点变化曲线。

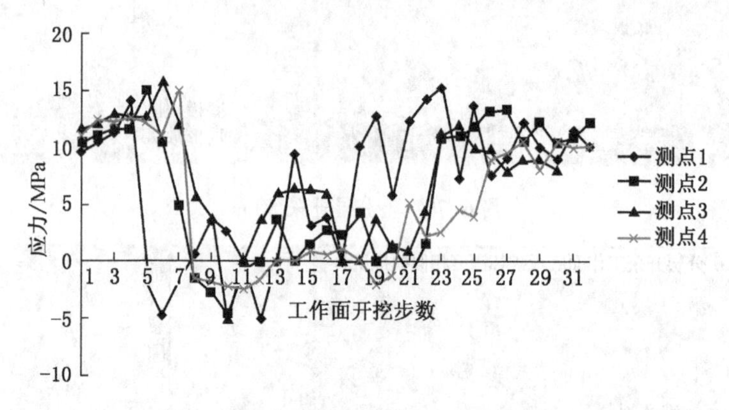

图6-74　分层开采监测点实时应力变化

通过图6-74可以看出，各监测点变化规律相一致；正常工作面回采底板岩体受力状态为采前增压—卸压—恢复的过程。随着工作面开采，各监测点应力经历了增大—减小—增大—稳定的过程，在宏观上表现为底板的扰动。由于上、下分层开采，增大—减小—增大过程出现两次，上分层开采时一次，下分层开采时又一次。煤壁前方底板岩层在超前支承压力的作用下向下移动，而工作面后方采空区的底板在矿压和承压水压力作用下向上移动，即在压缩区与膨胀区的交界处，底板岩体容易受升降错动产生的剪应力，导致剪切变形而发生剪切破坏。同时，由于采空区下部矿压远小于向上的承压水压，则底板岩层会整体向采空区一侧凸起，采空区下方岩层顶界面因上升弯曲产生的拉应力而产生张裂隙，底界面受上升弯曲产生的压应力而形成挤压裂隙。开始时，裂隙纵向形态较多，后期底板会产生以下横向裂隙。

6.4.6　3种开采方法底板破坏比较

开采方法不同底板裂隙发育如图6-75所示。

(a) 采高6 m

(b) 采高4.5 m

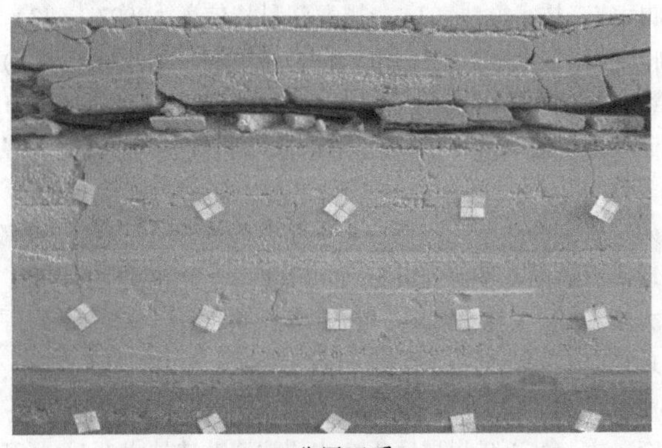

(c) 分层开采

图6-75 不同开采方法时底板裂隙发育

分析3种不同开采方法时底板的破坏状态，可以看出，从发育程度上，采高6 m时裂隙发育最大，裂隙数目最多；从底板破坏深度上，采高6 m时破坏深度最大，触及L_8灰岩，且在靠近弹簧组底界面发育有裂隙，危险程度最大。

参 考 文 献

[1] 施龙青，朱鲁，韩进，等．矿山压力对底板破坏深度监测研究［J］．煤田地质与勘探，2004，32（12）：20-23.

[2] 刘传武，张明，赵武升．用声波测试技术确定煤层开采后底板破坏深度［J］．煤炭科技，2004（3）：4-5.

[3] 朱术云，曹丁涛，岳尊彩，等．特厚煤层综放采动底板变形破坏规律的综合实测田．岩土工程学报，2012，34（10）：1931-1938.

[4] 王世文，庞豫虎，杨辉鸿．底板注浆加固方法文献综述［J］．科学时代，2012（18）.

[5] 煤炭科学研究总院北京建井研究所，枣庄矿务局地质勘探工程处．我国井筒地面预注浆技术的发展方向—综合注浆法简介［J］．建井技术，1995，（3）.

[6] 王济洲．高温高压条件下煤层底板加固研究［D］．河北工程大学，2011.

[7] 王运东．浅析注浆加固施工技术方法［J］．黑龙江科技信息，2007，（13）.

[8] 邱德广．底板注浆加固技术在大坪矿的应用［J］．煤矿现代化，2006，（2）.

[9] 于树春．煤层底板含水层大面积注浆改造技术［M］．煤炭工业出版社，2014.

[10] 吴基文，张朱亚，赵开全，等．淮北矿区高承压岩溶水体上采煤底板水害防治措施［J］．华北科技学院学报，2009，6（4）.

[11] 韩云春．基于采动效应研究的注浆工作面底板突水危险性评价［D］．安徽理工大学，2011.

[12] 谷德振．中国工程地质力学的基本研究［M］．北京：地质出版社，1985：4-6.

[13] 孙广忠．岩体结构力学［M］．北京：科学出版社，1988.

[14] 王国际．注浆技术理论与实践［M］．徐州：中国矿业大学出版社，2000.

[15] 于树春．薄层灰岩注浆改造治理煤层底板岩溶水害［J］．山东煤炭科技，1997，1：19-21.

[16] 李长青，赵卫东，李云霞．韩王矿煤层底板含水层注浆改造技术［J］．河南理工大学学报，2005，24（1）：18-21.

[17] 王心义，王世东，刘白宙．矿井煤层底板含水层注浆改造技术［J］．矿业研究与开发，2005，25（6）：86-88.

[18] BRANTBERGER M，STILLE H，ERIKSSON M. Controlling grout spreading in tunnel grouting Analyses and developments of the gin－method［J］. Tunnelling and Underground Space Technology，2000，15（4）：343-352.

[19] GIOVANNI Lombardi. Grouting of rock masses［C］. 3rd International Conference on Grouting and Grout Treatment. Minusio，2002.

[20] 邝健政，昝月稳，王杰．岩土注浆理论与工程实践［M］．北京：科学出版社，2001.

[21] 周维垣，杨若琼，刻公瑞．二滩拱坝坝基弱风化岩体灌浆加固效果研究［J］．岩石力学与工程学报，1993，12（2）：138-150.

[22] 张伟杰，李术才，魏久传，等．破碎围岩注浆加固体开挖稳定性及水压超载试验研究［J］．中南大学学报（自然科学版），2016，47（6）：2083-2090.

[23] 李召峰．富水破碎岩体注浆材料研发与注浆加固机理研究及应用［D］．山东大学，2016.

[24] 江明明．深厚破碎岩体巷道围岩地面注浆加固技术研究［D］．安徽理工大学，2014.

[25] 文圣勇．深埋煤岩体注浆加固效应与控制参数研究［D］．中国矿业大学，2015.

[26] 刘嘉材．裂隙注浆扩散半径的研究．水利水电科学院科学研究论文集［C］. 1988.

[27] G. S. Littlejohn. Chemical Grouting［J］. Ground Engineering，1985，4.

[28] 岩土注浆理论与工程实践协作组．岩土注浆理论与工程实践［M］．北京：科学出版社，2001.

[29] E. 农维勒．灌浆的理论与实践（中译本）［M］．沈阳：东北大学出版社，1991.

[30] G. Lombardi. The role of the cohesion on cement grouting of rock [A]. In Proceedings of the 15th Congress on Large Dams, Lausanne International Commission on Large Dams (ICOLD) [C]. 1985, 235-261.

[31] B. Amadei and W. Z. Savage. An analytical solution for transient flow of Bingham viscoplastic materials in rock fractures [J]. International Journal of Rock Mechanics and Mining Sciences, 2001, 38 (2): 285-296.

[32] A. Hudson, S. D. Priest Discontinuities and rock mass geometry [J]. International Journal of Rock Mechanics and Mining Sciences, 1979, 16 (6): 3 39-362.

[33] H. H. Einstein, G. B. Baecher. Probabilistic and stafistical methods in engineering geology, specafic methods and examples [J]. Part 1: Exploration Rock Mechanics and Rock Engineering, 1983, 16 (1): 39-72.

[34] 杨米加．随机裂隙岩体注浆渗流机理及其加固后稳定性分析 [D]．徐州：中国矿业大学，1999.

[35] 杨米力，贺永年，陈明雄．裂隙岩体网络注浆渗流规律 [J]．水利学报，2001 (7)：41-46.

[36] 杨秀竹，雷金山，夏力农，等．幂律型浆液扩散半径研究 [J]．岩土力学，2005，26 (11)：1803-1806.

[37] 阮文军．注浆扩散与浆液若干基本性能研究 [J]．岩土工程学报，2005，27 (1)：69-73.

[38] 阮文军．基于浆液粘度时变性的岩体裂隙注浆扩散模型 [J]．岩石力学与工程学报，2005，24 (15)：2709-2714.

[39] 杨秀竹，王星华，雷金山．宾汉体浆液扩散半径的研究及应用 [J]．水利学报，2004，35 (6)：75-79.

[40] 杨志全，侯克鹏，郭婷婷．黏度时变性宾汉体浆液的柱—半球形渗透注浆机制研究 [J]．岩土力学，2011，32 (9)：2697-2703.

[41] 杨米加，陈明雄，贺永年注浆理论的研究现状及发展方向 [J]．岩石力学与工程学报，2001，20 (6)：839-841.

[42] 程鹏达．孔隙地层中粘性时变注浆浆液流动特性研究 [J]．上海：上海大学，2011.

[43] 李璐，程鹏达，钟宝昌，等．粘性浆液在小孔隙多孔介质中扩散的流固祸合分析 [J]．水动力学研究与进展 (A 辑)，2011，26 (2)：209-216.

[44] AHN S Y, AHN K C, KANG S. A Study on the Grouting Design Method in Tunnel under Ground Water [J]. Tunnelling and Underground Space Technology, 2006, 21 (3): 400.

[45] 雷进生，刘非，彭刚等．考虑参数动态变化和相互关联的浆液扩散范围研究 [J]．长江科学院院报，2016，33 (2)：57-61.

[46] 王作宇，刘鸿泉．承压水上采煤 [M]．北京：煤炭工业出版社，1993，14-17.

[47] Shen B, Stephansson O. Numerical analysis of mixed model Ⅰ and Model Ⅱ fracture propagation. Int. J. Rock Mech. Min. Sic & Geomech. Abstr. Vol. 30, No. 7, 1993: 861-867.

[48] A V Dyskin, L N Germanovich. A model of fault propagation in rocks under compression [J]. Rock Mechanics. 1995, 54: 55-62.

[49] 冯树仁．地下采矿岩石力学 [M]．北京：煤炭工业出版社，1990.

[50] 鲍莱茨基 M，胡戴克 M. 矿山岩体力学 [M]．于振海，刘天泉，译．北京：煤炭工业出版社，1985.

[51] 多尔恰尼诺夫 N A，赵淳义．构造应力与井巷工程稳定性 [M]．北京：煤炭工业出版社，1984.

[52] 武强，王金华．煤层底板突水评价的新型实用方法Ⅳ：基于 GIS 的 AHP 型脆弱性指数法应用 [J]. 煤炭学报. 2009，34 (2)：232-236.

[53] 缪协兴，刘卫群，陈占清．采动岩体渗流与煤矿灾害防治 [J]．西安石油大学学报 (自然科学版)，2007，22 (2)：74-78.

[54] 荆自刚，李白英，孙振鹏，等．峰峰二矿开采活动与底板突水关系研究［J］．煤炭学报，1984（2）：81-87.

[55] 王作宇，刘鸿泉．承压水上采煤［M］．北京：煤炭工业出版社，1992.

[56] 黎良杰，钱鸣高等．断层突水机理分析［J］．煤炭学报，1996，21（2）：119-123.

[57] 王连国，宋扬，缪协兴．基于尖点突变模型的煤层底板突水预测研究［J］．岩石力学与工程学报，2003，22（4）：573-577.

[58] 刘再斌．岩体渗流-应力耦合作用及煤层底板突水效应研究［D］．煤科总院西安研究院，2014.

[59] 许延春，陈胜然，柳杰．焦作矿区底板注浆加固工作面富水性分区及加固效果分析［J］．煤矿开采，2013，18（3）：110-113.

[60] 许延春，李见波．注浆加固工作面底板突水“孔隙—裂隙升降型”力学模型［J］．中国矿业大学学报，2014，43（1）：49-55.

[61] 武强．我国矿井水防控与资源化利用的研究进展、问题和展望［J］．煤炭学报，2014，39（5）：795-805.

[62] 厚柱，丁厚稳．新集一矿 111311 工作面突水机理探讨［J］．矿业安全与环保，2002，29（1）：24-27.

[63] 付民强，刘显云．东滩煤矿 3 煤顶板突水因素分析［J］．煤田地质与勘探，2005，33：166-168.

[64] 王经明，喻道慧．煤层顶板次生离层水害成因的模拟研究［J］．岩土工程学报，2010，32（2）：401-406.

[65] 尹立明．深部煤层开采底板突水机理基础实验研究［D］．山东科技大学，2011.

[66] 刘爱华，彭述权，李夕兵，等．深部开采承压突水机制相似物理模型试验系统研制及应用［J］．岩石力学与工程学报，2009，28（7）：1335-1341.

[67] 王家臣，李见波，徐高明．导水陷落突水模拟试验台研制及应用［J］．采矿与安全工程学报，2010，27（3）：305-309.

[68] 王家臣，李见波．预测陷落柱突水灾害的物理模型及理论判据［J］．北京科技大学报，2010，32（10）：1243-1247.

[69] 周俊．千米深井围岩改性 L 型钻孔地面预注浆理论分析［J］．安徽理工大学，2014.

[70] 吴基文．煤层底板岩体阻水能力原位测试研究［J］．岩土工程学报．2003，25（1）：67-70.

[71] HU WEN-TAO，ZHANG XIAN-ZHI. Evaluation ways about integrity of the engineering roek mass［J］. Journal of Xi'an Engineering University，2001，23（3）：50-55.

[72] 中华人民共和国建设部．工程岩体分级标准［S］．北京：中国计划出版社，1995.

[73] 谷德振．岩体工地质力学基础［M］．北京：科学出版社，1979.

[74] 马超峰，李晓．工程岩体完整性评价的实用方法研究［J］．岩土力学，2010，31（11）：3580-3582.

[75] FUSAO OKA. Applicability of permeation grouting method using colloidal silica for coral sand［J］. Doboku Gakkai Ronbunshuu C. 2008，64（3）：571-584.

[76] DAVID CHAN. Experimental study of the effect of fines content on dynamic compaction grouting in completely decomposed granite of Hong Kong［J］. Construction and Building Materials，2008，23（3）：1249-1264.

[77] S K A AU. Numerical and experimental studies of pressure-ontrolled cavity expansion in completely decomposed granite soils of Hong Kong［J］. Computers and Geotechnics. 2010，37（7）：977-990.

[78] MASUMOTO K. A clay grouting technique for granitic rock adjacent to clay bulkhead［J］. Physics and Chemisty of the earth，2006，32（8）：691-700.

[79] SHUI-LONG SHEN. Jet grouting with a newly developed echnology：The Twin - Jet method［J］.

Engineering Geology. 2013，152（1）：87-95.

[80] 杨米加，陈明雄，贺永年．注浆理论的研究现状及发展方向［J］．岩石力学与工程学报，2001，20（6）：839-841.

[81] 卢波，葛修润，朱冬林．节理岩体表征单元体的分形几何研究［J］．岩石力学与工程学报，2005，24（8）：1355-1461.

[82] KULATILAKE P H S W，PANDA B B. Effect of block size and joint geometry on jointed rock hydraulics and REV［J］. ASCE J Eng Mcch，2000，126（8）：850-862.

[83] KI-BOK MIN，LANRU JING. Numerical determination of the equivalent elastic compliance tensor for fractured rock masses using the distinct clement method［J］. Int J Rock Mech Min Sci，2003，40（6）：795-816.

[84] 向文飞，周创兵．裂隙岩体表征单元体研究进展［J］．岩石力学与工程学报，2005，24（S2）：5686-5692.

[85] 周创兵，陈益峰，姜清辉．岩体表征单元体与岩体力学参数［J］．岩上工程学报，2007，29（8）：1135-1142.

[86] 白矛，刘天泉．孔隙裂隙弹性理论及应用导论［M］．北京：石油工业出版社，1999：24-34.

[87] Biot M A. General theory of three-dimensional consolidation［J］. Journal of Applied Physics，1941，12（2）：155-164.

[88] BARENBLATT G I，ZHELTOV I P，KOCHINA I N. Basic concepts in the theory of seepage of homogencous liquids in fissured rocks/strata［J］. Journal of Applied Mathematic Mechanisms，1960（24）：1268-1303.

[89] 杨米加，张农．破裂岩体注浆加固后本构模型的研究［J］．金属矿山，1998（5）：11-13.

[90] 杨米加．随机裂隙岩体注浆渗流机理及其加固后稳定性分析［D］．徐州：中国矿业大学，1999.

[91] COON R F，Merritt A H. Predicting in situ modulus of deformationusing rock quality indices［C］//Determination of the in-situ Modulus of Deformation of Rock. Philadelphia：［s，n.］，1970：154-173.

[92] GARDNER W S. Design of drilled piers in the Atlantic Piedmont［C］//SMITH R E ed. Foundations and Excavations in Decomposed Rock of the Piedmont Province.［S. 1.］：［s. n.］，1987：62-86.

[93] BIENIA，WSKI Z T. Determining rock mass deformability：experiencefrom case histories［J］. International Journal of Rock Mechanics and Mining Sciences and Geomechanics Abstraets，1978，15（2）：237-247.

[94] ZHANG L，EINSTEIN H. Using RQD to estimate the deformationmodulus of rock massesf［J］. International Journal of Rock Mechanicsand Mining Sciences，2004，41（2）：337-341.

[95] HOEK E，BROWN E T. Practical estimates of rock mass strength［J］. International Journal of Rock Mechanics and Mining Sciences and Geomechanics Abstracts，1997，34（8）：1165-1186.

[96] SERAFIM J L，PEREIRA J P. Considerations on the geomechanical classification of Bieniawski［C］//Proceedings of the Symposium on Engineering Geology and Underground Openings. Lisboa，Portugal：［s. n.］，1983：1-8.

[97] 胡巍，隋旺华，王档良．裂隙岩体化学注浆加固后力学性质及表征单元体的试验研究［J］．中国科技论文，2013，8（5）：408-412.

[98] 颜峰，姜福兴．裂隙岩体注浆加固效果的影响因素分析［J］．金属矿山，2009（6）：14-17.

[99] 王汉鹏，高延法，李术才．岩石峰后注浆加固前后力学特性单轴试验研究［J］．地下空间与工程学报，2007，3（1）：27-29.

[100] 张农，侯朝炯，陈庆敏，等．岩石破坏后的注浆固结体的力学性能［J］．岩上力学，1998，19（3）：50-53.

[101] 许宏发，耿汉生，李朝甫．破碎岩体注浆加固体强度估计［J］．岩土工程学报，2013，35（11）：2018-2021.
[102] 韩立军，宗义江，韩贵需，等．岩石结构面注浆加固抗剪特性试验研究［J］．岩土力学，2011，32（9），2570-2576.
[103] 范公勤，吴杰．穿越细砂层巷道注浆加固方案实验研究［J］．西安科技大学学报，2013，33（6）：651-655.
[104] 湛铠瑜．注浆模型试验研究现状及展望［J］．工程地质学报，2011，19（Suppl.）：58-63.
[105] 许宏发，耿汉生，李朝甫．破碎岩体注浆加固体强度估计［J］．岩土工程学报，2013，35（11）：2018-2022.
[106] 杨坪，彭振斌，李奋强．巷道注浆加固作用机理及计算模型研究［J］．矿冶工程，2005，25（1）：3-5.
[107] 黄耀光，王连国，陆银龙．巷道围岩全断面锚注浆液渗透扩散规律研究［J］．采矿与安全工程学报，2015，32（2）：241-245.
[108] 姜英洲．隧道工程遇粉细砂地层注浆加固机理分析［J］．建筑工程，2009（29）：336-337.
[109] 蒋良雄．松散斜坡体锚、桩加固作用机理与工程应用研究［D］．成都理工大学，2006.
[110] 于丽莉，胡长远，常浩．复合注浆法加固桩基础作用机理研究［J］．《水利与建筑工程学报》，2008，6（3）：107-108.
[111] 曹南山．复合注浆法在桩基础加固中的应用研究［J］．中南大学，2006（7X）：332-332.
[112] 乔卫国，彼尔绅 B B，乌格梁尼采 A B. 两阶段注浆加固岩体机理与参数研究［J］．煤炭科学技术，2002，30（11）：41-43.
[113] 刘长武，陆士良．水泥注浆加固对工程岩体的作用与影响［J］．中国矿业大学学报，2000，29（5）：454-456.
[114] 苏培莉．裂隙煤岩体注浆加固渗流机理及其应用研究［J］．西安科技大学，2010.
[115] 吴顺川，周喻，高利立．等效岩体技术在岩体工程中的应用［J］．岩石力学与工程学报，2010，29（7）：1435-1441.
[116] 吴顺川，周喻，高永涛．等效岩体随机节理三维网络模型构建方法研究［J］．岩石力学与工程学报，2012，31（9）：3082-3090.
[117] 吴顺川，高艳华，高永涛．等效节理岩体表征单元体研究［J］．中国矿业大学学报，2014，43（6）：1120-1126.
[118] 江明明．深厚破碎岩体巷道围岩地面注浆加固技术研究［D］．安徽理工大学，2014.
[119] 胡千庭，周世宁，周心权．煤与瓦斯突出过程的力学作用机理［J］．煤炭学报，2008，33（12）：1368-1372.
[120] 王立彬，燕乔，毕明亮．黏度渐变型浆液在砂砾石层中渗透扩散半径研究［J］．中国农村水利水电，2010（9）：68-71.
[121] 孔祥言．高等渗流力学［M］．合肥：中国科技大学出版社，2010：42-49.
[122] 孙斌堂，凌贤长，凌晨，等．渗透注浆浆液扩散与注浆压力分布数值模拟［J］．北京：水利学报，2007，37（11）：1402-1407.
[123] 杨秀竹，雷金山，夏力农，等．幂律型浆液扩散半径研究［J］．岩土力学，2005，26（11）：1803-1806.
[124] Arrind V. Shroff. Grouting Technology in Tunneling and Dam Construction［M］. 1993.
[125] 石达民．多孔介质中渗流性注浆的参数研究［D］．东北工学院．1984.
[126] （南）E. 农维勒．灌浆的理论与实践［M］．沈阳：东北工学院出版社，1991.
[127] 马秀荣，郝哲．岩体注浆理论述评［J］．有色矿冶，2003，17（1）：3-6.

[128] Littlejohn G S. Chemical grouting [J]. Grouting Engineering, 1985, (4): 10-12.
[129] 刘嘉材. 裂隙注浆扩散半径的研究 [J]. 水利水电科学院科学研究论文集. 1988.
[130] 赵庆彪, 毕超, 虎维岳, 等. 裂隙含水层水平孔注浆“三时段”浆液扩散机理研究及应用 [J]. 煤炭学报, 2016, 41 (5): 1212-1218.
[131] 白矛, 刘天泉. 孔隙裂隙弹性理论及应用导论 [M]. 北京: 石油工业出版社, 1999.
[132] BIOT M A. General theory of three-dimensional consolidation [J]. Journal of Applied Physics, 1941, 12 (2): 155-164.
[133] RICE J R, CLEARY M P. Some basic stress diffusion solutions for fluid-saturated elastic porous media with compressible constituents [J]. Reviews of Geophysics and Space Physics, 1976, 14: 227-241.
[134] 许延春, 李见波. 注浆加固工作面底板突水“孔隙—裂隙升降型”力学模型 [J]. 中国矿业大学学报, 2014, 43 (1): 49-55.
[135] BIOT, M A. Theory of elasticity and consolidation for a porous anisotropic solid [J]. Appl. Phys. 1955, 26: 182-185.
[136] RICE J R. Elasticity of Fluid-Infiltrated Porous Solids (Poroelasticity). notes for teaching on hydrology and environmental geomechanics [J]. Harvard University, 1998.
[137] 黎水泉, 徐秉业, 段永刚. 裂缝性油藏流固耦合渗流 [J]. 计算力学学报, 2001, 18 (2): 133-137.
[138] 尹尚先, 王尚旭. 不同尺度下岩层渗透性与地应力的关系及机理 [J]. 中国科学 D 辑, 地球科学, 2006, 36 (5): 472-480.
[139] KACHANOV L M, Jzv. Akad. Mauk SSSR, Otd. Tekh. Nauk. 1958, No. 8: 26-31.
[140] ю. н. РабОТНОВ. МехаНизМ дъного разру щения, 1959.
[141] SAYERS C M, KACHANOV M. A simple technique for finding effective elastic constants of cracked solids for arbitrary crack orientation statistics [J]. Int. J. Solids Structures, 1991, 27 (6): 671-680.
[142] LUBARDA V A, RAJCINOVIC K. Damage tensor and the crack density distribution [J]. Solids Structures, 1993, 30 (20): 2859-2877.
[143] SHAO J F. Poroelastic behaviour of brittle rock materials with anisotropic damage [J]. Mechanics of Materials, 1998, 30: 41-53.
[144] CORMEY F. Contribution to modelling of microcracks induced damage and associated localisation phenomenon [D]. University of Poitiers (in French), 1994.
[145] HALM D, DRAGON A. A model of anisotropic damage by mesocrack growth; unilateral effect [J]. Damage Mech. 1996 (5): 384-402.
[146] THOMPSON M, WILLIS J R. A reformulation of the equations of anisotropic poroelasticity [J]. Appl. Mech. ASME, 1991 (58): 612-616.
[147] CHENG, A H -D. Material coeffcients of anisotropic poroelasticity [J]. Rock Mech. Min. Sci. 34 (2): 199-205.
[148] HULT J. Euratom of Creep modeling, 1977.
[149] 谢和平. 岩石混凝土损伤力学 [M]. 徐州: 中国矿业大学出版社, 1990.
[150] 凌建明, 蒋爵光, 傅永生. 非贯通裂隙岩体力学特性的损伤力学分析 [J]. 岩石力学与工程学报, 1992 (4): 373.
[151] 高庆. 工程断裂力学 [M]. 四川: 重庆大学出版社, 1986: 22-37.
[152] 施龙青, 韩进. 开采煤层底板“四带”划分理论与实践 [J]. 中国矿业大学学报, 2005, 34 (1): 18-19.
[153] 李见波. 双高煤层底板注浆加固工作面突水机制及防治机理研究 [D]. 北京: 中国矿业大学

(北京), 2016.
[154] 杨子泉．赵固一矿地应力影响巷道围岩稳定性的力学机制及控制技术研究 [D]．焦作：河南理工大学，2012.
[155] 谢小峰．高水压大采高注浆加固工作面底板突水机理及其应用 [D]．北京：中国矿业大学（北京），2017.
[156] 毕忠伟，丁德馨，张明．丰山铜矿的地应力测量与分布特征 [J]．金属矿山，2009 (8)：80-83.
[157] 杨秀娟，张敏，闫相祯．基于声波测井信息的岩石弹性力学参数研究 [J]．石油地质与工程，2008，22 (4)：39-42.
[158] YANG XIU-JUAN，ZHANG Min，YAN Xiang-zhen. Study on Acoustic Logging-based Rock Elasticity Parameters [J]. Petroleum Geology and Engineering，2008，22 (4)：39-42.
[159] 潘卫东，张辉，罗烨．超声波检测在矿山岩石力学工程分析中的应用 [J]．金属矿山，2009，S1 (增刊)：633-636.
[160] 施龙青，邱梅，牛超，等．肥城煤田奥灰顶部注浆加固可行性分析 [J]．采矿与安全工程学报，2015，32 (3)：356-361.
[161] 赵庆彪．奥灰岩溶水害区域超前治理技术研究及应用 [J]．煤炭学报，2014，39 (6)：1112-1117.
[162] 赵兵文，关永强．大采深矿井高承压奥灰岩溶水综合治理技术 [J]．煤炭科学技术，2013，41 (9)：75-78.
[163] 张伟，庞迎春，王永龙．工作面底板浅部灰岩注浆改造技术与实践 [J]．煤炭技术，2008，27 (10)：102-104.
[164] 张智峰，毛冬冬，苏本泉．新安煤矿三级套管深孔注浆治水技术研究 [J]．煤，2015，24 (7)：17-19.
[165] 陈新明．大埋深复杂水文地质条件工作面防治水技术研究 [D]．北京：中国矿业大学（北京），2012.
[166] 李见波，许延春，王新梅．注浆加固套管抗弯性能对煤层底板变形的影响初步研究 [J]．采矿与安全工程学报 [J]．2017 (2)．
[167] 钱鸣高，石平五，许家林．矿山压力与岩层控制 [M]．徐州：中国矿业大学出版社，2010.
[168] 郑大同．地基极限承载力计算 [M]．北京：建筑工业出版社，1979.
[169] PRANDTL L. Uber die Eindringungs festigkeit Harte plastischer Baustoffeund die Festigkeit von Schneiden J. Journal of Applied Mathematics and Mechanics，1921，1 (1)：15-20.
[170] 徐芝纶．弹性力学简明教程 [M]．北京：高等教育出版社，2002：76-78.
[171] 刘鸿文．材料力学 [M]．4版，北京：高等教育出版社，2004.
[172] 朱术云，姜振泉，侯宏亮．相对固定位置采动煤层底板应变的解析法及其应用 [J]．矿业安全与环保，2008，35 (1)：18-20.
[173] 朱术云，姜振泉，姚普，等．采场底板岩层应力的解析法计算及应用 [J]．采矿与安全工程学报，2007，24 (2)：191-194.
[174] 孟祥瑞，徐铖辉，高召宁，等．采场底板应力分布及破坏机理 [J]．煤炭学报，2010，35 (11)：1832-1836.
[175] 张兆强．肥城矿区岩溶水害综合防治技术 [J]．中国地质学会、中国煤炭学会煤田地质专业委员会、中国煤炭工业劳动保护科学技术学会水害防治专业委员会学术年会，2007.
[176] 施龙青，韩进．底板突水机理及预测预报 [M]．徐州：中国矿业大学出版社，2004.
[177] 刘美娟．肥城煤田奥陶系灰岩岩溶发育规律及其控制因素研究 [D]．青岛：山东科技大学，2011.

[178] 桑红星．帷幕截流技术在大水矿井治水中的应用［D］．青岛：山东科技大学，2005.
[179] 张兆强，孔祥逊．井下钻孔注浆治理奥灰水技术［J］．中国煤田地质，2003，15（2）：41-43.
[180] 徐智敏．深部开采底板破坏及高承压突水模式、前兆与防治［J］．煤炭学报，2011，36（8）：1421-1422.
[181] 赵兵文，关永强．大采深矿井高承压奥灰岩溶水综介治理技术［J］．煤炭科学技术，2013，41（9）：75-78.
[182] 虎维岳，吕汉江．饱水岩溶裂隙岩体注浆改造关键参数的确定方法．煤炭学报，2012，37（4）：596-601.
[183] 金爱兵，土志凯，明世祥．破裂岩石加固后力学性质试验研究［J］．岩石力学与工程学报，2012，32（增刊1）：3395-3398.
[184] 施龙青，宋振琪．肥城煤田深部开采突水评价［J］．煤炭学报，2000，25（3）：273-277.
[185] 韩进，施龙青，李斌，等．多属性决策及D-S证据理论在底板突水决策中的应用［J］．岩石力学与工程学报，2009，28（增刊2）：3727-3732.
[186] 施龙青，高延法，尹增德，等．肥城煤田滑动构造在矿井水害中的作用［J］．中国矿业大学学报，1998，27（4）：356-360.
[187] 张国等，魏久传，尹会永．肥城煤田地质构造特征及其对底板突水影响［J］．山东科技大学学报（自然科学版），2008，27（1）：14-18.
[188] 土金安，魏先吴，陈绍杰．承压水体上开采底板岩层破断及渗流特征［J］．中国矿业大学学报，2012，41（4）：537-542.
[189] 魏中举，油丽娜，李健．松软底板煤层突水注浆改造技术研究［J］．科技广场，2014（6）：79-82.
[190] 时中华．极复杂构造高承压水松软底板煤层低压注浆技术研究［J］．山东煤炭科技，2013（3）112-113.
[191] 刘小娟．峰峰矿区矿井防治水技术与对策研究［D］．邯郸：河北工程大学，2012.
[192] 武强，董书宁，张志龙．矿井水害防治［M］．徐州：中国矿业大学出版社，2007，1-2.
[193] 邵雁．矿井综合物探技术在南方煤矿探测岩溶突水通道中的应用［J］．中国煤炭地质，2009，（7）：28-32.
[194] 马雷．基于GIS的矿井突水水源综合信息快速判别系统［D］．合肥：合肥工业人学，2010.
[195] 李德彬．煤矿水害与防治［J］．今日科苑，2009，（9）：35-43.
[196] 刘石铮．峰峰矿区煤矿水害条件分析及其防治［C］//第六次全国煤炭工业科学技术大会文集．
[197] 石书会．浅析峰峰矿区矿井突水原因及防治［J］．河北建筑科技学院学报，2001，18（3）：84-85.
[198] 赵庆彪，高春芳，王铁记．区域超前治理防治水技术［J］．煤矿开采，2015（2）．
[199] 段建华．综合物探技术在矿井防治水中的应用［J］．华北科技学院学报，2009，6（4）：60-65.
[200] 李冲，白峰青，尹立星，等．葛泉矿东井带压开采9号煤综合防治水技术研究［J］．矿业工程研究，2010，25（3）：46-48.
[201] 申磊．注浆加固技术在大淑村矿的应用［J］．科技风，2014（8）：15.
[202] 王有瑜．峰峰矿务局下组煤开采的防治水方法研究与选择［J］．河北煤炭，1989（3）：27-32.
[203] 国家煤炭工业局，建筑物、水体、铁路及主要井巷煤柱留设与压煤开采规程［M］．北京：煤炭工业出版社，2000.
[204] 斯列萨列夫B. 水体下安全采煤的条件（国外矿山防治水技术的发展和实践）［M］．冶金矿山设计院，1983.

图书在版编目（CIP）数据

注浆加固防治底板突水机理与应用／许延春，李见波著．--北京：煤炭工业出版社，2017
ISBN 978-7-5020-5905-7

Ⅰ.①注… Ⅱ.①许… ②李… Ⅲ.①注浆加固—矿井突水—防治 Ⅳ.①TD745

中国版本图书馆 CIP 数据核字（2017）第 119762 号

注浆加固防治底板突水机理与应用

著　　者	许延春　李见波
责任编辑	杨晓艳　尹燕华
责任校对	姜惠萍
封面设计	王　滨
出版发行	煤炭工业出版社（北京市朝阳区芍药居 35 号　100029）
电　　话	010-84657898（总编室） 010-64018321（发行部）　010-84657880（读者服务部）
电子信箱	cciph612@ 126. com
网　　址	www. cciph. com. cn
印　　刷	北京建宏印刷有限公司
经　　销	全国新华书店
开　　本	787mm×1092mm 1/16　**印张**　11 1/4　**字数**　273 千字
版　　次	2017 年 6 月第 1 版　2017 年 6 月第 1 次印刷
社内编号	8785　　**定价**　36. 00 元